CHIMIE

DE SCIENCES PHYSIQUES ET NATURELLES

Rédigées d'après les Programmes officiels de l'Enseignement primaire.

CHIMIE

AVEC 70 FIGURES INTERCALÉES DANS LE TEXTE

A L'USAGE

des Candidats au Brevet élémentaire
des Cours moyens de l'Enseignement secondaire
des Cours supérieurs d'Ecoles primaires, etc.

ÉDITION REVUE ET AUGMENTÉE

(Tir. 347.500 ex.)

LIBRAIRIE CATHOLIQUE EMMANUEL VITTE

LYON | **PARIS**
3, place Bellecour, 3 | 5, rue Garancière, 5

1922

CHIMIE

NOTIONS PRÉLIMINAIRES

DÉFINITIONS

1. Objet de la Chimie. — La **Chimie** étudie les propriétés des corps et les conditions dans lesquelles ceux-ci se transforment ou réagissent les uns sur les autres pour donner naissance à de nouvelles substances ; elle s'efforce de résumer les faits observés en des lois générales.

La Chimie sait préparer, avec des produits naturels, un nombre immense de corps nouveaux ; par là, elle joue un rôle chaque jour plus considérable dans la plupart des industries.

2. Théorie atomique. — Pour expliquer les phénomènes chimiques, on a imaginé la *théorie atomique*, dont nous allons donner une idée en l'appliquant à l'*eau*, corps bien connu de tout le monde.

Les corps sont considérés comme étant formés par l'assemblage des parties indivisibles nommées *atomes*, et on admet que les atomes se groupent entre eux pour former des *molécules* ; mais certains calculs nous font concevoir les atomes et les molécules d'une petitesse telle qu'il serait superflu de prétendre vouloir les distinguer au moyen des instruments d'optique, même les plus perfectionnés. Supposons cependant qu'il nous fût possible d'examiner une goutte d'eau, grossie dans les proportions qu'exigeraient ces calculs pour pouvoir en étudier la constitution intime ; qu'elle nous apparût, par exemple, de la grosseur du globe terrestre. D'après la théorie atomique, nous verrions cette goutte d'eau composée de petits corps, les *atomes*, disposés en groupes de trois, chaque groupe formant une *molécule d'eau*, c'est-à-dire la plus petite quantité d'eau qui puisse exister. Des trois atomes qui composent chaque molécule, deux nous apparaîtraient égaux entre eux, tandis que le troisième différerait notablement des précédents par ses propriétés ; les premiers seraient des atomes d'*hydrogène*, et le dernier, un atome d'*oxygène*. Une molécule d'eau se composerait donc de deux atomes d'hydrogène unis à un atome d'oxygène.

Les principaux caractères qui distingueraient ces deux sortes d'atomes seraient, selon cette théorie, les suivants :

1° *Leur différence de poids.* En effet, par des considérations que nous ferons connaître plus loin, on attribue à l'atome d'oxygène un poids 16 fois plus grand qu'à celui d'hydrogène. Et comme l'hydrogène est le plus léger des corps connus, son poids atomique est pris pour unité de celui des autres corps. Le poids atomique de l'hydrogène étant **1**, celui de l'oxygène sera donc **16**.

2° *Leur différente valence.* Dans la molécule d'eau, un atome d'oxygène est uni à deux atomes d'hydrogène. S'il était uni à un seul, la molécule serait incomplète et tendrait à se compléter par un autre atome d'hydrogène ou de tout autre corps équivalent.

Un atome d'oxygène peut donc former molécule avec *deux* atomes d'un autre corps ; un atome d'hydrogène ne se trouve jamais uni qu'avec *un seul* atome d'un autre corps. On dit, pour cette raison, que l'oxygène est *divalent*, et l'hydrogène *monovalent*.

Ces légères notions sur la théorie atomique permettront de mieux comprendre les définitions qui suivent.

3. Corps simples. — Au point de vue chimique, tous les corps peuvent se partager en deux grandes divisions : les *corps simples* et les *corps composés*.

Les *corps simples* sont ceux dont on n'a pu, jusqu'ici, extraire qu'une seule espèce de matière, de quelque façon qu'on les ait traités : l'or, le fer, le soufre sont des corps simples. On les suppose formés d'une seule sorte d'atomes.

4. Atome. — Symboles. — Poids atomiques. — Un atome est la plus petite partie d'un corps simple qui entre dans une réaction chimique ou qui est produit par cette réaction. Les atomes étaient autrefois considérés comme indivisibles (1).

Dans l'écriture chimique, on représente les corps simples par des *symboles*, formés d'une ou de deux lettres de leur nom français ou latin. Ainsi, l'oxygène se représente par O, l'hydrogène par H, le soufre par S, le fer par Fe et l'or par Au (du latin *Aurum*). Ces symboles représentent le *poids atomique* de ces corps, c'est-à-dire le poids que l'on attribue à chacun de leurs atomes comparé à celui de l'atome d'hydrogène.

5. Corps composés. — Les *corps composés* sont ceux qui sont formés par la combinaison de plusieurs corps simples ; l'eau, le sel marin, le bois sont des corps composés.

6. Molécule. — Formules. — Poids moléculaires. — On donne le nom de *molécule* à la plus petite partie d'une substance qui puisse exister à l'état de liberté.

Une molécule ne peut jamais être divisée en deux molécules du même corps. Elle peut seulement se diviser en atomes, ou encore en d'autres molécules plus simples qui représenteront des corps différents de ceux qui sont figurés par la première.

____

(1) Le mot *atome* vient en effet du grec ατομος, indivisible. De nouvelles théories supposent les atomes formés d'autres atomes beaucoup plus petits, appelés *électrons*. Mais cette supposition n'altère en rien la théorie atomique, car, même dans le cas où elle fût vraie, elle donnerait naissance à une science distincte de la chimie. On peut donc, pour l'étude de la chimie proprement dite, les considérer comme indivisibles.

Certains composés, tels que le sel et l'eau, présentent toujours la même composition et les mêmes caractères. On les suppose alors constitués par des molécules bien déterminées et toutes égales, et on les représente par des *formules* indiquant la nature et le nombre des atomes que l'on attribue à ces molécules. Ainsi, la formule de l'eau est H^2O ; elle nous indique qu'une molécule d'eau se compose de deux atomes d'hydrogène unis à un atome d'oxygène.

On appelle *poids moléculaire* le poids représenté par une formule. Le poids moléculaire de l'eau sera donc : $1+1+16=18$.

7. Cohésion. — La *cohésion* est la force qui tend à rapprocher les molécules des corps (1). Cette force est très énergique dans les solides, très faible dans les liquides, négative dans les gaz, car les molécules de ceux-ci se repoussent mutuellement. La chaleur tendant à écarter les molécules des corps, elle diminue la cohésion. On peut encore diminuer la force de cohésion qui unit les molécules d'un corps solide, en le mettant dans un liquide capable de le dissoudre.

8. Affinité. — L'*affinité* est la force qui unit les atomes pour former les molécules.

Tous les corps ne possèdent pas le même degré d'affinité les uns pour les autres. Ainsi le chlore, l'oxygène et le soufre sont tous trois susceptibles de s'unir à l'hydrogène ; mais l'affinité du chlore pour ce corps, est bien plus grande que celle de l'oxygène et celle-ci plus grande que celle du soufre.

EXPÉRIENCE. — On projette sur un morceau de phosphore sec (2) une petite quantité d'iode. Ces deux corps, grâce à l'affi-

---

(1) D'après la théorie atomique, les molécules ne se touchent pas ; il existe entre elles des espaces nommés *pores*.

(2) Le phosphore s'enflamme au moindre frottement. Il est très imprudent de le toucher avec les doigts, on le prend avec des pinces. Pour le couper, on le tient dans l'eau. Pour le sécher, on le comprime doucement entre deux morceaux de papier buvard ou de papier à filtrer.

nité qu'ils ont l'un pour l'autre, se combinent énergiquement pour former de l'*iodure de phosphore*. La chaleur que produit cette combinaison se manifeste par une brillante flamme. Si le phosphore est en excès, il continue à brûler. Il se combine alors avec l'oxygène de l'air, pour lequel il présente aussi beaucoup d'affinité. Le produit de la combustion est, en ce cas, de l'*anhydride phosphorique* (composé de phosphore et d'oxygène).

9. Analyse. — Synthèse. — L'*analyse* est la décomposition d'un corps en ses éléments. La *synthèse* est l'inverse de l'analyse : elle consiste à reconstituer un composé, à l'aide de ses éléments. En décomposant l'eau par un courant électrique, on fait une analyse, et, si après avoir mélangé l'oxygène et l'hydrogène obtenus par cette décomposition, on détermine leur combinaison au moyen d'une flamme ou d'une étincelle électrique, on fait une synthèse.

L'analyse est dite *qualitative* quand elle a seulement pour but de déterminer la nature des éléments qui composent un corps. On la désigne sous le nom d'analyse *quantitative* quand elle a pour objet de trouver les quantités de chacun des éléments qui composent un corps.

ExPÉRIENCE. — Il existe une substance d'une couleur rouge vif, appelée *oxyde de mercure*. On met une pincée de cette substance au fond d'un tube d'essai bien sec, puis on la chauffe à la flamme d'une lampe à alcool, en maintenant l'ouverture du tube fermée avec le pouce, mais *sans presser*. Au bout de deux ou trois minutes, on observe des gouttelettes de mercure sur les parois du tube. Si alors on introduit dans le tube une allumette éteinte, mais conservant un point en ignition, elle se rallume immédiatement. Ce phénomène est dû à la présence de l'oxygène (gaz) qui s'est dégagé de la substance chauffée. On constate de cette manière que le corps en question contient du mercure et de l'oxygène et on n'y découvre jamais autre chose. On a ainsi réalisé une *analyse qualitative*.

Cette opération peut se pratiquer d'une manière plus parfaite en chauffant la substance dans une petite cornue, et en recevant le gaz dans une éprouvette remplie d'eau et renversée sur une cuve contenant du même liquide (fig. 1).

On pourrait, moyennant certaines précautions, recueillir tout l'oxygène dégagé, et en calculer le poids, que l'on déduirait de

FIG. 1 — *Analyse de l'oxyde de mercure.*

celui de l'oxyde ; la différence nous donnerait le poids du mercure contenu dans ce corps. On aurait alors réalisé une *analyse quantitative.*

10. Combinaisons chimiques. — Les *combinaisons chimiques* sont des phénomènes par lesquels plusieurs corps s'unissent pour en former un autre dont les propriétés sont différentes de celles de ses éléments constitutifs. Il ne faut pas confondre les mélanges avec les combinaisons. Dans un mélange, les propriétés des éléments se conservent ; dans une combinaison, elles sont remplacées par des propriétés nouvelles. On peut, dans un mélange, séparer les éléments par des procédés mécaniques ; dans une combinaison, ils ne peuvent être séparés que par des procédés chimiques.

L'air est un *mélange,* l'eau est une *combinaison.*

EXPÉRIENCE. — On unit intimement 4 grammes de soufre pulvérisé avec 7 grammes de limaille de fer. Ces deux corps peuvent facilement se séparer ; on pourrait, par exemple, faire circuler de l'eau dans la masse ; le soufre serait emporté. On pourrait encore attirer le fer avec un aimant, ou bien faire dissoudre le soufre dans du sulfure de carbone. Jusqu'ici, on n'a donc qu'un mélange. Mais, si l'on met le feu au mélange, les deux corps réagissent vivement avec production d'une grande quantité de chaleur, et il se forme une substance noire, le *sulfure de fer*. Il sera impossible de séparer ces deux éléments par aucun des moyens donnés précédemment, car ils ont formé de nouvelles molécules dont la formule est FeS. Ce phénomène est une *combinaison chimique*, et ce n'est que par des moyens chimiques que l'on pourrait défaire cette combinaison.

11. Distinction des phénomènes chimiques des phénomènes physiques. — Les *phénomènes physiques* ne produisent point de changement dans la nature d'un corps : celui-ci ne subissant que des modifications passagères, qui disparaissent avec la cause qui leur a donné naissance.

Les *phénomènes chimiques*, au contraire, produisent des modifications profondes et durables. Les corps changent de nature et donnent naissance à des corps nouveaux ayant des propriétés toutes différentes.

L'oxydation du fer à l'air humide est un phénomène chimique car elle donne naissance à la *rouille*, substance qui diffère du fer par sa composition ; le fer, en effet, est un corps simple, tandis que la rouille est composée de fer, d'oxygène et d'hydrogène (FeO^3H^3). En outre, le fer, une fois oxydé, ne revient pas de lui-même à son état primitif.

La dilatation du fer par la chaleur est un phénomène physique, car ce phénomène n'est que passager et n'altère pas la composition du fer.

LOIS DES COMBINAISONS CHIMIQUES

12. Les combinaisons chimiques sont soumises à des lois très simples qui portent les noms des chimistes qui les ont découvertes ; les principales sont : la loi de *Lavoisier*, la loi de *Proust*, la loi de *Dalton* et celle de *Gay-Lussac*.

1. *Loi de Lavoisier.* — La *loi de Lavoisier* ou *loi des masses*, se formule comme suit :

Le poids d'un corps composé est égal à la somme des poids des corps qui le constituent.

Ainsi, 1 gr. d'hydrogène se combine avec 8 gr. d'oxygène pour former $1 + 8 = 9$ grammes d'eau.

II. *Loi de Proust*. — La *loi de Proust* est encore nommée *loi des proportions définies*. Elle s'énonce ainsi :

Deux corps pour former un même composé, se combinent toujours dans des proportions invariables.

Ainsi, quand on chauffe 28 gr. de fer avec 16 gr. de soufre, les deux corps se combinent totalement pour former du *sulfure de fer*. Mais si l'on prend un poids plus grand de l'un des deux corps sans augmenter le poids de l'autre, par exemple, 30 gr. de fer avec 16 gr. de soufre, les 2 gr. de fer en excès ne se combinent pas.

III. *Loi de Dalton*. — La *loi de Dalton* se désigne encore sous le nom de *loi des proportions multiples*. On l'énonce de cette manière :

Lorsqu'un corps peut se combiner avec différents poids d'un autre corps, ces poids sont toujours dans un rapport simple.

L'oxygène peut se combiner avec l'azote en six proportions différentes, et pour un même poids d'azote, les poids de l'oxygène sont dans les rapports suivants : 1, 2, 3, 4, 5, 6.

IV. *Loi de Gay-Lussac*. — La *loi de Gay-Lussac* ou *loi des volumes* peut se formuler ainsi :

Les volumes de deux gaz qui se combinent sont dans un rapport simple, et le volume du composé formé, s'il est gazeux, est en rapport simple avec les volumes des composants. Ainsi :

Un volume de chlore se combine avec *un* volume d'hydrogène pour former *deux* volumes d'acide chlorhydrique.

Un volume d'oxygène se combine avec *deux* volumes d'hydrogène pour former *deux* volumes de vapeur d'eau.

Un volume d'azote se combine avec *trois* volumes d'hydrogène pour former *deux* volumes de gaz ammoniac.

Il est à remarquer que, dans les deux derniers cas, c'est-à-dire lorsque les volumes des composants ne sont pas égaux entre eux, le volume du composé est moindre que la somme des volumes des composants. On dit alors qu'il y a *contraction*.

13. Hypothèse d'Avogadro et d'Ampère. — On a vu en physique (63 et 88) que tous les gaz obéissent à la loi de Mariotte et qu'ils ont tous le même coefficient de dilatation. Cette considération a amené Avogadro et Ampère à émettre l'hypothèse suivante, dont les conséquences se trouvent d'accord avec une foule d'expériences : *Aux mêmes conditions de pression et de température, des volumes égaux de gaz ou de vapeurs renferment le même nombre de molécules.* Ainsi un litre d'oxygène renferme le même nombre de molécules qu'un litre d'hydrogène, qu'un litre de chlore, qu'un litre d'acide chlorhydrique, etc..; ce qui équivaut à dire que *les molécules de tous les gaz occupent le même volume.*

14. Applications. — 1° *Détermination de l'atomicité des gaz simples.* On appelle *atomicité* des corps simples le nombre d'atomes compris dans leur molécule. Une molécule est *mono*, *di*, *tri*,... atomique selon qu'elle contient 1, 2, 3,.... atomes.

L'hypothèse d'Avogadro et d'Ampère permet de calculer l'atomicité des corps simples gazeux ou volatils. Soit, par exemple, l'hydrogène. Nous avons vu que :

Un volume d'hydrogène combiné avec *un* volume de chlore donne *deux* volumes d'acide chlorhydrique.

Ce qui, d'après cette hypothèse, équivaut à dire : *Une* molécule d'hydrogène combinée avec *une* molécule de chlore donne deux molécules d'acide chlorhydrique.

Ou encore :

Une *demi*-molécule d'hydrogène combinée avec une *demi*-molécule de chlore donne *une* molécule d'acide chlorhydrique.

En raisonnant d'une manière analogue par rapport à

d'autres gaz dont l'hydrogène fait partie, on n'arrive jamais à obtenir une fraction de molécule de ce corps plus petite que la moitié, d'où l'on déduit que cette moitié de molécule que l'on n'arrive pas à diviser doit être *l'atome*. On est donc conduit à admettre qu'une molécule d'hydrogène comprend deux atomes de ce corps.

On a calculé que les molécules de la plupart des gaz simples sont diatomiques ; par exemple, le *chlore*, la vapeur de *brome*, le *fluor*, l'*oxygène*, l'*azote*, etc. Certains gaz rares de l'atmosphère, comme l'*argon*, l'*hélium*, le *néon*, etc., sont monoatomiques ; il en est de même de la vapeur de *mercure*. La vapeur de *soufre* est octoatomique ou diatomique selon la température, et celle du *phosphore* est tétratomique.

2° *Détermination du poids moléculaire des gaz et des vapeurs*. — La loi d'Avogrado et d'Ampère fournit un moyen de calculer le poids moléculaire des *gaz* et de tous les corps qui peuvent être réduits en vapeur. On compare pour cela leur poids à celui de l'hydrogène.

Soit, par exemple, le *chlore*. Un litre de ce gaz pèse 3 grammes 17. Un litre d'hydrogène pèse 0 gr. 0896. En divisant le premier poids par le second, on obtient 35,38. A volumes égaux, le chlore pèse donc environ 35 fois ½ plus que l'hydrogène. Or, les molécules des gaz occupant toutes le même volume d'après ladite hypothèse, une molécule de chlore pèsera 35 fois ½ plus qu'une molécule d'hydrogène.

Le poids d'un atome d'hydrogène étant 1, celui de sa molécule sera 2. Le poids moléculaire du chlore sera, par conséquent : $35,5 \times 2 = 71$.

On trouverait d'une manière analogue que le poids moléculaire de l'oxygène est **32** ; celui de l'azote, **28** ; celui de l'acide chlorhydrique, **36,5** (1).

---

(1) Les poids atomiques et moléculaires ne se rapportent ni au gramme, ni à aucun de nos poids usuels. En disant, par exemple, que le poids moléculaire du chlore est 71, on prétend seulement dire qu'une molécule de ce gaz pèse 71 fois plus qu'un atome d'hydrogène.

Remarque. — Les poids de volumes égaux de deux corps étant dans le même rapport que leurs densités, on peut encore déterminer le poids moléculaire d'un gaz en divisant *sa densité* par *celle de l'hydrogène*, puis en multipliant par 2. Ainsi, la densité du chlore par rapport à l'air étant 2,45, et celle de l'hydrogène 0,0691, on aura :

$$\frac{2,45}{0,0691} \times 2 = \text{environ } 71, \text{ comme précédemment.}$$

Le poids moléculaire des corps qui ne peuvent pas être réduits à l'état gazeux se déduit des propriétés chimiques de ces corps. On le calcule aussi par d'autres méthodes basées sur divers principes ; telles sont la *cryoscopie* et l'*ébullioscopie*, fondées sur la propriété qu'ont les corps dissous d'abaisser le point de congélation et d'élever le point d'ébullition du dissolvant, abaissement et élévation qui sont proportionnels au nombre de molécules des corps dissous.

15. Détermination des poids atomiques. — La détermination du poids atomique des corps simples gazeux dont la molécule renferme un nombre connu d'atomes se réduit à diviser le poids moléculaire par ce nombre d'atomes. Ainsi le poids atomique de l'hydrogène est : $\frac{2}{2} = 1$; celui du chlore : $\frac{71}{2} = \mathbf{35,5}$, etc.

Celle de la plupart des autres corps simples s'obtient en appliquant la loi suivante, découverte par Dulong et Petit : *le produit de la chaleur spécifique d'un corps simple par son poids atomique est un nombre sensiblement constant et égal* à environ 6,4. Par suite pour trouver le poids atomique d'un corps simple, il suffit de diviser 6,4 par le coefficient de la chaleur spécifique de ce corps. Ainsi, ce coefficient étant, pour le fer, 0'114 (Phys. **96**), le poids atomique de ce métal sera : $\frac{6,4}{0,114} = \mathbf{56}$.

Ce procédé ne donne, dans la plupart des cas, que des résultats approximatifs ; on les corrige au moyen d'analyses et de synthèses rigoureuses, se contrôlant les unes les autres.

16. Valence. — On appelle *valence* d'un atome, la propriété qu'a celui-ci de former molécule avec un ou plusieurs atomes d'hydrogène.

Un atome est dit *monovalent, divalent, trivalent, tétravalent,* ... selon qu'il peut s'unir à 1, 2, 3, 4, ... atomes d'hydrogène. Ainsi, par exemple :

Le chlore est monovalent dans l'*acide chlorhydrique*... HCl
L'oxygène est divalent dans l'*eau*................. H_2O
L'azote (N) est trivalent dans le *gaz ammoniac*........ NH_3
Le carbone est tétravalent dans le *méthane*.......... CH_4

En représentant les valences par un trait, on obtiendrait de ces corps les formules graphiques suivantes :

$$\text{H—Cl.} \qquad \text{H—O—H,} \qquad \underset{\overset{|}{\text{H}}}{\overset{}{\text{H—N—H}}} \qquad \underset{\overset{|}{\text{H}}}{\overset{\overset{\text{H}}{|}}{\text{H—C—H}}}$$

Pour qu'une molécule soit complète, il faut que les valences des atomes soient toutes satisfaites. Ainsi, un atome monovalent formera molécule avec un autre atome monovalent ; un atome divalent fera molécule avec un autre atome divalent ou avec deux atomes monovalents, etc.

On appelle *radical* une molécule incomplète qui, dans le cours d'une réaction chimique, se transporte d'un composé à un autre comme le ferait un simple atome. Tel est l'*oxhydrile* (—OH), où la valence de l'oxygène n'est pas complètement satisfaite. Ce radical est *monovalent*, car l'oxygène pourrait s'unir encore à un autre atome d'hydrogène ou de quelque autre corps monovalent.

REMARQUES. — 1. Un certain nombre de corps ont deux valences et même davantage. Ainsi le *mercure* et le *cuivre* sont tantôt monovalents, tantôt divalents. Le *chlore* que l'on considère généralement comme *monovalent*, peut aussi être *trivalent, pentavalent* et *heptavalent*. Le *soufre* est non seulement *divalent*, mais aussi *tétra, hexa* et *octavalent*.

2. D'autres corps, d'ailleurs très rares, n'ont point de valence. Leurs atomes n'étant pas susceptibles de s'unir à

d'autres atomes, ils n'ont que des molécules monoatomiques. Tels sont, par exemple, l'*hélium*, le *néon* et l'*argon*.

C'est dans le but de trouver une explication aux lois des combinaisons chimiques que l'on a imaginé la théorie atomique dont nous avons parlé précédemment. Les formules basées sur cette théorie ont l'avantage de nous faire connaître à la fois le rapport en poids des éléments qui forment un composé, et le rapport en volume de ceux qui peuvent être réduits à l'état gazeux. Ainsi, le poids atomique de l'oxygène étant 16 et celui de l'hydrogène 1, la formule H_2O de l'eau nous donne :

Poids d'un atome d'oxygène 16
Poids de deux atomes d'hydrogène........ 2

Lorsque l'oxygène et l'hydrogène se combinent pour former de l'eau, c'est donc toujours dans des poids proportionnels à 16 et 2 qu'ils le font ; par exemple 16 grammes d'oxygène et 2 d'hydrogène, 8 grammes d'oxygène et 1 gr. d'hydrogène, 24 gr. d'oxygène et 3 d'hydrogène, etc.

D'autre part, une molécule d'eau étant composée de 1 atome d'oxygène et de 2 atomes d'hydrogène, et ces atomes occupant le même volume comme on peut le déduire de l'hypothèse d'Avogadro, il en résulte que pour obtenir l'eau, il faut combiner l'oxygène et l'hydrogène dans des volumes proportionnels à 1 et à 2 ; par exemple, 1 litre d'oxygène avec deux litres d'hydrogène, 100 cm³ d'oxygène avec 200 cm³ d'hydrogène, etc.

Ces derniers rapports équivalent aux premiers. Ainsi, par exemple, 1 litre d'oxygène pèse 8 fois plus que 2 litres d'hydrogène.

NOMENCLATURE CHIMIQUE

La *nomenclature chimique*, créée en 1780 par Guyton de Morveau, est l'ensemble des mots employés pour désigner les différents corps dont s'occupe la chimie. Elle a été établie de manière à désigner les corps par des noms qui indiquent leur composition.

17. Nomenclature des corps simples. — Les corps simples ont gardé les noms qu'ils portaient avant la création de la nomenclature. La plupart d'entre eux sont désignés par des noms qui rappellent leur origine ou leurs propriétés. Les corps simples connus actuellement sont au nombre d'environ 80. On les divise en deux classes : les *métalloïdes* et les *métaux*.

1° *Métalloïdes.* — Les *métalloïdes* sont généralement dénués de l'éclat métallique ; ils sont mauvais conducteurs de la chaleur et de l'électricité.

Voici les noms des principaux, avec leurs symboles et leurs poids atomiques. Ils sont classés en 4 groupes d'après les valences que l'on considère principalement en eux.

1° *Monovalents.*			3° *Trivalents et pentavalents.*		
Hydrogène	H	1	Bore	B	11
Fluor	Fl	19	Azote ou Nitrogène	Az ou N	14
Chlore	Cl	35,5	Phosphore	P	31
Brome	Br	80	Arsenic	As	75
Iode	I	127	Antimoine	Sb(*Stibium*)	120
2° *Divalents.*			4° *Tétravalents.*		
Oxygène	O	16	Carbone	C	12
Soufre	S	32	Silicium	Si	28
Sélénium	Se	79			
Tellure	Te	127,5			

L'*hydrogène*, l'*oxygène*, le *chlore*, le *fluor*, l'*azote*, sont gazeux à la température ordinaire, le *brome* est liquide et tous les autres sont solides.

2° *Métaux.* — Les *métaux* sont des corps doués d'un éclat particulier appelé *éclat métallique*. Ils sont bons conducteurs de la chaleur et de l'électricité : mais ce qui les distingue surtout des métalloïdes, c'est la propriété qu'ils ont en se combinant avec l'oxygène de former au moins un *oxyde basique, c'est-à-dire un oxyde capable de se combiner avec les acides pour former des sels.* Tous sont solides à la température ordinaire, à l'exception du mercure qui est liquide.

Voici les noms, symboles et poids atomiques des plus usuels, classés en six groupes, d'après leurs valences les plus remarquables.

<table>
<tr><td colspan="2">1° Monovalents.</td><td colspan="2">MÉTAUX ALCALINS-TERREUX :</td></tr>
<tr><td>Argent</td><td>Ag .... 108</td><td>Calcium</td><td>Ca .... 40</td></tr>
<tr><td colspan="2">MÉTAUX ALCALINS :-</td><td>Strontium</td><td>Sr .... 87,5</td></tr>
<tr><td>Sodium</td><td>Na (Natrium) 23</td><td>Barium</td><td>Ba .... 137</td></tr>
<tr><td>Potassium</td><td>K (Kalium). 39</td><td colspan="2">4° Divalents et trivalents.</td></tr>
<tr><td colspan="2">2° Monovalents et divalents.</td><td>Manganèse</td><td>Mn .... 55</td></tr>
<tr><td>Cuivre</td><td>Cu............ 63,5</td><td>Fer</td><td>Fe .... 56</td></tr>
<tr><td>Mercure</td><td>Hg (Hydrargy-</td><td colspan="2">5° Divalents et tétravalents.</td></tr>
<tr><td></td><td>rium) .... 200</td><td>Etain</td><td>Sn (Stannum).. 119</td></tr>
<tr><td colspan="2">3° Divalents.</td><td>Platine</td><td>Pt .... 195</td></tr>
<tr><td>Nickel</td><td>Ni .... 58,5</td><td colspan="2">6° Trivalents.</td></tr>
<tr><td>Cobalt</td><td>Co .... 59</td><td>Aluminium</td><td>Al .... 27</td></tr>
<tr><td>Zinc</td><td>Zn .... 65</td><td>Chrome</td><td>Cr .... 52</td></tr>
<tr><td>Plomb</td><td>Pb .... 207</td><td>Or</td><td>Au (Aurum). 197</td></tr>
<tr><td>Magnésium</td><td>Mg .... 24</td><td>Bismuth</td><td>Bi .... 208</td></tr>
</table>

Les métaux *alcalins* et *alcalins-terreux* ont la propriété de décomposer l'eau à la température ordinaire pour s'emparer de son oxygène. La plupart des autres métaux la décomposent à des températures plus ou moins élevées. L'*or*, l'*argent*, le *platine* et le *mercure* ne la décomposent jamais.

18. Nomenclature des composés binaires. — On distingue trois catégories distinctes de composés binaires : les composés *oxygénés*, les composés *hydrogénés* et les composés qui ne sont *ni oxygénés ni hydrogénés*.

1° Composés binaires oxygénés. — Les composés binaires *oxygénés* se nomment en faisant suivre le mot *oxyde* du nom du corps combiné avec l'oxygène. Exemples :

Oxyde de zinc. .... ZnO

Oxyde de carbone.................. CO

Certains oxydes ont la propriété de se combiner avec l'eau pour donner naissance à des acides, ce sont des *anhydrides*. On les nomme en ajoutant la terminaison *ique* au nom du corps qui se combine à l'oxygène. Exemples :

Anhydride carbonique .... CO^2

Anhydride chromique. .... CrO^3

2° *Composés binaires hydrogénés.* — On rencontre dans le nombre des composés binaires un certain nombre de combinaisons hydrogénées qui possèdent tous les caractères des acides véritables ; on les désigne sous le nom générique d'*hydracides* et on les nomme en ajoutant au mot *acide* le nom du métalloïde uni à l'hydrogène, terminé en *hydrique* (1). Exemple :

Acide chlorhydrique .... HCl
Acide sulfhydrique .... H^2S

3° *Autres composés binaires.* — Un composé binaire qui n'est *ni oxygéné, ni hydrogéné* se désigne en général par le nom de l'un des corps qui le forment terminé en *ure*, suivi du nom de l'autre corps. Lorsque la combinaison est d'*un métalloïde* avec *un métal,* c'est au nom du métalloïde que l'on ajoute la terminaison *uré.* Exemples :

Sulfure de carbone .... CS^2
Chlorure de sodium .... NaCl

On réserve le nom d'*alliage* à l'union des métaux entre eux. Quand l'un de ces métaux est le mercure, on remplace le mot *alliage* par le mot *amalgame.* Ainsi on dit :

Un alliage de cuivre et d'argent.
Un amalgame d'or (mercure et or).

REMARQUE. — Certains corps à valence variable peuvent former avec un autre corps deux combinaisons binaires. On les distingue en leur donnant la terminaison *eux* pour la valence inférieure, et la terminaison *ique* pour la valence supérieure (2). Exemples :

Oxyde cuivreux .... Cu^2O (*Cuivre monovalent*).
Oxyde cuivrique .... CuO (— *divalent*).
Anhydride sulfureux. ... SO^2 (*Soufre tétravalent*).
Anhydride sulfurique ... SO^2 (— *hexavalent*).
Chlorure ferreux .... $FeCl^2$ (*Fer divalent*).
Chlorure ferrique. ...... $FeCl^3$ (— *trivalent*).

------

(1) Les métalloïdes qui unis à l'hydrogène forment des hydracides sont : le *fluor, le chlore, le brome, l'iode, le soufre, le sélénium et le tellure.*
(2) Cette observation s'applique aussi aux corps ternaires.

Quand le même corps peut donner plusieurs composés différents, on a recours à des préfixes, par exemple : *proto* (1), *sesqui* (1 ½), *bi* (2), *tri* (3), etc. Ainsi, on dit :

Protoxyde de manganèse............ MnO
Sesquioxyde de manganèse. .... Mn^2O^3
Bioxyde de manganèse .... MnO^2

19. Nomenclature des composés ternaires. — Les *composés ternaires* se divisent en trois groupes principaux : les *acides*, les *bases* et les *sels oxygénés*.

1° *Acides.* — On appelle *acide* tout composé hydrogéné dont *un atome d'hydrogène au moins* est remplaçable par *une quantité équivalente de métal*. Tous les acides solubles rougissent la teinture bleue de tournesol et possèdent une saveur aigre, lors même qu'ils sont étendus d'eau. On nomme les acides ternaires comme les anhydrides dont ils dérivent, mais en substituant le mot *acide* au mot *anhydride*. Exemple :

Acide azotique. .... NO^3H
Acide sulfureux.................... SO^3H^2
Acide sulfurique................... SO^4H^3
Acide phosphorique................ PO^4H^3

EXPÉRIENCE. — On place un peu de soufre dans une petite cuiller à combustion, on l'allume et on l'introduit jusqu'au fond d'un flacon. Le *soufre* en brûlant se combine avec l'*oxygène* de l'air pour former le gaz appelé *anhydride sulfureux*, SO^2.

Lorsque le soufre est éteint, on retire la cuiller, on verse dans le flacon un peu d'eau et on agite pour dissoudre le gaz. On admet que l'*anhydride* se combine avec l'eau, molécule à molécule, pour former l'*acide sulfureux*, SO^3H^2.

Si maintenant l'on ajoute à cette eau quelques gouttes de teinture bleue de tournesol, celle-ci rougira.

2° *Bases.* — Les *bases* proviennent de la combinaison d'un oxyde métallique avec l'eau. Elles ont la propriété de se combiner avec les acides pour donner des sels. Celles qui sont solubles ramènent au bleu la teinture du tournesol rougie par les acides, et possèdent une saveur âcre et particulière. On les distingue par le mot *hydrate* suivi du nom du métal qui les compose. Exemples :

Hydrate de sodium................ $NaOH$
Hydrate de calcium.............. $Ca(OH)^2$ (1)

3° *Sels oxygénés.* — Les *sels oxygénés* dérivent des acides dont les atomes d'hydrogène ont été remplacés, en tout ou en partie, par ceux d'un métal. On obtient ordinairement cette substitution en combinant un *métal* ou une *base* avec un anhydride ou un acide. Pour nommer un sel, on change en *ate* la terminaison *ique* de l'acide et en *ite* la terminaison *eux*, et on y ajoute le nom du métal. Ainsi pour désigner les sels formés par la combinaison de l'*acide sulfurique* et de l'*acide sulfureux* avec le potassium, on dit :

Sulfate de potassium .... SO^4K^2
Sulfite de potassium.............. SO^3K^2

Expériences. — 1. On verse dans un peu d'eau quelques gouttes d'un acide, par exemple d'*acide sulfurique*, SO^4H^2, puis on y plonge une lame de *zinc*. Ce métal se dissout et remplace l'hydrogène de l'acide. L'hydrogène, mis ainsi en liberté, s'échappe en bulles gazeuses.

Une fois l'effervescence terminée, on retire ce qui reste de la lame de zinc, puis on fait évaporer l'eau dans un bassin à large fond. Au bout d'un temps plus ou moins long, on obtient un résidu de cristaux incolores. Ce résidu est le *sel* appelé *sulfate de zinc*, SO^4Zn.

2. On jette dans un demi-verre d'eau un petit morceau de *sodium*. Ce métal décompose l'eau ; il s'unit à l'*oxygène* pour former de l'*oxyde de sodium*, Na^2O, et laisse en liberté l'hydrogène.

Mais aussitôt qu'une molécule d'oxyde de sodium se forme, elle se combine à une autre molécule d'eau pour former deux molécules d'*hydrate de sodium*, $NaOH$, qui restent dissoutes. Cet hydrate est une *base* ; il suffit pour s'en convaincre d'ajouter au liquide quelques gouttes de tournesol rouge ; elles virent immédiatement au bleu.

---

(1) La formule $Ca(OH)^2$ équivaut à CaO^2H^2, car le chiffre mis sous forme d'exposant à la suite de la parenthèse sert à multiplier le nombre des atomes qui y sont représentés.

Si, à ce liquide, on ajoute un acide, on obtient un *sel*. On verse, par exemple, de l'*acide azotique*, NO^3H, peu à peu et en agitant, jusqu'à la disparition de la couleur bleue. L'acide et la base se combinent molécule à molécule pour former le *nitrate de sodium*, NO^3Na, qui est un sel. Il se forme aussi une molécule d'eau, H^2O.

En évaporant l'eau, on obtiendrait, comme précédemment, un dépôt cristallin.

Lorsque tout l'hydrogène de l'acide a été remplacé lors de sa transformation en sel, celui-ci est appelé *sel neutre* : s'il en reste encore, on le nomme *sel acide*. Exemple :

Sulfate neutre de potassium........ SO^4K^2
Sulfate acide de potassium........ SO^4HK

ÉCRITURE DES FORMULES. — PROBLÈMES DIVERS

20. Écriture des formules. — Lorsque la valence des éléments est connue, on écrit en général assez facilement les formules des composés. Voici quelques règles pratiques pour écrire les formules les plus en usage, de manière que les valences soient satisfaites (1) :

1º *Corps binaires.* — Lorsque les deux éléments qui entrent dans un corps binaire ont la même valence, on écrit simplement leurs symboles l'un à côté de l'autre. Exemples :

Chlorure de potassium.   KCl (Les 2 éléments sont *monovalents*).
Oxyde de calcium..... CaO (—   —   *divalents*).

Si l'un des éléments a une valence *double, triple, quadruple*, ... de l'autre, on met à celui-ci 2, 3, 4... atomes. Exemple :

Chlorure d'or...... $AuCl^3$ (Or *trivalent* et chlore *monovalent*).
Oxyde d'étain..... SnO^2 (Étain *tétraval.* et oxygène *divalent*).

---

(1) Les règles que nous donnons ne sont pas toutes applicables à la chimie organique.

Dans tout autre cas, on met à chacun des éléments le nombre d'atomes correspondant à la valence de l'autre. Exemples :

Oxyde ferrique...... Fe^2O^3 (Fer *trivalent* et oxyg. *divalent*).
Anhydride arsénique. As^2O^5 (Arsenic *pentavalent* et oxyg. *div.*).

2° *Corps ternaires.* — Les *acides* usuels sont peu nombreux. Nous avons déjà donné la formule des principaux, qu'il est aisé de retenir dans la mémoire.

Les *bases* s'écrivent en joignant au métal correspondant 1, 2. 3... *oxhydriles* (OH), selon que le métal est *mono, di, tri... valent*. Exemples :

Hydrate de potassium. KOH (*Potassium monovalent*).
Hydrate ferreux. ..... $Fe(OH)^2$ (*Fer divalent*).
Hydrate ferrique ..... $Fe(OH)^3$ (— *trivalent*).

Les *sels* se forment, comme nous l'avons vu, par la substitution de l'hydrogène des acides par un métal. Si l'on voulait, par exemple, écrire la formule d'un sel résultant de la combinaison de l'*acide sulfurique* SO^4H^2, par un métal, il suffirait de considérer le groupe SO^4 comme un élément divalent, puisqu'il s'unit à deux atomes d'hydrogène. Dans l'acide nitrique, NO^3H, le groupe NO^3 serait monovalent, et dans l'acide phosphorique PO^4H^2, le groupe PO^4 serait trivalent. Dès lors, on peut appliquer, pour l'écriture des formules des sels, les mêmes règles que pour les corps binaires. Exemples :

Nitrate d'argent. ..... NO^3Ag (*NO^3 monov. et Ag monov.*).
Nitrate de calcium . ... $(NO^3)^2Ca$ (— *et Ca dival.*).
Sulfate de sodium. .... SO^4Na^2 (*SO^4 divalent et Na monov.*).
Sulfate ferreux .... SO^4Fe (— *et Fe divalent*).
Sulfate d'aluminium... $(SO^4)^3Al^2$ (— *et Al trivalent*).

21. Poids de 22 litres 4 d'un gaz. — L'expérience a appris que 22 litres 4 d'hydrogène, d'oxygène, de chlore, d'azote, d'acide chlorhydrique, pèsent respectivement 2 gr., 32 gr., 71 gr., 28 gr. et 36 gr. 5, *à la température de 0° et à la pres-*

sion normale. Il est à remarquer que ces chiffres représentent précisément les poids moléculaires de ces gaz.

Cette observation qui est applicable à tous les gaz en général, nous donne le moyen de calculer le volume d'un poids déterminé d'un gaz et réciproquement, ainsi que sa densité, au moyen du nombre qui représente son poids moléculaire, nombre généralement facile à retenir.

PROBLÈMES. — 1. *Trouver le poids d'un litre d'anhydrique carbonique et sa densité, la formule de ce gaz étant CO^2.*

Lorsqu'on connaît la formule d'un corps, on trouve son poids moléculaire en additionnant les poids de ses atomes. Le poids moléculaire du gaz carbonique est donc : $12+16+16=44$.

22 litres 4 de ce gaz pèsent 44 grammes.

1 litre — pèsera x —

Le poids du litre sera : $\dfrac{44}{22,4}=\mathbf{1\ gramme\ 96}$.

En divisant le poids d'un litre du gaz par celui d'un litre d'air (1 gr. 293) on aura sa densité. Le poids d'un litre étant $\dfrac{44}{22,4}$ la densité sera :

$$\frac{44}{22,4 \times 1,293} = \frac{44}{28,9632} = \mathbf{1,52}.$$

REMARQUE. — Les nombres 22,4 et 1,293 sont invariables, quel que soit le gaz auquel ce calcul s'applique. Leur produit 28,9632 (en nombre rond, 29) est donc constant. Des résultats de ce problème, on déduit la règle suivante : *On trouve le poids du litre d'un gaz en divisant son poids moléculaire par* **22, 4** ; *et sa densité, en divisant son poids moléculaire par* **29**.

2. *Quel volume occuperont 5 grammes d'anhydride sulfureux :* 1° *à la pression normale et à la température de* 0° ; 2° *à la pression de 60 centimètres et à la température de 15°? Formule :* SO^2.

1° Poids moléculaire : $32+16+16=64$.

64 gr. d'anh. sulf. occupent un vol. de 22 litres 4.

5 — — occuperont — x —

$$x = \frac{22,4 \times 5}{64} = \mathbf{1\ litre\ 75}.$$

2° La pression normale est de 76 centimètres de mercure (1 atmosphère).

Le volume des gaz est inverse de la pression qu'ils supportent
(Phys., 68). Donc, si à 76 cm. le volume est de 1 litre 75, à 1 cm. il
serait 76 fois plus grand. A 60 cm., il sera 60 fois moindre ; ce qui
donne :

$$\frac{1,75 \times 76}{60} = 2 \text{ litres } 216.$$

Le coefficient de dilatation des gaz étant 0,00367 (Phys., 88), *un
litre du gaz, chauffé à 1°, deviendrait 1 litre 00367 ; a 2°, son volume
serait* : $1 + 0,00367 \times 2 = 1$ lit. 00734... A 15°, son volume sera :

$$1 + 0,00367 \times 15 = 1 \text{ lit. } 05505.$$

On a donc : $2,216 \times 1,05505 = 2$ litres 338.

3. *Quel est le poids de 12 litres d'acide chlorhydrique à la pression normale et à la température de 0°?* Formule : HCl.

Le poids moléculaire de cet acide est 36,5.

22 litres 4 d'acide chl. pèsent 36 gr. 5.

12   —   pèseront x gr.

$$x = \frac{36,5 \times 12}{22,4} = 19 \text{ grammes } 55.$$

4. *Quel serait le poids de ces 12 litres d'acide chlorhydrique,
s'ils étaient à la pression de 54 centimètres et à la température de 20°?*

Cherchons d'abord quel serait leur volume à la pression normale
et à la température de 0°.

A 54 cm. de pression, le volume est de 12 litres ; à 1 cm., il serait
54 fois plus grand ; à 76 cm., il sera 76 fois moindre. Le gaz aurait
donc, à la pression normale et à la température de 20°, un volume
de :

$$\frac{12 \times 54}{76} = 8 \text{ litres } 526.$$

Un litre chauffé à 20°, deviendrait : $1 + 0,00367 \times 20 = 1$ litre 0734.
D'où la règle de 3 suivante :

1 litre 0734 à 20° équivaut à 1 litre à 0°.

8 litres 526   —   équivaudront à x litres à 0°.

$$x = \frac{8,526}{1,0734} = 7 \text{ litres } 94.$$

En opérant sur ces 7 litres 94 comme dans le problème précédent, on trouve :

$$\frac{36,5 \times 7,94}{22,4} = 12 \text{ grammes } 9.$$

22. Equations chimiques. — Pour se rendre compte rapidement des réactions chimiques, on représente celles-ci par des équations. Le premier membre d'une équation renferme les symboles et les formules des corps qui réagissent l'un sur l'autre ; le second, les symboles et les formules des corps résultant de la réaction.

Dans une réaction chimique, rien ne se perd. Les mêmes atomes qui figurent dans le premier membre d'une équation doivent donc se retrouver tous dans le second, ce qui oblige parfois à multiplier une formule par 2, 3, 4, etc.

Ainsi la combinaison de *l'oxyde de sodium* avec *l'eau* (page 22, 2me exp.) se représente par l'équation :

$$Na^2O \quad + \quad H^2O \quad = \quad 2NaOH$$
Oxyde de sodium   Eau   Hydrate de sodium

La formule du second membre est multipliée par 2, ce qui équivaudrait à écrire : $Na^2O^2H^2$. On peut ainsi remarquer qu'il y a dans chaque membre 2 atomes de sodium, 2 atomes d'oxygène et 2 atomes d'hydrogène.

L'emploi des équations chimiques facilite la résolution de beaucoup de problèmes. En voici quelques exemples.

PROBLÈMES. — *1. Comment détermine-t-on les proportions dans lesquelles le fer et le soufre se combinent pour former le sulfure ferreux ?* (page 10, exp.).

L'équation est : $Fe + S = FeS$

Ecrivons, sous chaque terme, son poids atomique ou moléculaire :
$$Fe + S = FeS$$
$$56 \quad 32 \quad 88$$

Les nombres cherchés sont 56 et 32. On mélangera donc les deux corps en prenant des poids proportionnels à ces deux nombres, par exemple : 56 gr. et 32 gr., 28 gr. et 16 gr., 7 gr. et 4 gr., 112 gr. et 64 gr. 1 Kg.4 et 0 Kg.8, etc.

2. Avec 250 grammes de soufre, quel poids de sulfure de fer pourrait-on obtenir ?

De la même équation, nous déduisons la règle de 3 suivante :

Avec 32 gr. de soufre on peut obtenir 88 gr. de FeS,
— 250 —   — on pourra — x —

$$x = \frac{88 \times 250}{32} = 687 \text{ grammes } 5.$$

3. *En jetant dans l'eau 3 grammes de sodium (p. 22, 2me exp.), quel volume d'hydrogène pourrait-on obtenir (1)? Equation : 2 Na + $H^2O = H^2 + Na^2O$.*

$$2Na \underset{46}{} + H^2O = \underset{2}{H^2} + Na^2O$$

Cette équation nous montre que 46 gr. de sodium fournissent 2 gr. d'hydrogène, dont le volume est 22 litres 4. La règle de 3 sera donc la suivante :

46 gr. de sodium donnent 22 litres 4 d'hydrogène.

3   —   donneront x —

$$x = \frac{22,4 \times 3}{46} = 1 \text{ litre } 46.$$

REMARQUE. — On aurait pu se contenter d'écrire le nombre 22,4 sous la formule de l'hydrogène, le nombre 46 représentant, bien entendu, des grammes :

$$\underset{46}{2N} + H^2O = \underset{(22 \text{ lit. } 4)}{H^2} + Na^2O$$

Cette observation est applicable à tous les gaz, car, lorsqu'on a à faire des calculs sur leur volume seulement, il est inutile de calculer leur poids moléculaire, vu que ce poids représente pour tous le même volume (21).

4. *On désire préparer 4 litres d'oxygène en chauffant du chlorate de potassium, ClO^3K. Quelle quantité faudra-t-il employer de ce produit?* Equation : $2ClO^3K = 3O^2 + 2KCl$.

$$\underset{245}{2ClO^3K} = \underset{3 \times 22,4 (= 67 \text{ lit. } 2)}{3O^2} + 2KCl$$

Pour obtenir 67 lit. 2 d'oxygène, il faut 245 gr. de ClO^3K

—   —   4 —   —   il faudra x —   —

$$x = \frac{245 \times 4}{67,2} = 14 \text{ grammes } 6.$$

REMARQUE. — L'équation précédente pourrait s'écrire plus simplement :

$$ClO^3K = 3O + KCl$$

Les deux manières de la représenter s'emploient indifféremment.

---

(1) Le sodium flotte sur l'eau. Pour recueillir l'hydrogène qu'il peut fournir, on pourrait l'envelopper dans un morceau de toile métallique fine qui le ferait descendre au fond. Le gaz se dégage immédiatement et avec rapidité. On le reçoit dans une éprouvette renversée sur une cuve et préalablement remplie d'eau. Il faut bien se garder de toucher le sodium avec les doigts mouillés.

Dans le premier cas, l'oxygène est figuré par un nombre exact de molécules O^2 ; dans le second cas, c'est par atomes qu'il est représenté. Pour la résolution des problèmes sur les volumes des gaz simples, il est préférable de représenter ceux-ci par molécules complètes.

RÉSUMÉ

La *Chimie* a pour objet l'étude de la composition des corps et des divers phénomènes produits par les actions qu'ils exercent les uns sur les autres.

La *théorie atomique* suppose les corps formés de *molécules*, et celles-ci composées d'*atomes* ayant chacun un poids et une valence déterminés.

Un *atome* est la plus petite partie d'un corps simple qui entre dans une réaction chimique ou qui est produit par cette réaction.

Une *molécule* est la plus petite partie d'un corps qui puisse exister à l'état de liberté.

On divise les corps en *corps simples* et en *corps composés*. Les *corps simples* sont ceux dont on ne peut extraire qu'une seule espèce de matière ; les *corps composés* sont formés par la combinaison de plusieurs corps simples. On représente les corps simples par des *symboles* et les corps composés par des *formules*.

La *cohésion* est la force qui tend à rapprocher les molécules des corps.

L'*affinité* est la force qui unit les atomes pour former les molécules.

On appelle *poids atomiques* des nombres proportionnels représentant les poids relatifs des atomes des corps simples comparés au poids de l'hydrogène pris pour unité.

L'*analyse* est la décomposition d'un corps en ses éléments. Elle est *qualitative* ou *quantitative*, selon qu'elle a pour but de déterminer la nature ou la quantité des éléments qui constituent les corps composés.

La *synthèse* est l'action qui consiste à combiner entre eux les corps simples pour produire les corps composés.

Les *combinaisons chimiques* sont des phénomènes par lesquels plusieurs corps s'unissent pour en former d'autres dont les propriétés sont différentes de celles de leurs éléments constitutifs.

Les *phénomènes chimiques* sont permanents et modifient la constitution des corps. Ils donnent naissance à des substances différentes de celles qui ont servi à leur production.

Les combinaisons chimiques sont soumises aux lois suivantes :

Loi de Lavoisier. — *Le poids d'un corps composé est égal à la somme des poids des corps qui le constituent.*

Loi de Proust. — *Deux corps pour former un même composé se combinent toujours dans des proportions invariables.*

Loi de Dalton. — *Lorsqu'un corps peut se combiner avec différents poids d'un autre corps, ces poids sont toujours en rapport simple.*

Loi de Gay-Lussac. — *Lorsque deux gaz se combinent, les volumes des gaz qui entrent dans la combinaison sont toujours en rapport simple ; le volume du corps composé, considéré à l'état gazeux, est aussi en rapport simple avec les volumes des composants.*

Hypothèse d'Avogadro et d'Ampère. — *Aux mêmes conditions de pression et de température, des volumes égaux de gaz ou de vapeurs renferment le même nombre de molécules.* — Cette hypothèse permet de déterminer l'atomicité des gaz simples et de calculer le poids moléculaire des gaz et des vapeurs.

Le *poids moléculaire* des gaz simples est généralement le double de leur poids atomique.

Loi de Dulong et Petit. — *Le produit de la chaleur spécifique d'un corps simple par son poids atomique est égal à environ 6,4.* Cette loi donne le moyen de calculer approximativement le poids atomique de beaucoup de corps simples.

On appelle *valence* d'un atome la propriété qu'a celui-ci de former molécule avec un ou plusieurs atomes d'hydrogène. Un atome est *mono, di, tri...* valent, selon qu'il peut se combiner à 1, 2, 3.., atomes d'hydrogène.

La *notation chimique* a pour but de représenter les corps à l'aide de *symboles* et de *formules*.

Les corps simples connus jusqu'à nos jours sont au nombre d'environ 80. On les divise en *métalloïdes* et en *métaux*.

Les métaux, en se combinant avec l'oxygène, forment toujours au moins un *oxyde basique*.

Les *acides* ont la propriété de rougir la teinture *bleue de tournesol*. Les *bases*, quand elles sont solubles, ramènent au bleu la teinture de tournesol rougie par les acides.

Les *sels* sont généralement formés par la combinaison d'un acide et d'un *métal* ou d'une base.

La *nomenclature chimique* est l'ensemble des mots employés pour désigner les différents corps dont s'occupe la chimie.

On écrit les formules des composés en ayant égard à la valence des atomes.

Le poids de 22 litres 4 d'un gaz est n grammes, n représentant le poids moléculaire du gaz.

On représente une réaction chimique par une *équation*. L'emploi des équations chimiques facilite la résolution des problèmes.

PREMIÈRE PARTIE

MÉTALLOÏDES

CHAPITRE PREMIER

OXYGÈNE — HYDROGÈNE — EAU

OXYGÈNE

Symbole : O. — Poids atom. : 16. — Molécule : O^2
Poids moléculaire : 32.

L'*oxygène* a été découvert, en 1774, par *Scheele* et *Priestley*.

23. Etat naturel. — Préparation. — L'oxygène est un des corps les plus répandus dans la nature. Il existe, à l'état de mélange avec l'azote, dans l'air qui en renferme environ 1/5 de son volume. A l'état de combinaison, il forme les 8/9 du poids de l'eau et entre dans la constitution de beaucoup de minéraux et de la plupart des substances organiques.

On retire l'oxygène d'une matière minérale naturelle nommée *bioxyde de manganèse*, MnO^2, ou de produits artificiels, tels que le *chlorate de potassium*, ClO^3K, et l'*oxylithe*, NaO.

1. *Par le bioxyde de manganèse.* — Le bioxyde de manganèse est une substance qui se présente dans la nature sous la forme d'une masse noirâtre. Quand on le chauffe fortement il perd 1/3 de son oxygène et laisse comme résidu un composé de couleur brune nommé *oxyde brun de manganèse*, Mn^3O^4.

La décomposition du bioxyde de manganèse par la chaleur peut se représenter par l'équation suivante :

$$3MnO^2 \quad = \quad O^2 \quad + \quad Mn^3O^4$$

Bioxyde de manganèse   Oxygène   Oxyde brun de manganèse

Cette équation indique que des 6 atomes d'oxygène contenus dans les trois molécules de bioxyde de manganèse 2 se dégagent, et que les 4 autres se combinent aux 3 atomes de manganèse pour former une molécule d'oxyde brun de manganèse.

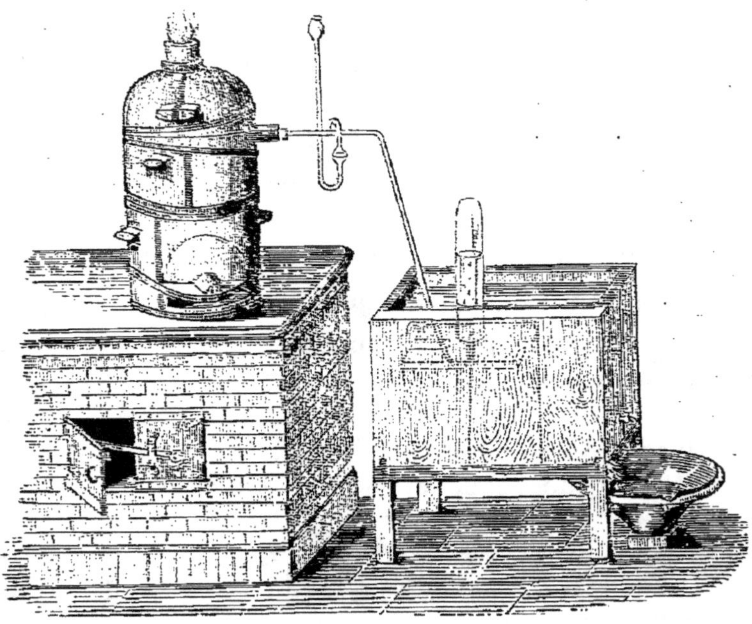

FIG. 2. — *Préparation de l'oxygène par le bioxyde de manganèse.*

Pour décomposer le bioxyde de manganèse, on le réduit en poudre et on l'introduit dans une cornue en grès. Après avoir placé cette cornue dans un fourneau à réverbère, on en ferme le col avec un bouchon de liège traversé par un tube recourbé ; ce tube appelé *tube abducteur*, est destiné à amener l'oxygène dans une éprouvette pleine d'eau, placée sur la planchette d'une cuve à eau. C'est ordinairement par ce procédé que l'on remplit de gaz un récipient quelconque.

On chauffe ensuite graduellement la cornue jusqu'au rouge, et on voit le gaz se dégager bulle à bulle à l'extrémité du tube abducteur. Les premières bulles gazeuses ne doivent pas être recueillies, parce qu'elles sont formées en grande partie par l'air dilaté de la cornue. On ne recueille le gaz que lorsqu'il est assez pur pour enflammer une allumette présentant quelques points en ignition.

2. *Par le chlorate de potassium*. — Le procédé ci-dessus donne toujours de l'oxygène impur, parce que le bioxyde de manganèse renferme des matières étrangères qui, en

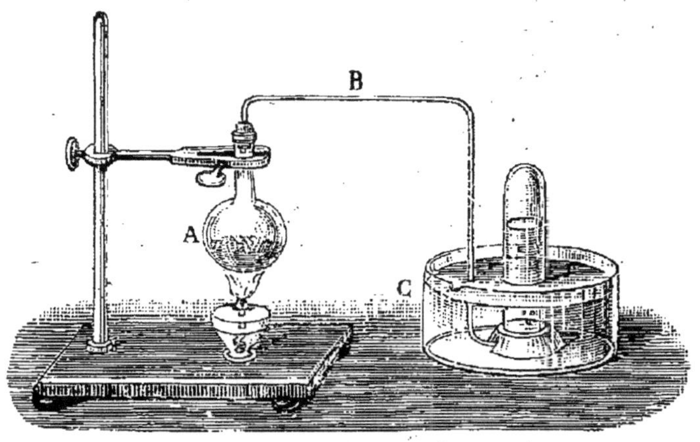

FIG. 3. — *Préparation de l'oxygène par le chlorate de potassium.*

se décomposant par la chaleur, dégagent du gaz carbonique et de l'azote. Pour obtenir de l'oxygène pur, on se sert du *chlorate de potassium.*

Le chlorate de potassium, ClO^3K, est un sel blanc, en paillettes cristallines, renfermant un poids d'oxygène égal aux 40/100 du sien. Il se décompose par la chaleur, *perd tout son oxygène* et donne comme résidu du *chlorure de potassium*. L'équation par laquelle on peut représenter cette décomposition nous est déjà connue (p. 28).

$$2ClO^3K \quad = \quad 3O^2 \quad + \quad 2KCl$$
Chlorate de Potassium　　　　Oxygène　　　Chlorure de potassium

Pour préparer l'oxygène par le chlorate de potassium, on introduit d'abord ce sel dans un petit ballon de verre, et, après avoir adapté au ballon un tube à dégagement, on le place sur un fourneau ordinaire ou au-dessus d'une lampe à alcool. Le chlorate fond, puis se décompose en laissant dégager son oxygène, que l'on recueille comme dans la préparation précédente. Ce procédé, toutefois, peut donner lieu à une explosion, à cause de la rapidité avec laquelle le gaz se dégage. Pour rendre cette décomposition plus régulière, comme aussi pour obtenir l'oxygène à une température moins élevée, on mélange avec ce sel un poids égal au sien de *bioxyde de manganèse* ; ce corps favorise la réaction sans subir sensiblement de transformation.

3. *Par l'oxylithe*. — Un procédé rapide pour avoir de l'oxygène pur consiste à décomposer l'eau par le *peroxyde de sodium*, NaO, que l'on trouve dans le commerce en cubes agglomérés sous le nom d'*oxylithe*. Le dégagement d'oxygène se fait alors à froid et très régulièrement. La réaction est :

$$2NaO \quad + \quad H^2O \quad = \quad O \quad + \quad 2NaOH$$
Oxylithe   Eau   Oxygène   Hydrate de sodium

PROBLÈMES. — 1. *Quel serait, à la pression normale et à la température de 0°, le volume de l'oxygène produit par la décomposition de 20 grammes de chlorate de potassium ?*

$$2ClO^3K \quad = \quad 3O^2 \quad + \quad 2KCl$$
$$245 \qquad 3 \times 22,4 \; (=67,2) \qquad 149$$

245 gr. de ClO^3K donnent 67 litres 2 d'oxygène.
20 —   — donneront x —   —

$$x = \frac{67,2 \times 20}{245} = 5 \text{ lit. } 485.$$

2. *Calculer la quantité de chlorure de potassium obtenu comme résidu.*

245 gr. de ClO^3K donnent 149 gr. de KCl.
20 —   — donneront x —   —

$$x = \frac{149 \times 20}{245} = 12 \text{ gr. } 16.$$

24. Procédés industriels de préparation de l'oxygène. — On extrait industriellement l'oxygène, soit de l'air, soit de l'eau.

1. *Par l'air liquide*. — L'air refroidi à des températures extrêmement basses, se liquéfie ; cette liquéfaction se fait aujourd'hui en grand dans l'industrie et elle fournit un liquide incolore qui bout à la température de —195°.

Cet air liquide, en s'évaporant, dégage, au début, de l'azote plus volatil que l'oxygène ; à la fin, au contraire, le liquide restant est de l'oxygène presque pur.

2. **Procédé electrolytique.** — La majeure partie de l'oxygène fabriqué actuellement dans l'industrie provient de l'électrolyse de l'eau contenant de la soude en dissolution. On emploie des électrodes en fer, et l'on recueille séparément l'oxygène, qui se dégage à l'*anode*, et l'hydrogène, qui se dégage à la *cathode*.

L'oxygène produit par ces différents procédés industriels est livré au commerce dans des bouteilles en acier de 8 à 15 litres, où il est comprimé à 120 atmosphères.

25. Propriétés physiques. — L'oxygène est un gaz incolore, inodore et sans saveur. Il a pour densité 1,1056, l'air étant pris pour unité ; un décimètre cube de ce gaz pèse donc 1 gr. 293 × 1,1056, ou 1 gr. 430. L'oxygène est peu soluble dans l'eau : un litre d'eau n'en dissout que 40 cent.

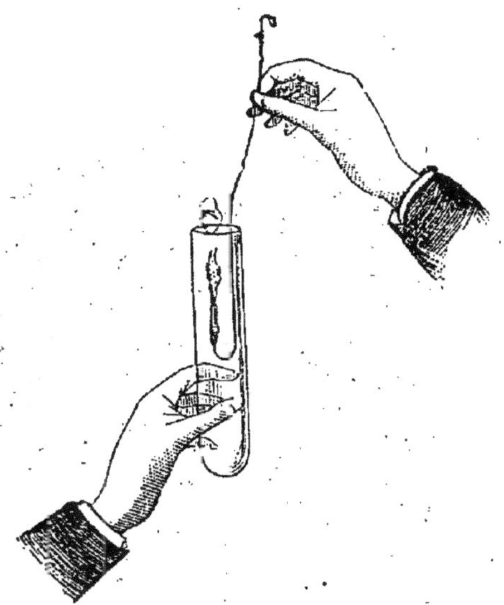

Fig. 4. — *Bougie se rallumant dans l'oxygène.*

cubes. Il peut être liquéfié et donne alors un liquide un peu plus léger que l'eau, bouillant à —180° sous la pression ordinaire. Il se liquéfie à —118° sous la pression de 50 atmosphères.

PROBLÈME. — *Trouver la densité et le poids d'un litre d'oxygène au moyen de son poids moléculaire* (21).

La densité est à peu près : $\dfrac{32}{29} = 1,1$.

Le poids de 1 litre de gaz est : $\dfrac{32}{22,4} = 1,43$.

26. Propriétés chimiques. — La propriété essentielle de l'oxygène est que la plupart des corps y brûlent avec un éclat incomparable. En effet, si l'on plonge dans une éprouvette remplie de ce gaz, une bougie imparfaitement éteinte, c'est-à-dire conservant encore quelques points en ignition, cette bougie se rallume instantanément en produisant une petite explosion. Les propriétés *comburantes* de l'oxygène sont encore mises en évidence par les expériences suivantes :

Expériences. — 1. Dans un ballon plein d'oxygène, on plonge un charbon allumé, placé dans une petite coupelle, attachée à

FIG. 5. — *Combustion du soufre dans l'oxygène.*

FIG. 6. — *Combustion du fer dans l'oxygène.*

l'extrémité d'un fil de fer. Aussitôt on voit le charbon brûler avec une vive lumière, puis s'éteindre peu à peu. Le charbon s'éteint parce que le gaz du flacon est devenu impropre à la combustion ; ce gaz rougit facilement la teinture de tournesol. On l'a nommé *anhydride carbonique*, CO_2.

2. Le soufre enflammé, placé dans les mêmes conditions, brûle avec une belle flamme bleue très intense. Le produit de la combustion est de l'*anhydride sulfureux*, SO_2.

3. Si, dans l'expérience précédente, on remplace le soufre par un petit morceau de phosphore, on obtient une lumière éblouissante, et il se produit une poussière blanche, très acide, très soluble dans l'eau qu'on nomme *anhydride phosphorique*, P_2O_5.

4. Une des plus belles expériences de la chimie, c'est la combustion du fer dans l'oxygène. Pour la réaliser on fait rougir un ressort de montre dans toute sa longueur, afin de lui enlever son élasticité, puis on le tourne en spirale. On attache ensuite un morceau d'amadou à l'une de ses extrémités, et après avoir allumé l'amadou, on plonge le ressort dans un flacon d'oxygène ; l'amadou y brûle avec rapidité et rougit le métal, qui brûle à son tour en lançant, de tous côtés de brillantes étincelles d'*oxyde de fer*, Fe^3O^4. La chaleur dégagée par la combustion du fer est si grande que l'oxyde de fer ainsi formé se liquéfie et tombe en globules incandescents ; ces globules vont s'incruster dans le fond du flacon, malgré une couche d'eau de plusieurs centimètres qu'on a eu soin d'y laisser, afin d'empêcher la rupture du verre.

5. Un ruban de magnésium, enflammé par l'une de ses extrémités, brûle dans l'oxygène avec un éclat qui n'a de comparable que celui de l'arc voltaïque.

Dans les expériences précédentes, il ne faut pas fermer complètement l'ouverture du flacon. Sans cela, il pourrait être brisé à cause de la dilatation des gaz, produite par la chaleur de la combustion.

Les réactions qui ont lieu dans ces expériences se représentent par les équations :

$$C + 2O = CO^2$$
Carbone — Oxygène — Anhydride carbonique

$$S + 2O = SO^2$$
Soufre — Anhydride sulfureux

$$2P + 5O = P^2O^5$$
Phosphore — Anhydride phosphorique

$$3Fe + 4O = Fe^3O^4$$
Fer — Oxyde de fer

$$Mg + O = MgO$$
Magnésium — Oxyde de magnésium

REMARQUE. — L'oxygène se combine directement avec la plupart des corps simples pour former des *acides* ou des *oxydes*. Cette combinaison se fait le plus souvent à une température élevée, et avec production de chaleur et de lumière ; mais il arrive quelquefois qu'elle a lieu à la température ordinaire sans production de lumière et souvent sans dégagement sensible de chaleur. On la désigne alors sous le nom de *combustion lente*. La formation de la rouille à l'air humide et certaines fermentations ne sont que des combustions lentes. La respiration est aussi un phénomène de combustion lente, car cet acte a pour but d'imprégner le sang d'oxygène qui, en circulant dans tous les organes du corps, brûle le carbone et l'hydrogène des matières qui doivent être éliminées de l'organisme. Cette combustion est l'origine de la chaleur de notre corps.

27. Usages de l'oxygène. — L'oxygène est utilisé industriellement pour *activer certaines combustions*, pour *vieillir les liqueurs alcooliques*, pour *combattre l'asphyxie et l'oppression* ; on le conseille sous forme d'inhalations *contre le choléra*. Si l'on considère ses propriétés et les nombreux composés qu'il forme, il est facile de voir que l'oxygène joue un grand rôle dans la nature. D'ailleurs, il suffit de rappeler que c'est lui qui préside aux phénomènes chimiques de la végétation, de la respiration des animaux, et qu'il est l'agent par excellence de la combustion.

28. Oxydes. — La combinaison de l'oxygène avec un autre corps forme un *oxyde*. Les oxydes reçoivent le nom d'*anhydrides* lorsque, combinés à l'eau, ils donnent des acides.

On obtient les oxydes par différents moyens. Ainsi, le *fer*, le *magnésium*, etc., s'oxydent en brûlant dans l'oxygène (**26**) ; le *zinc*, le *cuivre* se transforment en oxydes lorsqu'on les fait griller à l'air ; la *pierre calcaire*, CO_3Ca, dégage, lorsqu'on la chauffe, une molécule d'anhydride carbonique gazeux et se transforme en *oxyde de calcium*, CaO, ou chaux vive.

Les oxydes métalliques sont tous solides. Plusieurs possèdent des couleurs caractéristiques. Ainsi l'oxyde *mercurique* est rouge ; l'oxyde de *plomb* est rouge (minium) ou jaune ; l'oxyde de *fer* est rougeâtre ; l'oxyde de *zinc* est blanc. Différentes pierres précieuses comme le *corindon*, le *topaze*, l'*émeraude*, le *saphir*, l'*améthyste*, le *rubis* sont des oxydes d'*aluminium* diversement colorés.

29. Réduction d'un oxyde. — *Réduire un oxyde*, c'est lui enlever son oxygène. Cette opération se fait au moyen d'agents aptes à s'emparer de ce corps. Ainsi, par exemple, lorsque le charbon brûle incomplètement, il fournit de l'*oxyde de carbone*, CO, gaz qui tend à s'emparer d'un atome d'oxygène pour se transformer en *anhydride carbonique*, CO_2, et joue par làmême le rôle de réducteur. Les minerais de fer, qui sont pour la plupart des oxydes, la cassitérite ou oxyde d'étain, etc., mélangés avec du charbon et chauffés dans des fours spéciaux, abandonnent leur oxygène et le métal, mis en liberté et fondu, coule dans un creuset situé à la partie inférieure. C'est surtout le charbon que l'industrie utilise pour la réduction des oxydes.

EXPÉRIENCE. — On mélange de l'oxyde noir de cuivre avec une petite quantité de charbon végétal pulvérisé, et on chauffe le mélange dans un tube d'essai ; on obtient un dépôt de cuivre rouge.

$$2CuO \quad + \quad C \quad = \quad 2Cu \quad + \quad CO^2$$

Oxyde de cuivre   Carbone   Cuivre   Anhydride carbonique

Le *carbone* est contenu dans le charbon.

HYDROGÈNE

Symbole : H. — Poids atom. : 1. — Molécule : H^2. — Poids mol. : 2

La découverte de *l'hydrogène* remonte au commencement du XVIe siècle ; mais les principales propriétés de ce corps ne sont connues que depuis les recherches de *Cavendish*, en 1777.

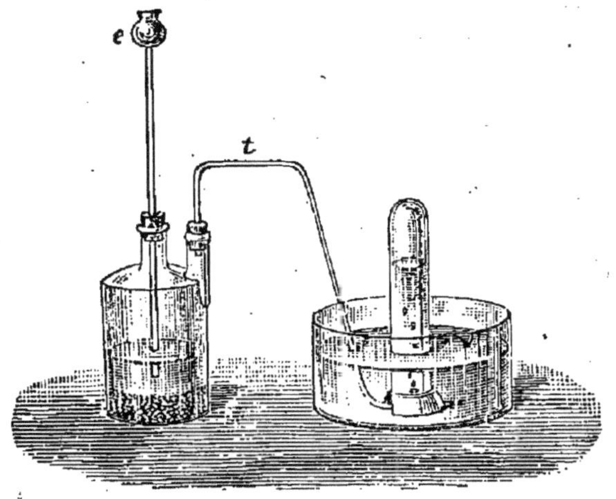

FIG. 7. — *Préparation de l'hydrogène.*

30. État naturel. — Préparation. — L'hydrogène ne se trouve presque jamais à l'état de liberté dans la nature ; mais à l'état de combinaison, il est très abondant : chaque litre d'eau en renferme 1240 litres combinés avec 620 litres d'oxygène. Ce gaz entre aussi dans la composition de toutes les matières organiques.

On prépare l'hydrogène en décomposant, au moyen du *zinc*, l'*acide sulfurique* étendu d'eau.

Pour faire cette décomposition, on introduit de la grenaille de zinc dans un flacon à deux tubulures à moitié plein d'eau. L'une des tubulures porte un tube à dégagement, qui se rend sous une éprouvette pleine d'eau : l'autre est munie d'un tube à entonnoir, qui plonge dans le liquide du flacon. On verse de l'acide sulfurique par le tube à entonnoir et la réaction commence aussitôt. L'hydrogène de l'acide est mis en liberté et remplacé dans l'acide par le zinc.

La réaction qui se produit est représentée par l'équation :

$$Zn \quad + \quad SO^4H^2 \quad = \quad H^2 \quad + \quad SO^4Zn$$

Zinc　　　　　Acide sulfurique　　　Hydrogène　　　Sulfate de zinc

PROBLÈME. — *Avec 20 grammes de zinc, quel volume d'hydrogène peut-on obtenir? Quelle quantité d'acide sulfurique devra-t-on employer avec ces 20 gr. de zinc?*

$$Zn \quad + \quad SO^4H^2 \quad = \quad H^2 \quad + \quad SO^4Zn$$
$$65 \qquad\qquad 98 \qquad\quad (22 \text{ lit. } 4)$$

Avec 65 gr. de zinc on obtient 22 lit. 4 d'hydrogène.
　— 20 —　　　—　　　obtiendra x　　　　　—

Le volume d'hydrogène sera : $\dfrac{22,4 \times 20}{65} = 6$ litres 9.

Pour 65 gr. de zinc il faut employer 98 gr. d'acide sulfur.
　— 20 —　　　—　　il faudra　—　　　x　—　　　—

$$x = \frac{98 \times 20}{65} = 30 \text{ grammes.}$$

Pour faire cette préparation, on peut remplacer le *zinc* par le *fer* ; de l'hydrogène se dégage et il se forme du *sulfate de fer*, comme le représente l'équation suivante :

$$Fe \quad + \quad SO^4H^2 \quad = \quad H^2 \quad + \quad SO^4Fe$$

Fer　　　　　Acide sulfurique　　　Hydrogène　　　Sulfate de fer

Si dans les deux préparations précédentes on remplace l'acide sulfurique par de *l'acide chlorhydrique*, HCl, cet acide est décomposé par le zinc ou par le fer ; le chlore se porte sur le zinc ou sur le fer pour produire du *chlorure de zinc* ou du *chlorure de fer*, et l'hydrogène se dégage. Ex. :

$$Zn \quad + \quad 2HCl \quad = \quad H^2 \quad + \quad ZnCl^2$$
Zinc   Acide chlorhydrique   Hydrogène   Chlorure de zinc

On prépare industriellement l'hydrogène par l'électrolyse de l'eau. Il se dégage de la *cathode*.

On l'obtient aussi par la décomposition de *l'hydrure de calcium* ou *hydrolithe*, CaH². Ce produit, au contact de l'eau, dégage immédiatement de l'hydrogène.

$$CaH^2 \quad + \quad 2H^2O \quad = \quad Ca(OH)^2 \quad + \quad 2H^2$$
Hydrolithe   Eau   Hydrate de calcium   Hydrogène

31. Propriétés physiques. — L'hydrogène est un gaz incolore, inodore quand il est pur. Il a pour densité **0,0691**. Le poids d'un décimètre cube d'hydrogène est donc de **1,293** × **0,0691** ou **0 gr. 089**. C'est le plus léger de tous les gaz ; il pèse environ **14** fois ½ moins que l'air.

Fɪɢ. 8. — *Bulles de savon gonflées avec de l'hydrogène.*

Eχᴘᴇ́ʀɪᴇɴᴄᴇ. — Pour mettre la légèreté de l'hydrogène en évidence, on gonfle des bulles de savon avec ce gaz, et l'on voit ces bulles s'élever d'elles-mêmes dans l'atmosphère. Une éprouvette pleine d'hydrogène, dont l'ouverture est tournée en bas, garde pendant assez longtemps le gaz qu'elle contient ; mais si l'on tourne l'ouverture en haut, l'éprouvette perd aussitôt son hydrogène.

L'hydrogène est peu soluble dans l'eau qui n'en dissout que **20** cent. cubes par litre. En 1877, M. Pictet, de Genève, était parvenu à le liquéfier en petite quantité en le soumettant simultanément à un froid de — 140° (1) et à une pression de 650 atmosphères ; en 1898, M. Dewar, éminent physicien de Londres, a donné le moyen de le liquéfier en quantité relativement considérable, en le refroidissant à la température de — 252° et en le soumettant à la pression de 180 atmosphères. Il a été solidifié à — 257°.

L'hydrogène se fait remarquer par la facilité avec laquelle il traverse les membranes et les autres corps à peu près imperméables à la plupart des gaz.

32. Propriétés chimiques. — L'hydrogène n'est pas *comburant*, c'est-à-dire, n'entretient pas la combustion, mais il est éminemment *combustible*.

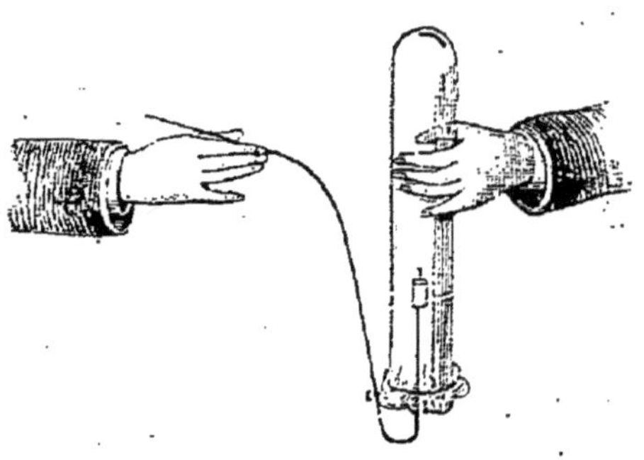

FIG. 9. — *L'hydrogène est combustible mais non comburant.*

EXPÉRIENCE. — On introduit une bougie allumée dans une éprouvette pleine d'hydrogène, le gaz s'enflamme et brûle à l'ouverture de l'éprouvette, tandis que la bougie s'éteint en pénétrant dans l'intérieur. On peut rallumer la bougie en la ramenant à l'ouverture, puis l'éteindre de nouveau en l'enfonçant dans l'éprouvette.

La combustion de l'hydrogène au contact de l'air est due à la combinaison de ce gaz avec l'oxygène. Cette combinaison produit de l'eau, d'après l'équation :

$$O + H^2 = H^2O$$

L'hydrogène ne se combine jamais directement avec l'oxygène à la température ordinaire, mais seulement sous

---

(1) Il est impossible de liquéfier l'hydrogène à une température supérieure à — 140°, quelle que soit la pression à laquelle on le soumette. Cette température est dite pour cela le *point critique* de ce gaz. Chaque gaz a son point critique.

l'influence d'une température élevée ou d'une étincelle électrique. Ces deux gaz forment un *mélange détonant.*

EXPÉRIENCE. — On introduit dans un flacon, de l'hydrogène jusqu'aux deux tiers de sa capacité, puis, on finit de le remplir avec de l'oxygène ; on a ainsi un mélange de *deux volumes* du premier gaz pour *un* du second. On approche son ouverture de la flamme d'une bougie : les deux gaz se combinent, il se produit une violente détonation et bien souvent le flacon est brisé. Pour faire cette expérience, il faut se servir d'un flacon à parois très résistantes et dont la capacité ne dépasse pas un *demi-litre.* Il est bon de l'entourer d'un linge mouillé, replié plusieurs fois sur lui-même afin de garantir l'opérateur en cas de rupture du vase.

Quand on fait dégager de l'hydrogène à l'extrémité d'un tube effilé, comme le représente la figure 10, on peut enflammer ce gaz, et, en brûlant dans l'air, il produit une flamme continue à peine visible, mais très chaude. Cet appareil est connu sous le nom de *lampe philosophique.*

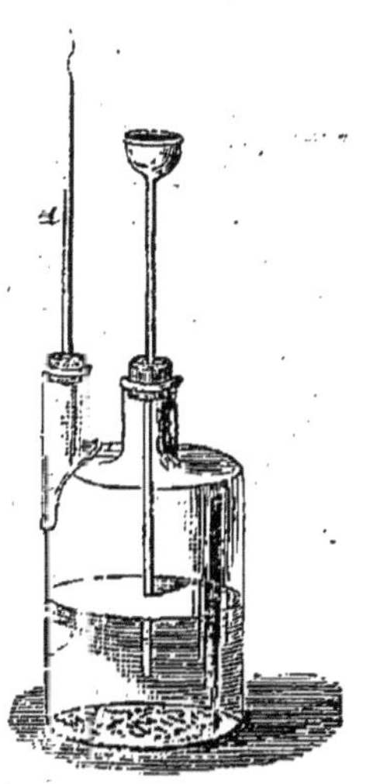

FIG. 10. — *Lampe philosophique.*

Pour rendre la flamme de l'hydrogène plus éclairante, il suffit d'y introduire un fil de platine ou un morceau de craie ; ces corps deviennent bientôt incandescents et projettent une lumière vive et éblouissante. L'éclairage par les manchons incandescents repose sur le même principe : rendre incandescent un corps au moyen d'une flamme pâle, mais très chaude.

On peut aussi rendre la flamme de l'hydrogène très éclairante en plaçant, dans le goulot du flacon d'où se dégage ce gaz, un tampon de coton imprégné d'un liquide riche en carbone, tel que la benzine ou l'essence de térébenthine. Ce liquide cède des vapeurs à l'hydrogène, qui brûle alors avec une belle flamme blanche.

Lorsqu'on fait l'expérience de la lampe philosophique, *il est nécessaire, avant d'enflammer l'hydrogène à l'extrémité du tube effilé, d'attendre que tout l'air du flacon ait été chassé.*

Il est recommandé, à cet effet, de laisser dégager le gaz *pendant cinq minutes au moins.* Sans cette précaution, on enflammerait le mélange détonant existant dans le flacon, et ce dernier volerait en éclats par suite de l'explosion (1).

Quand on entoure la flamme de l'hydrogène d'un tube un peu large, on entend un son dont la hauteur et l'intensité varient avec le diamètre et la longueur du tube. Ce son est dû à une série de petites explosions, produites par des mélanges d'air et d'hydrogène, qui font entrer l'air du tube en vibrations. L'appareil avec lequel on fait cette expérience est désigné sous le nom d'*harmonica chimique*.

L'hydrogène dégageant beaucoup de chaleur en se combinant avec l'oxygène, *réduit* la plupart des oxydes métalliques.

L'hydrogène se combine, en outre, avec presque tous les métalloïdes.

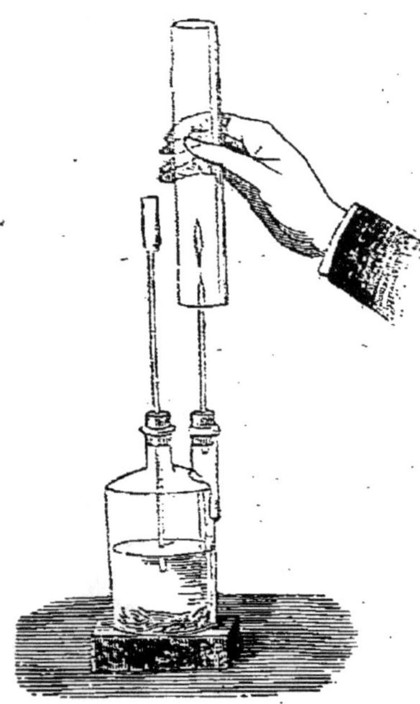

Fig. 11. — *Harmonica chimique.*

Expérience. — On place horizontalement un tube assez gros, dans lequel on aura introduit un peu d'oxyde de cuivre ; aux extrémités de ce tube, on en aura adapté deux autres plus minces, l'un en communication avec un appareil producteur d'hydrogène et l'autre ouvert pour le dégagement du gaz. Lorsque l'hydrogène circule, on chauffe l'oxyde : il se forme un dépôt métallique et il se dégage de la vapeur d'eau.

$$CuO \quad + \quad H^2 \quad = \quad Cu \quad + \quad H^2O$$

Oxyde de cuivre   Hydrogène   Cuivre   Eau

---

(1) Cette expérience a causé bien des accidents. On pourrait la réaliser sans danger en employant simplement un tube d'essai, au lieu d'un flacon comme c'est indiqué aux figures 10 et 11.

33. Usages de l'hydrogène. — La haute température produite par la combustion de l'hydrogène dans l'oxygène sert à *opérer la fusion des métaux très difficilement fusibles*, comme le platine et l'iridium. L'appareil employé est désigné sous le nom de *chalumeau à gaz oxygène et hydrogène*, ou, par abréviation, de *chalumeau à gaz oxhydrique*. Il se compose de deux tubes concentriques communiquant chacun avec un réservoir à gaz ; un tube intérieur O amène de l'oxygène et le tube extérieur M de l'hydrogène. Des robinets permettent de régler l'arrivée des deux gaz ; on obtient la température maximum lorsque la flamme forme un dard allongé, pâle et silencieux.

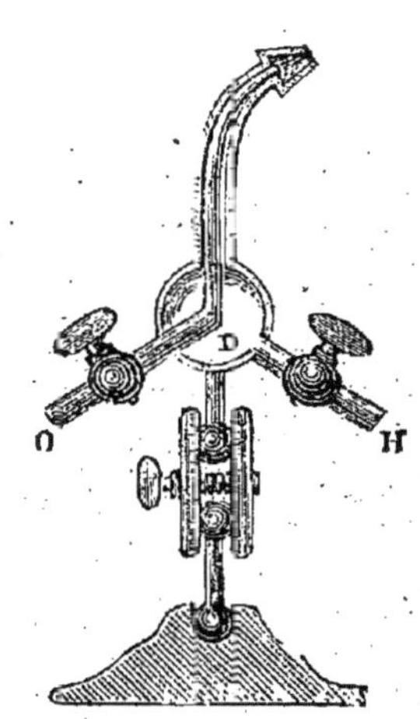

Fig. 12. — *Chalumeau à gaz oxhydrique.*

Pour fondre le platine avec cet appareil, on met ce métal dans une petite cavité creusée dans un morceau de chaux vive, puis on dirige sur lui le dard enflammé du chalumeau ; bientôt, on voit le platine fondre et se rassembler en un culot brillant.

Le chalumeau à gaz oxhydrique a aussi son application industrielle dans le coupage rapide des tôles de la grosseur de plusieurs centimètres. Pour cette opération on remplace généralement l'hydrogène par le gaz acétylène.

La haute température produite par le chalumeau oxhydrique est encore utilisée pour la *soudure autogène ;* c'est-à-dire la soudure obtenue par la fusion des métaux mis en contact sans interposition d'étain.

L'hydrogène, à cause de sa légèreté, sert à *gonfler les aérostats* et surtout les *dirigeables* ; on lui préfère quelquefois le gaz d'éclairage, qui est moins diffusible.

EAU

Formule : H^2O. — Poids moléculaire : $2 + 16 = 18$.

Jusqu'à la fin du siècle dernier, l'eau, ou *protoxyde d'hydrogène*, avait été considérée comme un corps simple. *Lavoisier*, en 1783, démontra qu'elle est formée par la combinaison *d'un volume d'oxygène* et de *deux volumes d'hydrogène*.

34. Propriétés physiques. — A la température ordinaire, l'eau pure est un liquide sans odeur et sans saveur. Vue sous une faible épaisseur, elle est incolore et transparente ; mais elle a une teinte bleu indigo quand elle est considérée sous une grande masse. Chauffée à partir de 0°, l'eau se contracte jusqu'à 4°, pour se dilater ensuite si la température continue à augmenter. Sa densité à 4° a été prise pour unité. L'eau entre en ébullition à 100° sous la pression de 0m760. La densité de sa vapeur est de 0,622 celle de l'air étant prise pour unité. A 100°, l'eau occupe un espace environ 1700 fois plus grand qu'à l'état liquide.

L'eau se solidifie à 0°, et on la désigne alors sous le nom de *glace* ou de *neige*. En se solidifiant, elle augmente de volume, et par suite sa densité diminue ; la densité de la glace n'est que les 0,916 de celle de l'eau à 4°. Cette augmentation de volume explique pourquoi la glace reste à la surface de l'eau. Elle est la cause des effets produits par la gelée sur les vases remplis d'eau, sur les jeunes rameaux des plantes et sur les pierres gélives.

L'eau émet des vapeurs à toutes les températures ; aussi l'air atmosphérique en contient-il toujours une certaine quantité. La condensation de ces vapeurs produit la rosée, les brouillards, les nuages, la pluie et quelques autres phénomènes météorologiques.

Une des principales propriétés physiques de l'eau, c'est son pouvoir dissolvant pour un grand nombre de substances solides ou gazeuses. Le pouvoir dissolvant de l'eau, pour les corps solides, augmente généralement avec la température ; ainsi 100 gr. d'eau, à la température de l'ébullition, peuvent dissoudre 250 gr. d'azotate de potassium, tandis qu'à la température ordinaire, ils n'en dissolvent que 15 à **20 gr**. Pour les gaz, c'est le contraire, le pouvoir dissolvant de l'eau devient plus faible à mesure que la température s'élève ; l'eau à 0° dissout près de **1.000** fois son volume de gaz ammoniac et elle perd tout ce gaz quand on la chauffe à **70°**.

Lorsque, après avoir fait dissoudre certains corps dans l'eau, on fait évaporer le liquide, on retrouve ces mêmes corps sous des formes géométriques plus ou moins régulières. Tantôt ce sont des cubes (sel de cuisine), tantôt des octaèdres, des parallélépipèdes, des rhomboèdres, etc. ; le phénomène constitue une *cristallisation*. La forme des cristaux est souvent caractéristique et sert à déterminer les corps. L'industrie applique la cristallisation à la séparation des corps, et à la purification de certaines substances.

EXPÉRIENCES. — 1. On mélange à poids égaux du chlorate de potassium et du chlorure de potassium, on dissout le mélange à chaud dans la plus petite quantité d'eau possible, puis on laisse refroidir. Le chlorate cristallise tout d'abord ; on peut ainsi le séparer du chlorure.

2. On sature l'eau d'azotate de potassium du commerce à la température d'ébullition, puis l'on fait refroidir brusquement le liquide tout en l'agitant avec une baguette de verre : on obtient une masse formée de petits cristaux. Cette opération de dissolution puis de cristallisation répétée une ou deux fois, fournira de l'azotate de potassium extrêmement pur.

35. Propriétés chimiques. — L'eau, à une température supérieure à **1.000°** est partiellement décomposable par la chaleur. Pour le vérifier, il suffit de plonger dans ce liquide une boule de platine chauffée au rouge blanc, et on constate un dégagement d'hydrogène et d'oxygène mélangés avec de la vapeur d'eau (1).

---

(1) C'est là un phénomène de dissociation dans lequel n'intervient point l'affinité du métal pour l'oxygène, puisque le platine ne s'oxyde pas dans cette expérience.

Les courants électriques décomposent l'eau en ses deux éléments. La plupart des métaux la décomposent aussi ; ils se combinent avec son oxygène pour former des oxydes et mettent l'hydrogène en liberté. Quelques métaux, comme le potassium et le sodium, décomposent l'eau à la température ordinaire pour s'emparer de son oxygène ; quelques autres, tels que le fer et le zinc, ne la décomposent à froid qu'en présence des acides ; d'autres enfin ne décomposent l'eau qu'à une température plus ou moins élevée. Les métaux qui ne s'oxydent pas à l'air ni au contact de l'eau même à des températures élevées sont nommés *métaux précieux* ; ce sont l'or, l'argent et le platine.

86. Composition de l'eau pure. — L'eau est formée par la combinaison de l'*oxygène* et de l'*hydrogène* dans les proportions suivantes :

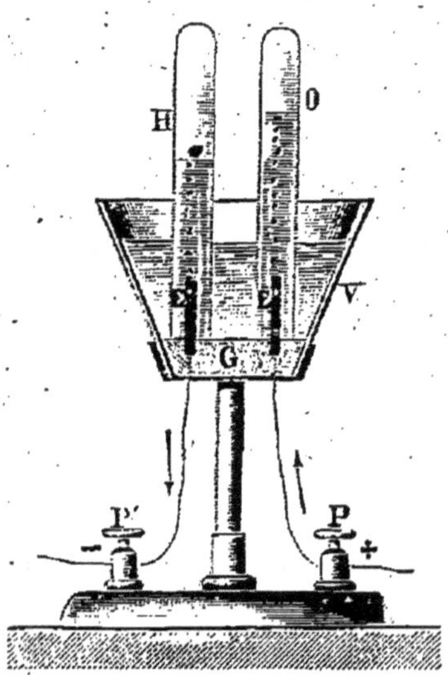

FIG. 13 — *Décomposition de l'eau dans le voltamètre.*

EN POIDS

Oxygène.................... 8
Hydrogène.................. 1

EN VOLUME

Oxygène.................... 1
Hydrogène.................. 2

On peut vérifier cette composition soit par l'*analyse*, soit par la *synthèse*.

Analyse. — Nous avons vu, en Physique (**185, 1°**) que le courant électrique décompose l'eau en ses deux éléments : oxygène et hydrogène.

Il est à remarquer toutefois que si l'eau est pure, elle n'est pas décomposée, car elle ne conduit pas par elle-même le courant électrique ; mais elle se décompose si elle tient en dissolution un acide, une base ou un sel. Voici ce qui arrive :

Supposons qu'elle contienne de l'acide sulfurique, SO_4H_2. Dès que le courant commence à passer, l'acide se décompose en SO_4 et H_2. L'hydrogène se porte à la cathode ; le groupement SO_4 s'empare alors de l'hydrogène d'une molécule d'eau, H_2O, pour reconstituer l'acide sulfurique, tandis que l'oxygène de cette molécule d'eau se transporte à l'anode. Les deux gaz, hydrogène et oxygène, se rendent dans les éprouvettes.

Comme on le voit, cette décomposition est due à la présence de l'acide. Mais le phénomène peut être considéré comme si ce n'était que l'eau qui se décomposait, puisque l'acide se régénère constamment et se retrouve en entier à la fin de l'opération, quelles que soient les quantités de gaz dégagés.

Un phénomène semblable se produirait si, au lieu de l'acide, on faisait dissoudre dans l'eau une base, de la soude caustique par exemple. Ce procédé, qui permet d'employer des électrodes de fer, est utilisé dans l'industrie. (**24**, **2**).

Synthèse. — Elle peut se faire au moyen de l'*eudiomètre*. Le plus simple de ces instruments se compose

FIG. 14. — *Eudiomètre*.

d'un tube de verre à parois très épaisses et gradué en parties d'égale capacité. A sa partie supérieure, il est traversé par deux fils de platine, maintenus dans l'intérieur du tube à une faible distance l'un de l'autre. Ces fils permettent de faire jaillir des étincelles électriques dans l'intérieur de l'instrument, soit avec un électrophore, soit avec une bouteille de Leyde.

Pour faire la synthèse de l'eau avec l'eudiomètre, on le remplit d'abord de mercure et on le renverse ensuite sur une cuve contenant également du mercure. On introduit ensuite dans son intérieur des volumes d'oxygène et d'hydrogène qui soient dans le rapport de *un* à *deux*, par exemple **50** cent. cubes du premier gaz et **100** du second, puis on fait passer une étincelle électrique dans le mélange. La combinaison se produit aussitôt : il se forme de la vapeur d'eau qui se condense sur les parois du tube, et le mercure remontant dans l'eudiomètre, le remplit entièrement.

37. Composition de l'eau à l'état naturel. — L'eau, jouissant d'un très grand pouvoir dissolvant, ne se trouve jamais pure dans la nature. Elle contient toujours en dissolution des substances dont les espèces varient avec celles des terrains qu'elle a traversés. Parmi les substances qui peuvent être dissoutes dans l'eau, les unes sont *gazeuses* et les autres sont *solides*.

1° *Substances gazeuses.* — Les principales substances gazeuses dissoutes dans l'eau sont l'*air* et le *gaz carbonique*.

Expérience. — On remplit complètement d'eau un ballon de verre, et on y adapte un bouchon traversé par un tube allant aboutir dans une éprouvette remplie d'eau et renversée dans une cuve, disposition dont la fig. 3 donne une idée. On chauffe l'eau : les gaz qu'elle contient s'en échappent et vont occuper la partie supérieure de l'éprouvette. L'analyse a démontré que ces gaz sont les mêmes qui existent dans l'atmosphère (oxygène, azote, gaz carbonique; etc.), avec cette différence toutefois que la proportion de l'oxygène y est à peu près la moitié de celle de l'azote, tandis que dans l'air il n'est qu'environ le quart. L'air dissous dans l'eau est donc plus riche en oxygène que l'air atmosphérique. Cet air sert à la respiration des animaux et des plantes aquatiques.

2° *Substances solides.* — Si l'on fait bouillir l'eau jusqu'à évaporation complète, on trouve le ballon plus ou moins souillé d'une couche blanche de matières minérales ; ces matières sont les sels que l'eau tenait en dissolution, dont les principaux sont le *sulfate de calcium*, le *carbonate de calcium* et le *chlorure de sodium*.

Les eaux qui renferment beaucoup de sulfate de calcium sont dites *séléniteuses*. Elles sont indigestes, ne dissolvent pas le savon et ne cuisent pas les légumes.

EXPÉRIENCE. — On fait dissoudre du savon dans de l'alcool chaud, on obtient ainsi une solution au moyen de laquelle on peut reconnaître une eau séléniteuse, car le savon forme avec le calcium un composé insoluble qui la trouble, tandis qu'avec l'eau pure il donne un liquide visqueux, produisant de l'écume par l'agitation

On met dans un flacon, une quantité mesurée d'eau séléniteuse, on y verse quelques gouttes de la solution savonneuse, puis l'on agite vigoureusement, après quoi on laisse reposer le liquide ; il ne se formera ordinairement pas d'écume persistante. On répète l'opération jusqu'à ce qu'il se produise une écume d'environ 5 mm. d'épaisseur pouvant durer une dizaine de minutes ; tout le calcium est alors combiné au savon. La quantité de solution de savon employée dépendra donc de la quantité de sulfate de calcium que contiendra l'eau.

On appelle *eaux calcaires* celles qui renferment du carbonate de calcium. Ces eaux ne dissolvent le carbonate de calcium que parce qu'elles ont dissous du gaz carbonique. Si on les chauffe, elles perdent ce gaz et laissent déposer leur sel calcaire. Cette propriété est la cause des incrustations qui se forment au

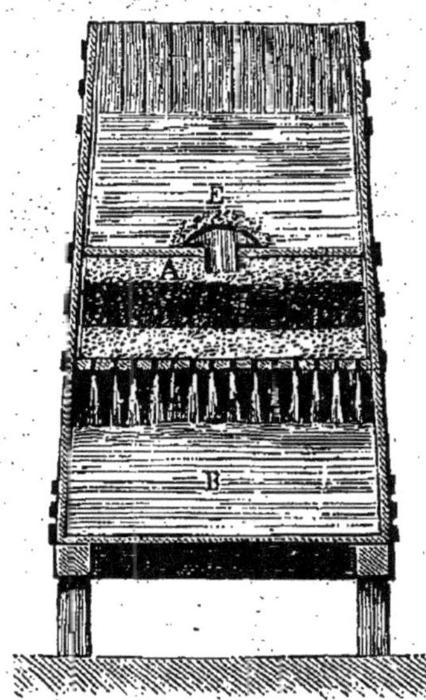

FIG. 15. — *Tonneau servant à filtrer les eaux renfermant des matières organiques et que l'on destine à l'alimentation.*

fond de certains ustensiles de cuisine et dans l'intérieur des chaudières des machines à vapeur, lorsque l'eau dont on se sert renferme trop de carbonate de calcium. Les eaux riches en sels calcaires sont aussi impropres au savonnage et à la cuisson des légumes.

Le chlorure de sodium ou sel marin se trouve en abondance dans les eaux de la mer, qui en contiennent en moyenne **27** gr. par litre. Les eaux de certains lacs en sont saturées, elles en renferment jusqu'à **270** gr. par litre.

38. Eaux potables. — Les eaux potables, c'est-à-dire celles qui servent à notre alimentation, doivent être fraîches, sans odeur et posséder une saveur agréable. Elles doivent bien dissoudre le savon et cuire facilement les légumes. La présence d'une petite quantité de calcaire et de sel marin est nécessaire pour le développement et la nutrition du système osseux, mais cette quantité ne doit pas dépasser un *demi-gramme* par litre. Les eaux potables doivent contenir en outre de **25** à **30** cent. cubes d'air par litre, et un peu de gaz carbonique. Une eau privée d'air est fade ; elle est d'une digestion difficile ; on dit qu'elle est *lourde*.

RÉSUMÉ

L'oxygène est un gaz incolore, inodore et sans saveur. Il a pour densité **1,1056**. Peu soluble dans l'eau, il se liquéfie à la température de —118°, lorsqu'il est soumis à une pression de **50** atmosphères.

L'oxygène est éminemment propre à la combustion : le charbon, le soufre, le phosphore, le magnésium plongés dans ce gaz y brûlent avec une grande énergie. Ce qui caractérise l'oxygène, c'est la propriété qu'il possède de rallumer une allumette ou une bougie conservant encore quelques points en ignition.

On prépare l'oxygène en décomposant par la chaleur le *bioxyde de manganèse* ou le *chlorate de potassium* ou en mettant l'*oxylithe* en contact avec l'eau.

Les usages de l'oxygène pur sont très restreints. Mélangé à l'azote dans l'air atmosphérique, ce gaz préside aux phénomènes de la respiration, de la végétation et de la combustion.

L'oxygène, en se combinant avec un autre élément forme un *oxyde*. Quelques oxydes reçoivent le nom d'anhydrides.

L'*hydrogène* est un gaz incolore et sans saveur. Sa densité est de **0,0691** ; c'est le plus léger de tous les corps connus. L'hydrogène est peu soluble dans l'eau. Refroidi à — 140°, il se liquéfie sous la pression de **650** atmosphères.

L'hydrogène est éminemment *combustible*, mais il n'est pas *comburant*. Sa combustion dans l'oxygène *produit de l'eau*. Il forme avec ce gaz un mélange qui, sous l'action d'une flamme ou d'une étincelle électrique, détone avec une grande violence.

La flamme de l'hydrogène est peu éclairante, mais elle est très chaude. On augmente son pouvoir éclairant en mélangeant au gaz des vapeurs riches en carbone. Introduite dans un large tube, la flamme de l'hydrogène produit un son continu.

L'hydrogène réduit la plupart des oxydes métalliques : il enlève leur oxygène pour former de l'eau, et met le métal en liberté.

On prépare généralement l'hydrogène en décomposant *l'eau* par l'action simultanée du *zinc* et de l'*acide sulfurique*.

Ce gaz n'est guère employé dans l'industrie que pour alimenter le *chalumeau à gaz oxhydrique*, qui sert à fondre le platine.

L'*eau*, comme l'a démontré Lavoisier, en 1783, est formée de la combinaison d'*un volume d'oxygène* et de *deux volumes d'hydrogène*.

Lorsqu'elle est pure, l'eau est un liquide sans odeur et sans saveur. Elle a son maximum de densité à 4° et son point d'ébullition à **100°**, sous la pression de **0,760**. L'eau se congèle à **0°** et augmente de volume en se solidifiant.

L'eau est partiellement décomposable par la chaleur à une température supérieure à **1.000°**. Les courants électriques la décomposent ainsi que la plupart des métaux. Ces derniers s'emparent de son oxygène pour former des oxydes et mettent l'hydrogène en liberté.

La composition de l'eau se vérifie par l'*analyse* et par la *synthèse*.

L'eau, à l'état naturel, contient toujours des substances gazeuses et des substances solides en dissolution. Les principales de ces substances sont de l'*air*, de l'*anhydride carbonique*, des *sels de calcium* et du *sel marin*.

Les eaux potables doivent être fraîches et sans odeur, avoir une petite quantité de sel calcaire et de sel marin.

CHAPITRE II

CHLORE — ACIDE CHLORHYDRIQUE

FLUOR — BROME — IODE

CHLORE

Symbole : Cl. — Poids atom. : 35,5. — Molécule : Cl^2.
Poids mol. : 71.

Le *chlore* a été découvert en 1774, par *Scheele*.

39. Etat naturel. — Préparation. — Le chlore n'existe
pas à l'état de liberté dans la nature ; mais on le trouve
très abondamment en combinaison avec le sodium, avec
lequel il forme le *chlorure de sodium* vulgairement appelé
sel marin.

On peut extraire le chlore du sel marin, mais on préfère
généralement le préparer en traitant le *bioxyde de manganèse* par l'acide *chlorhydrique*. Voici l'équation qui représente la réaction qui se produit.

$$MnO^2 \quad + \quad 4HCl \quad = \quad Cl^2 + 2H^2O \quad + \quad MnCl^2$$

Bioxyde de manganèse   A. chlorhydrique   Chlore   Eau   Chlorure de manganèse

Pour faire cette préparation, on introduit dans un ballon environ 50 gr. de bioxyde de manganèse et 150 gr. d'acide chlorhydrique. On chauffe modérément et le dégagement du chlore commence
aussitôt. Le chlore entraîne avec lui un peu d'acide chlorhydrique
dont on le débarrasse en le faisant barbotter dans une petite quantité d'eau contenue dans un flacon à double ou triple tubulure
(flacon Woolf). Il est aussi accompagné de vapeur d'eau ; lorsqu'on
désire obtenir le gaz sec, on le fait passer par un tube de, contenant de la pierre ponce imprégnée d'acide sulfurique ou des fragments de chlorure de calcium, substance très avide de l'humidité.

Le chlore se recueille habituellement sur de l'eau saturée de sel ; mais à cause de sa grande densité, on peut le recueillir par simple déplacement. A cet effet, on fait arriver le tube à dégagement au fond du flacon dans lequel on se propose de recevoir le chlore : ce gaz déplace l'air peu à peu et finit par remplir le flacon, auquel il communique une teinte jaunâtre.

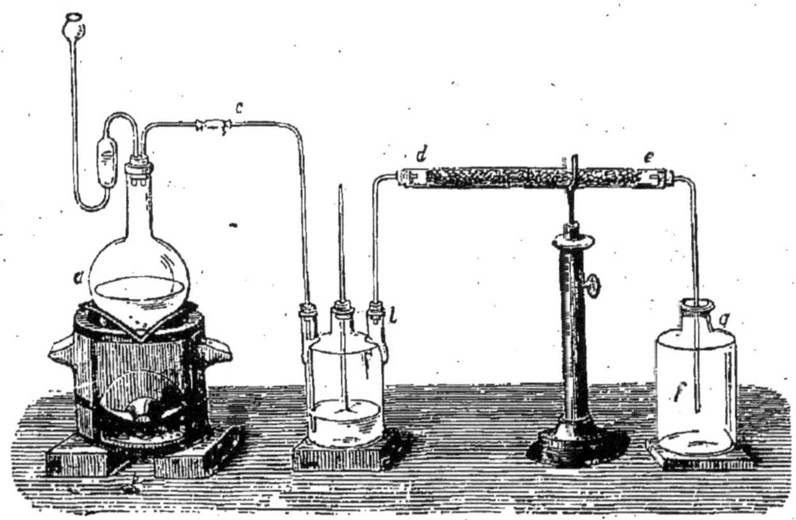

FIG. 16. — *Préparation du chlore.*

L'industrie prépare aussi le chlore par l'électrolyse du sel marin fondu ou dissous.

PROBLÈME. — *Quel est le volume du chlore que l'on pourrait obtenir avec 40 gr. de bioxyde de manganèse, en supposant le gaz à la pression normale et à la température de 25°?*

$$MnO^2 \ + \ 4HCl \ = \ Cl^2 \ + \ 2H^2O \ + \ MnCl^2$$
$$87 \qquad\qquad (22 \text{ lit. } 4)$$

Avec 87 gr. de MnO^2 on obtient 22 lit. 4 de chlore.

$$— \ 40 \ — \qquad — \qquad — \quad x \quad — \quad . \ —$$

$$x = \frac{22,4 \times 40}{87} = 10 \text{ litres } 3.$$

1 lit. de Cl. chauffé à 25° deviendrait : $1 + 0,00367 \times 25 = $ 1 lit. 09175.

10 lit.3 de Cl. chauffé à 25° deviendront : $1,09175 \times 10,3$ $= $ **11 lit. 245.**

40. Propriétés physiques. — Le chlore est un gaz jaune verdâtre, d'une odeur suffocante et caractéristique. Il attaque vivement les voies respiratoires, produit une grande oppression, provoque la toux et peut même amener des crachements de sang. Sa densité est de 2,45. L'eau en dissout 8 fois son volume ; saturée de sel marin, elle n'en dissout que la moitié de son volume. Ce gaz se liquéfie à 0° sous la pression de 4 atmosphères et donne un liquide jaune foncé, bouillant à — 40° et se solidifiant à — 50°.

41. Propriétés chimiques. — Le chlore se combine directement avec *tous les métalloïdes*, excepté l'oxygène, le fluor, le carbone et l'azote.

Expériences. — 1. On place dans une cuiller à combustion un morceau de phospohore puis on l'introduit dans un flacon rempli de chlore, sans l'allumer : il y brûle spontanément.

2. On pulvérise finement de l'arsenic métallique ou de l'antimoine puis on projette la poudre dans du chlore contenu dans un flacon : elle devient immédiatement incandescente. Il se produit du *chlorure d'arsenic* ou du *chlorure d'antimoine*.

3. On introduit, dans un flacon, du chlore et de l'hydrogène à volumes égaux ; puis, après avoir pris les mêmes précautions qu'avec le mélange d'hydrogène et d'oxygène (**32**), on approche de l'ouverture la flamme d'une allumette : il se produit une violente détonation.

Les réactions, sont, dans ces expériences :

$$P + 5Cl = PCl^5$$

Phosphore   Chlore   Chlorure de phosphore

$$As + 5Cl = AsCl^5$$

Arsenic   Chlorure d'arsenic

$$Sb + 5Cl = SbCl^5$$

Antimoine   Chlorure d'antimoine

$$H + Cl = HCl$$

Hydrogène   Acide chlorhydrique

Le chlore a une si grande affinité pour l'*hydrogène* que la lumière solaire suffit pour déterminer la combinaison de ces deux gaz. En effet, si après avoir rempli un flacon d'un mélange de volumes égaux d'hydrogène et de chlore préalablement desséchés, on l'expose au soleil, ces gaz se combinent brusquement et le flacon vole en éclats.

L'expérience peut être faite sans danger de la manière suivante : on fait d'abord le mélange des gaz dans une demi-obscurité, et, après avoir recouvert le flacon d'un linge noir auquel on a fixé un cordon, on le place au soleil ; puis, s'étant mis à l'abri, on retire l'enveloppe au moyen du cordon ; le mélange détone aussitôt. On peut également placer le flacon à l'ombre et, au moyen d'un miroir, diriger sur lui des rayons solaires. L'action de la lumière solaire sur un mélange de chlore et d'hydrogène est tellement prompte, qu'un flacon rempli de ce mélange, jeté au soleil par une fenêtre, éclate avant d'arriver à terre.

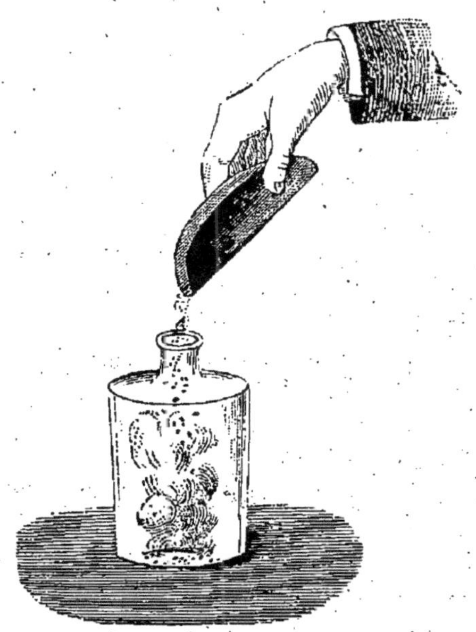

FIG. 17. — *Combustion de l'arsenic ou de l'antimoine dans le chlore.*

Sous l'action de la lumière diffuse, le chlore et l'hydrogène se combinent lentement. Dans l'obscurité, ils ne se combinent pas.

Presque tous les métaux se combinent directement avec le chlore pour former les chlorures correspondants.

EXPÉRIENCE. — 1. On introduit dans un flacon de chlore un morceau de sodium, puis on bouche. Au bout de peu de temps, le chlore se sera combiné au sodium, pour former du *chlorure de sodium*, NaCl.

Un morceau de sodium préalablement fondu dans une cuiller à combustion, s'enflamme au contact du chlore. L'expérience est dangereuse, car en ce cas, la moindre trace d'humidité dans la cuiller ou dans le flacon pourrait donner lieu à une violente explosion.

2. On chauffe au rouge l'extrémité d'une spirale de cuivre que l'on introduit ensuite dans le chlore. Elle y brûle comme une spirale de fer dans l'oxygène.

42. Pouvoir décolorant du chlore. — Toutes les matières colorantes d'origine organique sont détruites par le chlore. Tantôt ce gaz s'empare de leur hydrogène, tantôt il s'empare de celui de l'eau qu'elles renferment, alors l'oxygène de ce liquide se porte sur elles pour les oxyder. Dans les deux cas, les matières colorantes sont transformées en d'autres substances généralement incolores. Ainsi, si l'on fait arriver du chlore dans des dissolutions d'indigo, de carmin, de tournesol, etc., ces dissolutions sont rapidement décolorées. Une feuille de papier humectée et garnie d'écriture à l'encre ordinaire, plongée dans un flacon de chlore, en ressort presque aussi blanche que si elle n'avait jamais servi. L'encre de Chine et l'encre d'imprimerie, fabriquées avec du noir de fumée, ne sont pas attaquées par le chlore.

Ce gaz possède aussi un grand *pouvoir désinfectant*; car il agit sur les matières putrides d'origine organique répandues dans l'air, spécialement le gaz ammoniac, NH^3, et l'hydrogène sulfuré, H^2S, et les détruit en s'emparant de leur hydrogène.

43. Usages du chlore. — Le *chlore* est spécialement employé pour *blanchir les étoffes d'origine végétale*, telles que les tissus de lin, de coton et de chanvre, et pour *purifier les lieux infectés de miasmes putrides*, tels que les salles d'hôpitaux et les fosses d'aisances. On emploie généralement à ces différents effets les *chlorures décolorants*, obtenus en faisant absorber le chlore par certaines substances. Les principaux sont *l'eau de Javel*, la *liqueur de Labaraque* et le *chlorure de chaux*.

L'eau de Javel s'obtient en faisant passer un courant de chlore dans une solution étendue et refroidie de potasse. Elle a toutes les propriétés oxydantes et décolorantes du chlore, et elles est employée très fréquemment pour le blanchiment et le nettoyage des étoffes d'origine végétale.

La *liqueur de Labaraque* s'obtient en remplaçant, dans la préparation précédente, la potasse par la soude. La formule de la réaction est la suivante :

$$2NaOH \ + \ 2\ Cl \ = \ NaCl \ + \ ClONa \ + \ H^2O$$

Soude   Chlore   Liqueur de Labaraque   Eau

Le composé qui a pour formule ClONa est l'*hypochlorite de sodium*, corps qui tend à former du chlorure de sodium et à dégager de l'oxygène. C'est donc un oxydant puissant. La liqueur de Labaraque est utilisée à cause de cette propriété.

Si, dans la réaction précédente, on remplace la soude par de la chaux éteinte, celle-ci absorbe le chlore et se transforme en une poudre blanche, le *chlorure de chaux,* qui, exposée à l'air, se combine peu à peu avec le gaz carbonique de l'atmosphère et dégage du chlore. De cette propriété du chlorure de chaux résulte son emploi comme désinfectant.

L'eau de Javel, la liqueur de Labaraque et le chlorure de chaux constituent la formule industrielle et transportable du chlore.

ACIDE CHLORHYDRIQUE

Formule : HCl. — Poids moléc. : $1 + 35,5 = 36,50$.

L'*acide chlorhydrique* est formé par la combinaison de volumes égaux de *chlore et d'hydrogène*. Il est connu depuis très longtemps ; les alchimistes le désignaient sous les noms d'*esprit de sel* et d'*acide muriatique*.

44. Préparation. — On prépare l'acide chlorhydrique en chauffant le *chlorure de sodium* mélangé avec de l'*acide* *sulfurique* ordinaire ; l'acide sulfurique est décomposé : le sodium vient remplacer la moitié de son hydrogène, et celui-ci se porte sur le chlore pour former de l'*acide chlorhydrique*, qui se dégage :

$$NaCl \quad + \quad SO^4H^2 \quad = \quad HCl \quad + \quad SO^4NaH$$

Chlorure de sodium   Acide sulfurique   Acide chlorhydrique   Sulfate acide de sodium

Pour faire cette préparation, on introduit dans un ballon des poids égaux de sel marin et d'acide sulfurique, puis on chauffe modérément. Si l'on veut obtenir l'acide chlorhydrique gazeux, on le recueille sur le mercure ; pour avoir une dissolution de cet acide, on amène le gaz dans l'eau en y faisant plonger de quelques millimètres le tube abducteur. La dissolution plus dense que l'eau gagne le fond du liquide à mesure qu'elle se forme. Il convient d'entourer le vase d'eau froide afin d'éviter l'échauffement que produit le gaz en se dissolvant.

On peut préparer le gaz chlorhydrique avec plus de facilité encore *en chauffant l'acide chlorhydrique commercial* dans un ballon auquel on a adapté, outre le tube abducteur, un tube à entonnoir plongeant dans le liquide. Par l'entonnoir, on verse de l'*acide sulfurique* goutte à goutte ; cet acide absorbe l'eau et le gaz se dégage.

45. Propriétés physiques et chimiques. — L'acide chlorhydrique est un gaz incolore, d'une odeur forte et piquante ; il irrite les bronches, provoque la toux et répand à l'air d'abondantes fumées blanches. Il est incombustible et éteint les corps en ignition. Sa densité est de **1,247**. Il se liquéfie à **15°** sous la pression de **40** atmosphères ou à —**80°** sous la pression ordinaire, en produisant un liquide incolore, très mobile, qui se prend en une masse cristalline vers — **115°**.

L'eau est très avide de l'acide chlorhydrique ; elle peut en dissoudre près de **500** fois son volume.

EXPÉRIENCE. — Pour constater la grande solubilité de l'acide chlorhydrique dans l'eau, on remplit une éprouvette de ce gaz, puis on met son ouverture en contact avec ce liquide ; le gaz est absorbé instantanément, et l'eau s'élance dans l'éprouvette avec une force si grande que, bien souvent, elle est brisée par le choc.

L'acide chlorhydrique du commerce est une simple dissolution du gaz chlorhydrique dans l'eau ; il contient environ **40** pour cent d'acide réel. Il est un peu plus dense que l'eau et incolore quand il est pur. Ce liquide est un acide très énergique. Il attaque tous les métaux, excepté l'or et le platine : il forme avec eux des chlorures métalliques, et son hydrogène est mis en liberté. Nous avons vu que cette propriété est utilisée pour la préparation de l'hydrogène.

FIG. 18. — *Combinaison de l'acide chlorhydrique avec l'ammoniaque.*

Le gaz chlorhydrique et le gaz ammoniac se combinent à volumes égaux pour former un corps solide, le *chlorhydrate d'ammoniaque* ou *chlorure d'ammonium*.

Lorsque l'on met un oxyde en présence de l'acide chlorhydrique, il peut se présenter deux cas :

1° *Il se forme un chlorure et de l'eau.* — Si, par exemple on met au contact de cet acide du protoxyde de manganèse, MnO, le chlore qui, malgré son affinité pour l'hydrogène l'a encore plus grande pour les métaux, s'unira au manganèse et l'oxygène de l'oxyde se combinera à l'hydrogène de l'acide pour former de l'eau. Le manganèse et l'oxygène étant bivalents, il faudra au premier deux atomes de chlore et au second, deux atomes d'hydrogène ; donc deux molécules d'acide chlorhydrique se combineront à une molécule de protoxyde de manganèse.

$$MnO \quad + \quad 2\,HCl \quad = \quad MnCl^2 \quad + \quad H^2O$$

Protoxyde de Mn.   Acide chlorhydrique   Chlorure de Mn.   Eau

2° *Il se forme un chlorure, de l'eau et du chlore.* — Si nous remplaçons le protoxyde de manganèse par le bioxyde, MnO^2, il faudra encore au manganèse deux atomes de chlore, mais aux deux atomes d'oxygène il faudra quatre atomes d'hydrogène ; quatre molécules d'acide chlorhydrique seront donc nécessaires, et il restera deux atomes de chlore libre.

$$MnO^2 \quad + \quad 4HCl \quad = \quad MCl^2 \quad + \quad H^2O \quad + \quad Cl^2$$

Bioxyde de Mn.　　Acide chlorhydrique　Chlorure de Mn.　　　Eau　　　Chlore

C'est cette réaction que l'on applique ordinairement à la production du chlore (39).

46. Usages de l'acide chlorhydrique. — A l'état de dissolution, l'acide chlorhydrique a de nombreuses applications. Il sert à la *préparation de l'hydrogène, de l'anhydride carbonique, du chlore et des différents chlorures.* Mélangé avec le tiers de son poids d'acide azotique, il forme *l'eau régale*, ainsi nommée parce qu'elle a la propriété de dissoudre tous les métaux, même l'or, appelé autrefois le *roi des métaux*.

L'acide chlorhydrique est aussi employé pour *décaper les métaux*, pour *extraire la gélatine des os* et pour *approprier les murs des édifices noircis par le temps.*

47. Chlorures métalliques. — Les *chlorures métalliques* sont les sels de l'acide chlorhydrique. Ils sont en général bien cristallisés, solubles dans l'eau, assez fusibles et tous plus ou moins volatils à haute température. Cependant certains chlorures sont insolubles, en particulier le chlorure d'argent, AgCl, employé dans la photographie.

Avec le potassium et le sodium, le chlore forme le *chlorure de potassium*, KCl, et le *chlorure de sodium*, NaCl ; ce dernier est le sel avec lequel nous assaisonnons nos aliments.

Le *chlorure de calcium* anhydre, $CaCl^2$, est employé pour dessécher les gaz et pour extraire le soufre de ses minerais.

La dissolution de *chlorure de zinc*, $ZnCl^2$, est employée comme désinfectant et pour conserver les bois.

Le *bichlorure de mercure*, $HgCl^2$, appelé aussi *chlorure mercurique et sublimé corrosif*, est un poison violent. On l'emploie en médecine, à dose très faible, de même que le chlorure *mercureux*, que l'on désigne aussi sous le nom de *calomel*. Ce dernier est un purgatif et un vermifuge.

Le *trichlorure d'or*, $AuCl^3$, est employé en photographie et dans la dorure galvanique.

FLUOR. — BROME. — IODE
Fl—19   Br—80   I—127

48. — Le *fluor*, isolé par Moissan en 1888, est un gaz d'une couleur légèrement jaune et de propriétés plus énergiques encore que le chlore. Il attaque rapidement la plupart des corps et se combine à l'hydrogène avec explosion, même dans l'obscurité pour former de l'*acide fluorhydrique*, HFl, liquide incolore, remarquable par la propriété qu'il a de corroder le verre. Le fluor n'existe pas libre ; mais ses composés sont nombreux. Le principal est la *fluorine* ou *fluorure de calcium*, $CaFl^2$, qui forme des roches compactes dans certains terrains. Ce minerai, chauffé dans une cuvette de plomb avec de l'acide sulfurique, produit de l'acide fluorhydrique dont les vapeurs sont utilisées pour graver sur verre.

$$CaFl^2 \quad + \quad SO^4H^2 \quad = \quad SO^4Ca \quad + \quad 2HFl$$

Fluorure de calcium   Acide sulfurique   Sulfate de calcium   Acide fluorhydrique

Le *brome* est un liquide d'une couleur rouge foncé et d'une odeur extrêmement irritante. Sa densité est de 3 environ.

L'*iode* est un corps solide qui se présente en lamelles d'un brillant métallique d'un violet foncé ; mais il est très volatil. Il s'évapore même à la température ordinaire ; lorsqu'on le chauffe, il dégage d'abondantes vapeurs violettes. On applique en médecine la propriété qu'il a de désorganiser la peau pour combattre certaines maladies. La *teinture d'iode*, connue de tout le monde, est tout simplement une dissolution d'iode dans l'alcool. La densité de l'iode est **4,95**.

Ces deux derniers corps ont des propriétés semblables à celles du chlore, quoique plus faibles. Avec l'hydrogène ils forment l'*acide bromhydrique*, HBr, et l'*acide iodhydrique*, HI, que l'on obtient en traitant par l'eau le bromure ou l'iodure de phosphore :

$$PBr^5 \quad + \quad 4H^2O \quad = \quad PO^4H^3 \quad + \quad 5HBr.$$
$$PI^5 \quad + \quad 4H^2O \quad = \quad PO^4H^3 \quad + \quad 5HI$$

RÉSUMÉ

Le *chlore* est un gaz jaune verdâtre, d'une odeur suffocante. Sa densité est de **2,45**. L'eau en dissout **8** fois son volume. Il se liquéfie à 0° sous la pression de **4** atmosphères, et donne un liquide jaune foncé, bouillant à — **40°** et se solidifiant à — **50°**.

Le chlore se combine directement avec tous les métalloïdes excepté l'oxygène, le carbone et l'azote. La lumière solaire suffit pour le faire combiner brusquement avec l'*hydrogène*. Le *phosphore*, l'*arsenic* et l'*antimoine* s'enflamment spontanément dans le chlore. Presque tous les métaux se combinent directement avec lui ; le *cuivre* y brûle de la même manière que le fer brûle dans l'oxygène.

A cause de sa grande affinité pour l'hydrogène, le chlore détruit toutes les matières colorantes ainsi que les miasmes putrides d'origine organique.

On prépare le chlore en traitant le *bioxyde de manganèse* par l'*acide chlorhydrique*.

L'*eau de Javel*, la *Liqueur de Labaraque* et le *chlorure de chaux* sont de puissants décolorants et désinfectants, que l'on prépare en faisant passer un courant de chlore dans une dissolution de potasse, pour l'eau de Javel, de soude, pour la Liqueur de Labaraque, et sur de la chaux éteinte, pour le chlorure de chaux.

L'*acide chlorhydrique*, formé par la combinaison de volumes égaux de *chlore* et d'*hydrogène*, est un gaz fumant à l'air, d'une odeur forte et piquante. Sa densité est de **1,247**. L'eau en dissout près de **500** fois son volume. Il se liquéfie à **15°** sous la pression de **40** atmosphères ou à — **80°**, sous la pression ordinaire. L'acide chlorhydrique du commerce est une simple dissolution de ce gaz dans l'eau ; il contient environ **40** pour cent d'acide réel.

L'acide chlorhydrique est un acide énergique. Presque sans action sur les métalloïdes, il attaque tous les métaux, excepté l'or et le platine.

On le prépare en traitant le *sel marin* par l'*acide sulfurique* ordinaire. A l'état de dissolution, il a de nombreux usages.

Il forme, avec les *métaux*, des sels appelés *chlorures*.

Le *fluor* est un gaz dont les propriétés sont plus énergiques encore que celles du chlore. Avec l'hydrogène, il forme l'*acide fluorhydrique*, qui sert à graver sur verre.

Le *brome* est liquide et l'*iode* est solide. Les propriétés de ces deux corps sont analogues à celles du chlore, mais plus faibles. Avec l'hydrogène, ils peuvent former respectivement l'*acide bromhydrique* et l'*acide iodhydrique*. L'iode a des applications médicales.

CHAPITRE III

SOUFRE — ANHYDRIDE SULFUREUX
ACIDE SULFURIQUE — ACIDE SULFHYDRIQUE

SÉLÉNIUM — TELLURE

SOUFRE

Symbole : S. — Poids atomique : 32.

49. Propriétés physiques et chimiques. — Le *soufre* est un corps solide à la température ordinaire, sans odeur, sans saveur, et d'un jaune citron ; sa densité est environ 2. Il fond vers 117° en un liquide brun très clair, et bout à 445°. Insoluble dans l'eau, le soufre se dissout très bien dans le *sulfure de carbone* (1), qui est son meilleur dissolvant. Il est peu soluble dans l'alcool et dans la benzine.

Le soufre est dimorphe, c'est-à-dire cristallisé de deux manières différentes : en *octaèdres* et en *prismes*.

Expériences. — 1. On obtient des octaèdres, lorsque, après avoir fait dissoudre du soufre dans du sulfure de carbone, on laisse évaporer la dissolution.

---

(1) Le *sulfure de carbone*, CS^2, est un liquide incolore qui résulte de la combinaison directe du soufre et du charbon. On l'obtient en faisant passer de la vapeur de soufre sur du charbon chauffé au rouge en vase clos, c'est-à-dire à l'abri de l'air. Il est plus lourd que l'eau. Il possède une odeur éthérée lorsqu'il est pur, mais répugnante en cas contraire. On l'a employé pour combattre le phylloxéra. En industrie, il a d'assez nombreux emplois ; on s'en sert notamment pour la vulcanisation du caoutchouc.

2. Pour faire cristalliser le soufre en prismes, on le fait fondre dans un creuset, puis, dès qu'il est liquide, on retire le creuset du feu

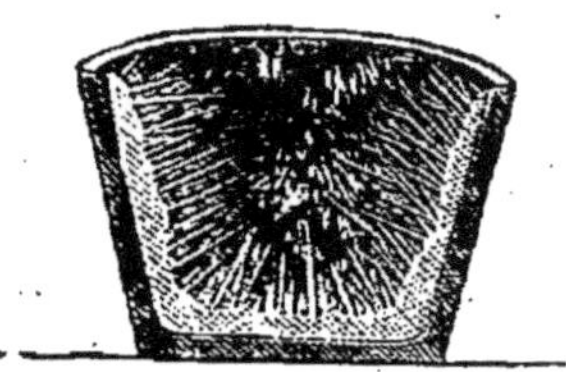

FIG. 19. — *Cristaux prismatiques de soufre.*

afin de le laisser se refroidir. Une croûte solide se forme à la surface du soufre fondu. Cette croûte étant enlevée, on vide le soufre liquide qui reste, et on a sur les parois du creuset de magnifiques aiguilles prismatiques de soufre.

Quand on fait fondre du soufre, il se produit un phénomène particulier à ce corps : le soufre fond à 117° en donnant un liquide très fluide, jaune et transparent ; mais si l'on continue à chauffer, ce liquide s'épaissit vers 220° et devient brun. Refroidi lentement, le soufre passe par les mêmes phases, mais en sens contraire. Lorsqu'on verse dans l'eau froide du soufre parfaitement liquide, il redevient cassant comme avant sa fusion ; mais versé à l'état visqueux, il reste pendant quelque temps mou et élastique. Si en cet état on le traite par le sulfure de carbone, une partie se dissout et peut cristalliser par évaporation du dissolvant ; l'autre partie est insoluble : c'est le soufre *amorphe*, c'est-à-dire non cristallisable.

Le soufre brûle à l'air avec une flamme bleuâtre et répand une odeur tout à fait caractéristique. Cette odeur est due au dégagement du composé qui se forme, l'*anhydride sulfureux*, SO^2.

Le soufre se combine avec le carbone pour former du *sulfure de carbone*, CS^2, et avec l'hydrogène pour former de l'*acide sulfhydrique*, H^2S. Il se combine énergiquement avec la plupart des métaux pour donner naissance à des *sulfures métalliques*. Ainsi avec le fer, il forme le *sulfure de fer*, FeS, comme on a vu précédemment (**10**, exp.) ; avec le cuivre, il forme d'une manière identique le *sulfure de cuivre*, CuS ; avec l'argent, il se combine même à froid pour former le *sulfure d'argent*, Ag^2S, de couleur noire. C'est pour cette raison que, au voisinage des sources d'eaux sulfureuses, les monnaies et les objets d'argent noircissent.

50. Etat naturel. — Extraction. — A l'état natif, c'est-à-dire à l'état de liberté, on trouve le soufre au voisinage des volcans, où, mélangé avec des matières terreuses, il forme des dépôts connus sous le nom de *solfatares*. Certains de ces dépôts en renferment des assises très puissantes ; ceux de la Sicile fournissent près de **500.000** tonnes de soufre brut chaque année. Ce corps existe aussi à l'état de combinaison, principalement dans les sulfates et dans les sulfures métalliques. On extrait le soufre des solfatares par deux distillations successives. La première de ces distillations donne du *soufre brut* et la seconde du *soufre raffiné*.

Pour obtenir du soufre brut, on emploie le procédé de *Sicile* ou des *calcaroni*, et le procédé de *Pouzzoles*. En Sicile, on dispose en forme de cône, sur un plan incliné imper-

Fig. 20. — *Coupe d'un fourneau de galère.*

méable, de **250** à **600** mètres cubes de minerai, puis on allume ce minerai sur plusieurs points à la fois. Le feu se propage dans l'intérieur du cône, une partie du soufre brûle, l'autre fond et coule au moyen de rigoles pratiquées sur le plan incliné, dans des réservoirs, où il se solidifie. Ce procédé est très expéditif et peu coûteux, mais il occasionne une perte de soufre estimée à **25** pour cent.

A Pouzzoles, on introduit le minerai dans de grands pots de terre rangés sur deux files dans un long *fourneau de galère*. Ces vases, au nombre d'une vingtaine, communiquent avec d'autres pots placés en dehors du fourneau. Sous l'influence de la chaleur, le soufre du minerai se vaporise, il se rend dans les vases extérieurs, s'y condense et coule dans des baquets contenant de l'eau où il se solidifie.

Le soufre extrait par les deux procédés ci-dessus renferme beaucoup d'impuretés. Pour le purifier, on le distille une seconde fois et on fait arriver ses vapeurs dans une grande chambre en maçonnerie. Tant que la température de la chambre reste froide, les vapeurs de soufre se condensent en une fine poussière nommée *fleur de soufre*; mais lorsque la température dépasse 115°, le soufre ne se solidifie plus, il se réunit à l'état liquide sur le sol de la chambre. Ce soufre coulé dans des moules légèrement coniques donne le *soufre en canon*.

On obtient aussi le soufre par la distillation de la *pyrite*, qui est un sulfure de fer.

EXPÉRIENCE. — On pulvérise finement un peu de pyrite, on l'introduit dans un tube d'essai, puis on la chauffe à la flamme d'une lampe à alcool. On ne tarde pas à observer des gouttes de soufre, condensé sur les parois du tube.

En Amérique, on exploite les dépôts de soufre de la Louisiane par un procédé très curieux. Il consiste à envoyer dans la profondeur du sol, parfois à plus de **100** mètres, de l'eau chauffée à **170°** sous pression. Cette eau fond le soufre et le refoule dans un tube d'ascension jusqu'à la surface du sol.

51. Usages du soufre. — Le soufre a de nombreux usages. Dans l'industrie, on s'en sert pour la fabrication de la poudre, des allumettes, de l'anhydride sulfureux, de l'acide sulfurique, et pour la vulcanisation du caoutchouc. On vulcanise le caoutchouc en l'immergeant pendant quelques minutes dans du sulfure de carbone contenant du soufre en dissolution ; le soufre se combine avec le caoutchouc, augmente son élasticité et surtout lui donne la propriété de conserver cette élasticité par le froid et par la chaleur. On fait également usage du soufre pour prendre des empreintes, pour sceller le fer et pour combattre l'*oïdium* de la vigne. La France en emploie annuellement plus de **40** millions de kilogrammes.

ANHYDRIDE SULFUREUX

Formule : SO^2. — Poids moléc. : $32 + 16 \times 2 = 64$.

Les principaux composés oxygénés du soufre sont l'*anhydride sulfureux*, SO^2, auquel correspond l'acide sulfureux, SO^3H^2, et

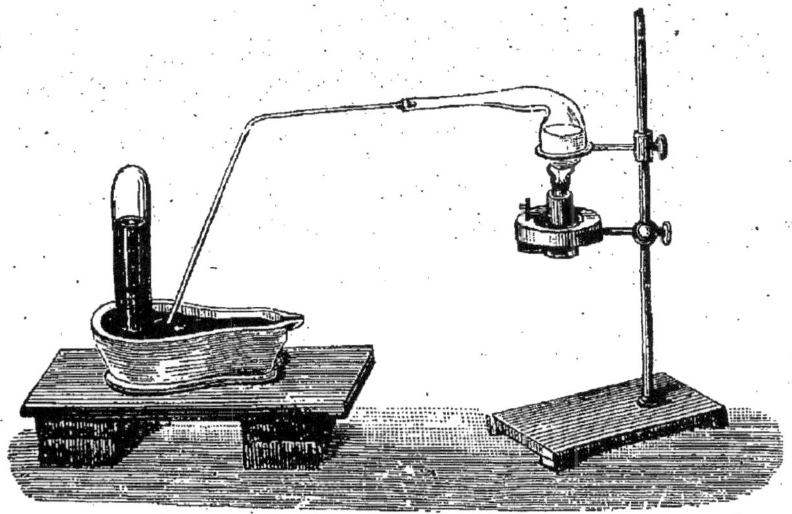

FIG. 21. — *Préparation de l'anhydride sulfureux.*

l'*anhydride sulfurique*, SO^3, correspondant à l'acide sulfurique, SO^4H^2. L'anhydride sulfureux est connu depuis aussi longtemps que le soufre. C'est *Lavoisier* qui en a déterminé la nature et la composition.

52. Préparation. — On peut préparer l'anhydride sulfureux en brûlant du soufre en présence de l'oxygène ; mais dans les laboratoires, on préfère désoxyder en partie l'*acide sulfurique* à l'aide du *mercure*, du *cuivre*, du *soufre* ou du *charbon*.

On introduit, par exemple, dans une cornue de ½ litre, 25 gr. de mercure et 150 gr. d'acide sulfurique. On adapte à la cornue un tube abducteur se rendant dans une éprouvette placée sur une cuve à mercure. On peut encore recevoir le gaz dans un flacon ouvert placé sur une table, comme c'est indiqué à la figure 16 pour le chlore ; l'anhydride sulfureux déplace l'air, qui est plus léger que lui. On reconnaît que le flacon est plein en approchant de l'ouverture une allumette allumée : elle s'éteint immédiatement.

Lorsqu'on chauffe le contenu du ballon, le gaz ne tarde pas à se dégager.

La réaction entre l'acide et le mercure peut se représenter par l'équation :

$$Hg \; + \; 2SO^4H^2 \; = \; SO^2 \; + \; SO^4Hg \; + \; 2H^2O$$

Mercure   Acide sulfurique Anhydride sulfureux Sulfate de mercure   Eau

Elle est, en réalité, plus compliquée que ne l'indique cette équation.

Avec le cuivre, le soufre et le charbon, les formules de réaction peuvent s'écrire ;

$$Cu \; + \; 2SO^4H^2 \; = \; SO^2 \; + \; SO^4Cu \; + \; 2H^2O$$
$$S \; + \; 2SO^4H^2 \; = \; 3SO^2 \; + \; 2H^2O$$
$$C \; + \; 2SO^4H^2 \; = \; 2SO^2 \; + \; CO^2 \; + \; 2H^2O.$$

PROBLÈME. — *On prépare de l'anhydride sulfureux avec 20 gr. de cuivre, et la quantité d'acide sulfurique correspondante. On demande : 1° le nombre de litres de gaz que l'on obtiendra ; 2° la quantité de sulfate de cuivre qui se formera dans la réaction ; 3° le poids du sulfate de cuivre hydraté que l'on obtiendrait en soumettant le résidu à l'évaporation, ce sel cristallisant avec 5 molécules d'eau.*

$$Cu \; + \; 2SO^4H^2 \; = \; SO^2 \; + \; SO^4Cu \; + \; 2H^2O$$
$$63,5 \qquad\qquad\qquad (22 \text{ lit. } 4) \quad 159,5$$

1° Avec 63 gr. 5 de cuivre on obtient 22 lit. 4 du gaz.
— 20 — — obtiendra x — —

$$x = \frac{22,4 \times 20}{63.5} = \textbf{7 litres 05}.$$

2° Avec 63 gr. 5 de cuivre, il se forme 159 gr. 5 de SO^4Cu.
— 20 — — il se formera x — —

$$x = \frac{159.5 \times 20}{63,5} = \textbf{50 gr. 236}.$$

3° 5 molécules d'eau pesant $18 \times 5 = 90$, le poids d'une molécule de sulfate de cuivre hydraté sera : $159,5 + 90 = 249,5$.

Avec 63 gr. 5 de cuivre, on obtient 249 gr. 5 de sulfate hydraté.
— 20 — — on obtiendra x — —

$$x = \frac{249,5 \times 20}{63,5} = \textbf{78 gr. 583}.$$

53. Propriétés physiques et chimiques. — L'anhydride sulfureux est un gaz incolore, d'une odeur vive et pénétrante qui provoque la toux. Sa densité est **2,234**. Un litre d'eau en dissout **50** fois son volume à la température ordinaire (1). Il se liquéfie à —**10°** sous la pression atmosphérique ; il se solidifie à —**75°** et bout à —**10°**.

En se vaporisant, il absorbe une grande quantité de chaleur. Quand il s'évapore sur l'ampoule d'un thermomètre à alcool, il en abaisse la température à —**68°** ; cette

Fig. 22. — *Décoloration d'une violette par l'anhydride sulfureux.*

propriété est utilisée dans les industries frigorifiques.

---

(1) On peut répéter avec l'anhydride sulfureux l'expérience réalisée au moyen de l'acide chlorhydrique (45).

Lorsqu'on vide de l'anhydride sulfureux liquide dans une capsule de platine chauffée au rouge, il prend une forme sphéroïdale et reste liquide pendant assez longtemps ; si alors on laisse tomber quelques gouttes d'eau dans ce liquide, elles se congèlent, ce qui permet de préparer des glaçons faits sur le feu.

L'anhydride sulfureux n'est pas combustible et il éteint les corps en combustion. Tout porte à croire que lorsqu'il se dissout dans l'eau, il forme de l'acide sulfureux, SO^3H^2 (19, exp.), qui tend à s'emparer de l'oxygène de l'air pour se transformer en acide sulfurique, SO^4H^2. Cette tendance fait de l'anhydride sulfureux un réducteur énergique et lui donne un grand pouvoir décolorant, qui s'exerce sur la plupart des couleurs d'origine organique. Des violettes fraîches exposées à ce gaz ne tardent pas à devenir entièrement blanches, mais si on les met ensuite dans une éprouvette d'ammoniaque, elles reprennent d'abord leur couleur primitive, puis deviennent vertes (1).

54. Usages de l'anhydride sulfureux. — Le gaz sulfureux est employé en médecine *contre les maladies de la peau* et surtout *contre la gale*. Dans l'industrie, on s'en sert pour *blanchir les objets d'origine animale*, tels que la laine, la soie, les plumes, les éponges, la colle de poisson, etc. Pour blanchir les tissus avec ce gaz, il suffit, après les avoir mouillés, de les exposer dans des salles où l'on fait brûler du soufre.

L'anhydride sulfureux peut servir à *enlever les taches de fruit* sur le linge. A cet effet, on mouille d'abord les taches avec de l'eau, puis on fait brûler au-dessous d'elles un peu de soufre ou quelques allumettes soufrées.

On se sert du gaz sulfureux pour *assainir les lieux infectés* de miasmes putrides, comme les lazarets et les cales

---

(1) La décoloration est due à ce que l'anhydride sulfureux forme un composé incolore avec la matière colorante ; ensuite l'ammoniaque saturant l'anhydride sulfureux, la couleur reparaît, et l'excès d'ammoniaque verdit la couleur des violettes.

des navires ; pour désinfecter les effets qui ont servi aux personnes atteintes de maladies contagieuses, telles que le choléra, la gale, la petite vérole, etc.

En faisant brûler des mèches soufrées dans l'intérieur des vieux tonneaux, *on détruit les germes des moisissures* et on prévient ainsi l'altération du vin.

Le gaz sulfureux est encore employé pour *éteindre les feux de cheminées*. Dans ce but, on jette du soufre dans le foyer et on bouche l'ouverture de la cheminée afin d'obliger le gaz sulfureux à rester en contact avec la suie enflammée.

ACIDE SULFURIQUE
Formule : SO^4H^2. — Poids moléc. : $32 + 16 \times 4 + 2 = 98$.

L'acide sulfurique, connu depuis le XVe siècle, est aussi désigné sous le nom d'*huile de vitriol*, parce qu'on l'obtenait autrefois en distillant du sulfate de fer appelé *vitriol vert*.

55. Etat naturel. — Préparation. — L'acide sulfurique n'existe à l'état de liberté dans la nature que dans les eaux de quelques rivières qui ont leur source près des volcans. On le trouve très abondamment en combinaison sous la forme de sulfates (de *calcium*, de *baryum*, etc.).

Il existe deux procédés pour la fabrication de l'acide sulfurique : le procédé de *contact* et le procédé des *chambres de plomb*.

1° *Procédé de contact*. — Le procédé de *contact* consiste simplement à unir dans des proportions convenables de *l'anhydride sulfurique* et de *l'eau*.

$$SO^3 \quad + \quad H^2O \quad = \quad SO^4H^2$$

Anhydride sulfurique	Eau	Acide sulfurique

L'anhydride sulfurique, SO^3, est un corps solide, blanc, cristallisé en longues aiguilles soyeuses, qui fond à 15° et bout à 47°. Il est très avide d'eau ; projeté dans ce liquide, il s'y dissout en faisant entendre un bruit analogue à celui que produit le fer rouge dans les mêmes circonstances. On le prépare en faisant circuler de l'*anhydride sulfureux* et de l'*oxygène* sur de la *mousse de platine* chauffée. Les deux gaz se combinent, d'après l'équation :

$$SO^2 \quad + \quad O \quad = \quad SO^3$$

Anhydride sulfureux   Oxygène   Anhydride sulfurique

On reçoit les vapeurs d'anhydride sulfurique dans un récipient entouré d'un mélange réfrigérant.

NOTA. — Après cette réaction, la mousse de platine se retrouve telle qu'elle était auparavant ; mais sa présence a favorisé la combinaison des deux gaz. Ce phénomène constitue une *catalyse*, et la mousse de platine a été, dans ce cas, un *catalyseur.* Les réactions catalytiques sont très fréquentes en chimie. Ainsi, dans la préparation de l'oxygène par le chlorate de potassium, le bioxyde de manganèse joue le rôle de catalyseur ; les fermentations moyennant lesquelles le sucre du raisin se transforme en alcool, le vin en vinaigre, etc., sont des réactions catalytiques, où les ferments agissent comme catalyseurs.

  2° **Procédé des chambres de plomb.** — Dans ce procédé, on oxyde l'*anhydride sulfureux* par l'*acide azotique* en présence de l'*air* et de la *vapeur d'eau :* on combine avec la molécule d'anhydride sulfureux *un atome d'oxygène et une molécule d'eau :*

$$SO^2 \quad + \quad O \quad + \quad H^2O \quad = \quad SO^4H^2$$

Anhydride sulfureux   Oxygène   Eau   Acide sulfurique

Cette préparation se fait dans de grandes chambres tapissées de feuilles de plomb, métal qui n'est attaqué par l'acide qu'à une température assez élevée. L'acide azotique se prépare, en chauffant de l'*azotate de sodium* avec de l'*acide sulfurique.* Les vapeurs de l'acide se transforment, au contact de l'oxygène de l'air, en *vapeurs nitreuses,* NO^2 et N^2O^3, qui se régénèrent indéfiniment, de sorte que leur action peut être considérée comme catalytique. Le gaz sulfureux s'obtient en brûlant du soufre au contact de l'air ou en grillant des pyrites, et l'eau est envoyée dans les chambres soit en vapeur, soit à l'état liquide au moyen de pulvérisateurs.

Les réactions qui ont lieu dans les chambres de plomb

sont assez compliquées. On peut les représenter séparément et d'une manière abrégée par les équations suivantes :

1º *L'anhydride sulfureux s'unit aux vapeurs nitreuses pour se transformer en anhydride sulfurique.* Il se produit aussi de l'oxyde nitrique, NO :

$$3SO^2 \quad + \quad 2NO^2 \quad + \quad N^2O^3 \quad = \quad 3SO^3 \quad + \quad 4NO$$

Anhydride sulfureux   Vapeurs nitreuses   Anhydride sulfurique   Oxyde nitrique

2º *L'anhydride sulfurique produit dans cette réaction se combine avec l'eau pour former de l'acide sulfurique :*

$$3SO^3 \quad + \quad 3H^2O \quad = \quad 3SO^4H^2$$

3º *L'oxyde nitrique, de son côté, se combine avec l'oxygène de l'air pour reconstituer les vapeurs nitreuses,* qui serviront à de nouvelles transformations :

$$4NO \quad + \quad 3O \quad = \quad 2NO^2 \quad + \quad N^2O^3$$

Remarque. — On connaît une autre espèce d'acide sulfurique ; c'est l'*acide sulfurique de Nordhausen*, $SO^3 + SO^4H^2$ ou $S^2O^7H^2$, qui est de l'anhydride sulfurique dissous dans de l'acide sulfurique ordinaire. C'est un liquide oléagineux, qui fume beaucoup à l'air. Il jouit des propriétés de l'acide sulfurique ordinaire, mais il est plus énergique.

56. Propriétés de l'acide sulfurique ordinaire. — L'*acide sulfurique ordinaire*, SO^4H^2, ou acide sulfurique *normal*, est un liquide incolore, inodore et d'une consistance oléagineuse. Sa densité est **1, 84.** Il bout à **338º** et se congèle à **—34º.**

L'acide sulfurique est décomposable par la chaleur en anhydride sulfureux et en oxygène mélangé avec de la vapeur d'eau. L'hydrogène, le charbon et le soufre le décomposent aussi (**52**). Presque tous les métaux, à une température plus ou moins élevée, sont attaqués par cet acide ; avec les uns, comme le fer et le zinc, il se dégage de l'hydrogène (**30**) ; avec les autres, tels que le cuivre et le mercure, il se dégage de l'anhydride sulfureux (**52**).

L'acide sulfurique est un acide très énergique : étendu de 1.000 fois son volume d'eau, il rougit encore la teinture de tournesol. Il est très avide d'eau et se combine avec elle en dégageant beaucoup de chaleur.

EXPÉRIENCE. — On verse dans un tube d'essai *quatre parties* d'acide sulfurique dans *une partie* d'eau. On obtient une température d'environ 100°.

C'est à son affinité pour ce liquide que l'on attribue l'action corrosive que l'acide sulfurique exerce sur les tissus animaux et végétaux. Sous son action, l'oxygène et l'hydrogène, qui, avec le carbone, constituent la plupart des substances organiques, se combinent pour former de l'eau et le carbone est mis en liberté. Pour ce motif, un morceau de bois, un morceau de sucre se carbonisent rapidement au contact de l'acide sulfurique.

EXPÉRIENCE. — On prépare une solution *saturée* de sucre. On y verse d'un seul coup le double de son volume d'acide sulfurique concentré ; on obtient instantanément une masse-spongieuse de charbon.

Exposé à l'air humide, cet acide prend une teinte brune et peut absorber plusieurs fois son poids d'eau. Sa coloration est due aux poussières qu'il reçoit et qu'il réduit en charbon.

L'acide sulfurique a deux atomes d'hydrogène qui peuvent être remplacés par un métal pour former un sel. On dit pour cela qu'il est *bibasique*.

Les brûlures par l'acide sulfurique sont très dangereuses ; on paralyse une partie de leurs effets en les lavant immédiatement avec de l'eau légèrement ammoniacale.

57. Usages de l'acide sulfurique. — De tous les acides, l'acide sulfurique est le plus fréquemment employé. Il sert *à la production des courants électriques* nécessaires à la télégraphie et à la galvanoplastie. Dans l'industrie on l'emploie *pour la préparation de presque tous les acides* et d'un grand nombre d'autres corps, tels que *l'hydrogène*, le *chlore*, *l'éther*, *l'alun*, la *soude*, le *sulfate de cuivre*, le *sucre d'amidon*, les *bougies stéariques*, etc. En médecine, on en fait usage *comme caustique*. La France consomme annuellement **70** millions de kilogrammes d'acide sulfurique, et l'Angleterre encore davantage.

58. Sulfates. — Les *sulfates* sont les sels résultant de la substitution partielle ou totale de l'hydrogène de l'acide sulfurique par un *métal*. Les plus importants sont : le *sulfate de sodium*, employé dans l'industrie chimique ; le *sulfate de calcium* ou *gypse*, dont on fait le plâtre ; le *sulfate cuivrique* ou *vitriol bleu* et le *sulfate ferreux* ou *vitriol vert*, employés en agriculture ; le *sulfate double d'aluminium et de potassium* ou *alun*, que l'on utilise comme mordant en teinturerie.

On prépare les sulfates par l'action de l'acide sulfurique sur les métaux (**30**), sur les chlorures (**44**), les nitrates, etc. Presque tous les sulfates sont solubles dans l'eau.

Remarque. — Beaucoup de substances ne cristallisent qu'à la condition d'être unies à un certain nombre de molécules d'eau. Ainsi, le sulfate de sodium, SO^4Na^2, cristallise avec 10 molécules d'eau, unies à chacune de ses molécules ; sa formule complète est alors : $SO^4Na^2, 10H^2O$. Le sulfate cuivrique s'unit à 5 molécules d'eau ; le sulfate ferreux, à 7 molécules, etc. De là la distinction entre les sels *anhydres* (sans eau) et les sels *hydratés*.

Expérience. — On prend un poids déterminé de sulfite de sodium *anhydre* que l'on trouve dans le commerce sous la forme d'une poudre blanche. On le fait dissoudre dans l'eau, puis on place la dissolution dans un cristallisateur pour la faire évaporer ; on obtient des cristaux dont le poids est précisément le double de celui du sel dissous. En effet, le sulfite de sodium anhydre a pour formule SO^3Na^2 ; son poids moléculaire est alors 126. Lorsqu'il cristallise, il s'unit à 7 molécules d'eau dont le poids est : $18 \times 7 = 126$, égal, par conséquent, à celui du sel anhydre.

ACIDE SULFHYDRIQUE
Formule : H^2S. — Poids moléc. : $2+32=34$.

L'*acide sulfhydrique*, appelé encore *hydrogène sulfuré*, est formé par la combinaison du *soufre* et de l'*hydrogène*, dans la proportion d'un atome du premier de ces corps pour deux du second. Cet acide, découvert par *Baumé*, a été étudié en 1777, par *Scheele*, qui en détermina la nature et la composition.

59. Etat naturel. — Préparation. — L'acide sulfhydrique se forme dans la décomposition de toutes les substances organiques qui contiennent du soufre, telles que les œufs, les matières fécales, certaines plantes de la famille des crucifères, la vase des marais, etc. Ce gaz se trouve aussi en dissolution dans les eaux de quelques sources.

On prépare l'acide sulfhydrique en décomposant le *sulfure de fer* par l'*acide sulfurique* étendu d'eau. Le soufre du sulfure de fer se combine avec l'hydrogène de l'acide sulfurique pour former de l'acide sulfhydrique qui se dégage ; le fer du sulfure, devenu libre, remplace l'hydrogène de l'acide sulfurique pour produire du *sulfate de fer*.

$$FeS \quad + \quad SO^4H^2 \quad = \quad H^2S \quad + \quad SO^4Fe$$

Sulfure de fer	Acide sulfurique	Acide sulfhydrique	Sulfate de fer

La réaction se fait à froid, et l'appareil dont on se sert est identique à celui qui est employé pour la préparation de l'hydrogène.

Problème. — *Pour préparer de l'acide sulfhydrique on a employé avec 20 gr. de sulfure de fer, une dissolution d'acide sulfurique contenant 15 gr. de l'acide pur. Combien restera-t-il de sulfure de fer non décomposé?*

$$FeS \quad + \quad SO^4H^2 \quad = \quad H^2S \quad + \quad SO^4Fe$$
$$88 \qquad\qquad 98$$

98 gr. d'acide sulf. décomposent 88 gr. du sulfure.
15 —   —   décomposeront x —   —

$$x = \frac{88 \times 15}{98} = 13 \text{ gr. } 5.$$

Il restera donc : 20 — 13,5 = 6 gr. 5 de sulfure de fer.

60. Propriétés physiques et chimiques. — L'acide sulfhydrique est un gaz incolore, d'une odeur fétide qui rappelle celle des œufs pourris. Sa densité est **1,191**. L'eau en dissout environ *trois fois* son volume à la température ordinaire. Il se liquéfie sous la pression de **15** atmosphères et donne un liquide qui se solidifie à — **80°**, en cristaux transparents et incolores.

L'acide sulfhydrique est combustible : il brûle à l'air avec une flamme bleue en donnant de l'eau et de l'anhydride sulfureux. *Deux volumes* d'acide sulfhydrique et *trois volumes* d'oxygène forment un mélange qui détone violemment au contact d'un corps incandescent. Voici la réaction qui se produit :

$$2H^2S \quad + \quad 3O^2 \quad = \quad 2H^2O \quad + \quad 2SO^2$$

Acide sulfhydrique — Oxygène — Eau — Anhydride sulfureux

Aussi est-il dangereux de jeter des papiers enflammés dans les fosses d'aisances, car il s'y trouve toujours de l'acide sulfhydrique et on s'expose à mettre le feu au mélange détonant qui peut s'y être formé.

Le chlore agit sur l'acide sulfhydrique et donne de l'acide chlorhydrique et du soufre, selon la réaction suivante :

$$H^2S \quad + \quad Cl^2 \quad = \quad 2HCl \quad + \quad S$$

L'acide sulfhydrique est un poison des plus violents. Mélangé avec l'air dans la proportion de **1/1500**, il détermine presque instantanément la mort d'un oiseau ; dans la proportion de **1/300**, il suffit pour faire périr, en quelques minutes, un animal de forte taille.

Heureusement que son odeur fétide avertit de sa présence. C'est lui, qui, sous le nom de *plomb*, produit l'asphyxie des ouvriers employés au curage des fosses d'aisances. Le meilleur contrepoison de l'acide sulfhydrique consiste à faire respirer aux personnes asphyxiées par ce gaz de très petites quantités de chlore, produit par du chlorure de chaux arrosé d'un peu de vinaigre.

On peut détruire l'acide sulfhydrique des fosses d'aisance en y vidant une dissolution de chlorure de chaux ou de sulfate de fer additionné d'un peu de chaux.

L'acide sulfhydrique est employé en médecine *pour combattre les affections du larynx et les maladies de la peau.*

Dans les laboratoires de chimie, on en fait grand usage comme *réactif,* pour reconnaître la présence de certains corps, comme l'or, le platine, l'étain, l'arsenic, l'antimoine, le cuivre, le mercure, le fer, le plomb, le zinc, etc., dans les substances que l'on analyse, car le soufre a bien plus d'affinité pour ces corps que pour l'hydrogène auquel il est uni dans cet acide. Il forme avec eux des *sulfures* insolubles.

EXPÉRIENCE. — On fait dissoudre dans l'eau des sels contenant de ces différents corps ; par exemple du sulfate de cuivre, du chlorure d'antimoine, du sulfate de fer, de l'acétate de plomb et du sulfate de zinc. On met un peu de ces solutions dans différents tubes d'essai dans lesquels on fait arriver un jet de gaz sulfhydrique, puis l'on agite. On obtient des *précipités,* ou dépôts, des sulfures correspondants à ces corps. Ainsi, avec le sulfate de cuivre on a la réaction :

$$SO^4Cu + H^2S = SO^4H^2 + CuS$$

Sulfate de cuivre — Acide sulfhydrique — Acide sulfurique — Sulfure de cuivre

Le sulfure d'antimoine est d'une couleur orangée ; le sulfure de zinc est blanc ; les trois autres sulfures sont noirs.

61. Sulfures métalliques. — L'union des métaux avec le soufre forme des *sulfures.* Nous avons vu que divers sulfures peuvent se préparer, soit en chauffant le métal avec le soufre (**10, 49**), soit en traitant des sels par l'acide sulfhydrique (**60**). Il existe, dans la nature, des sulfures très importants ; tels sont le *sulfure de zinc* ou *blende,* le *sulfure de plomb* ou *galène,* le *sulfure de fer* ou *pyrite,* le *sulfure de mercure* ou *cinabre,* etc. Presque tous les sulfures sont insolubles dans l'eau.

SÉLÉNIUM. — TELLURE

Se—79   Te—127,5

62. Ces deux métalloïdes présentent dans leurs propriétés chimiques beaucoup d'analogie avec le soufre. Ils sont tous deux solides ; le premier a une couleur grise ; le second possède un brillant métallique d'une couleur bleuâtre. Ils peuvent se combiner à l'hydrogène pour former respectivement *l'acide sélénhydrique,* H^2Se, et *l'acide tellurhydrique,* H^2Te. Le sélénium présente la propriété particulière de conduire l'électricité d'autant mieux qu'il est plus éclairé par les rayons du soleil. On a cherché à utiliser cette propriété pour la transmission des images à distance.

RÉSUMÉ

Le *soufre* est solide à la température ordinaire ; il fond à 117°, devient visqueux à 220° et bout à 445° après avoir repris sa fluidité primitive. Insoluble dans l'eau, le soufre se dissout très bien dans le sulfure de carbone. Il cristallise en *prismes* et en *octaèdres*.

Le soufre brûle avec une flamme bleue et produit de l'anhydride sulfureux.

A l'état natif, le soufre se trouve abondamment dans le voisinage des volcans, où il forme quelquefois des dépôts très considérables, connus sous le nom de *solfatares*.

On extrait le soufre des solfatares par deux procédés, celui de Sicile ou des *calcaroni* et celui de *Pouzzoles*. Ces deux procédés ne donnent que du *soufre brut ;* on raffine le soufre brut par une seconde distillation, et on obtient de la *fleur de soufre* ou du *soufre en canon.*

Le soufre est employé à la fabrication de la poudre, des allumettes, de l'anhydride sulfureux et de l'acide sulfurique. Il sert aussi pour vulcaniser le caoutchouc, pour prendre des empreintes, pour sceller le fer et pour combattre l'oïdium de la vigne.

L'*anhydride sulfureux* est un gaz incolore, d'une odeur vive et pénétrante qui provoque la toux. Sa densité est 2,234. Il est très soluble dans l'eau et se liquéfie facilement. Son évaporation, lorsqu'il est liquide, produit un froid considérable.

Ce gaz n'est pas combustible, il éteint les corps en combustion et possède un grand pouvoir décolorant.

On prépare l'anhydride sulfureux en brûlant du soufre en présence de l'air, ou en désoxydant l'*acide sulfurique* par le *mercure*, le *soufre*, le *cuivre* ou le *charbon*.

L'anhydride sulfureux est employé pour combattre les maladies de la peau, et principalement la gale, pour blanchir les objets d'origine animale et pour enlever les taches de fruits. On s'en sert encore pour assainir les lieux infectés de miasmes putrides, pour désinfecter les objets qui ont servi aux personnes atteintes de maladies contagieuses, pour détruire les germes de moisissure dans les vieux tonneaux et pour éteindre les feux de cheminées.

Il y a deux espèces d'*acides sulfuriques :* l'acide sulfurique *ordinaire* et l'acide sulfurique de *Nordhausen*.

L'acide sulfurique *ordinaire* est un liquide incolore, inodore et oléagineux. Sa densité est 1,84. Il bout à 338° et se congèle à

—84°. L'acide sulfurique est décomposable par la chaleur, par quelques métalloïdes et par la plupart des métaux. Il est très avide d'eau ; sa combinaison avec elle dégage beaucoup de chaleur. Il désorganise les tissus et produit des brûlures très dangereuses. On le prépare en combinant l'*anhydride sulfurique* avec l'*eau*, ou l'*anhydride sulfureux* avec les *vapeurs nitreuses* en présence de l'*air* et de la *vapeur d'eau*.

De tous les acides, l'acide sulfurique est le plus fréquemment employé. Il sert à la production des courants électriques et à la préparation d'une foule de corps. La France en consomme annuellement 70 millions de kilogr.

Les *sulfates* sont les sels résultant de la substitution de l'hydrogène de l'acide sulfurique par un métal.

L'*acide sulfhydrique* est un gaz incolore, d'une odeur fétide qui rappelle celle des œufs pourris. Sa densité est 1,191. Assez soluble dans l'eau, il se liquéfie facilement et se solidifie à —80°.

L'acide sulfhydrique brûle avec une flamme bleue et forme avec l'oxygène un mélange détonant. C'est un poison des plus violents : c'est lui qui produit l'asphyxie des ouvriers employés au curage des fosses d'aisances. On le détruit à l'aide du *chlorure de chaux* ou du *sulfate de fer*.

On prépare l'acide sulfhydrique en décomposant le *sulfure de fer* par l'*acide sulfurique*. Ce corps est surtout employé dans l'analyse chimique.

La combinaison du soufre avec un métal est un *sulfure*.

Le *sélénium* et le *tellure* ont des propriétés chimiques semblables à celles du soufre. Le sélénium est d'une couleur grise ; le tellure présente un aspect métallique d'un ton bleuâtre.

CHAPITRE IV

AZOTE — AIR ATMOSPHÉRIQUE
ACIDE AZOTIQUE — AMMONIAQUE

AZOTE

Symbole : Az ou N. — Poids atom. : 14. — Molécule : N^2.
Poids moléculaire : 28.

L'*azote* a été découvert en **1772**, par le docteur *Rutherford.*

63. Etat naturel. — Préparation. — L'azote est très répandu dans la nature. Il existe à l'état de simple mélange dans l'air atmosphérique, dont il forme les 4/5 du volume. On le trouve à l'état de combinaison dans un grand nombre de substances minérales, végétales ou animales.

On prépare ordinairement l'azote *en absorbant l'oxygène de l'air par le phosphore.* Pour cela on place sur l'eau une rondelle de liège sur laquelle on a pratiqué une cavité capable de maintenir une petite capsule de porcelaine contenant un morceau de phosphore.

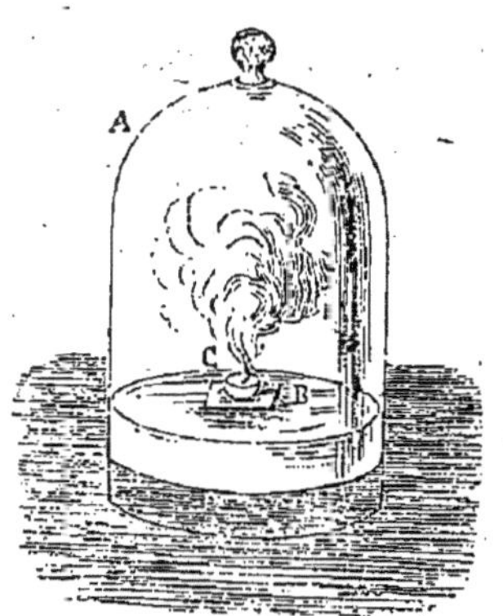

FIG. 23. — *Préparation de l'azote par le phosphore.*

On enflamme le phosphore puis on recouvre le liège d'une cloche de verre, de manière que les bords de celle-ci pénètrent un peu dans l'eau. En brûlant, le phosphore absorbe l'oxygène de l'air que contient la cloche, et il se forme d'abondantes fumées blanches d'*anhydride phosphorique*, P^2O^5. Cet acide se dissout peu à peu dans l'eau, et, lorsque le phosphore s'est

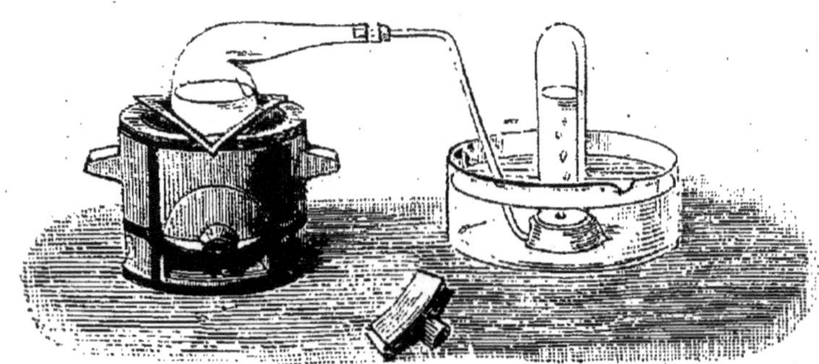

FIG. 24. — *Préparation de l'azote par l'azotite d'ammonium.*

éteint, il ne reste plus, dans la cloche, que de l'azote et quelques traces de gaz carbonique.

On prépare aussi l'azote en faisant bouillir dans une cornue une dissolution concentrée d'un sel connu sous le nom d'*azotite d'ammonium*, NO^2 (NH^4). Ce sel composé d'oxygène, d'hydrogène et d'azote, se décompose en ses trois éléments sous l'action de la chaleur : l'hydrogène et l'oxygène se combinent pour former de l'eau, et l'azote se dégage, comme le représente l'équation suivante :

$$NO^2 (NH^4) = N^2 + 2H^2O$$
Azotite d'ammonium   Azote   Eau

64. Propriétés physiques et chimiques. — L'azote est un gaz incolore, inodore et sans saveur, ayant pour densité **0,971**. L'eau n'en dissout que le **1/50** de son volume. Il se liquéfie sous une pression de **200** atmosphères. Lorsqu'il a été liquéfié, il forme un liquide qui bout à — **195°** sous la pression atmosphérique. En s'évaporant dans le vide, ce liquide se solidifie en une masse neigeuse.

Les propriétés chimiques de ce gaz sont à peu près nulles : il n'est pas combustible et n'entretient ni la respiration, ni la combustion. Un animal placé dans une atmosphère d'azote périt bientôt, et une bougie plongée dans ce gaz s'éteint immédiatement. L'azote à la température ordinaire ne se combine avec aucun corps. Sous l'influence des étincelles électriques, il se combine avec l'*oxygène* pour former des vapeurs nitreuses, et avec l'hydrogène pour produire de l'*ammoniaque*. Ce qui explique la présence de l'azotate d'ammonium dans les eaux de pluie.

65. Usages de l'azote. — L'azote pur ne sert que dans les laboratoires pour mettre certaines substances à l'abri de l'oxygène. Dans la nature, ce corps joue un très grand rôle, particulièrement dans la nutrition des végétaux et des animaux : un régime alimentaire non azoté amènerait rapidement la mort.

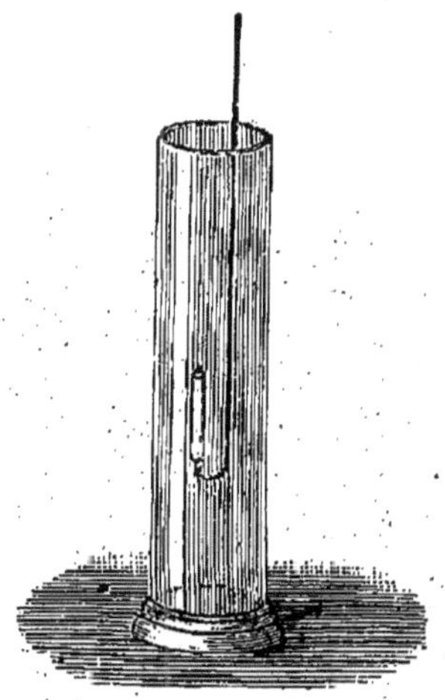

FIG. 25. — *Bougie s'éteignant dans l'azote.*

Les végétaux appartenant à la famille des légumineuses ont la singulière propriété de fixer l'azote atmosphérique. Les autres plantes doivent le puiser dans le sol où on le leur fournit au moyen des engrais et des détritus de toutes sortes, d'origine animale ou végétale : peaux, chairs, sang, cornes, chiffons de laine, tourteaux provenant de l'extraction de l'huile d'olive, etc. Ces matières produisent, par leur décomposition, de l'ammoniaque que certains microbes transforment en nitrates assimilables par les plantes. C'est surtout sous la forme de nitrate de calcium, formé aux dépens de la chaux qui entre dans la composition du sol que les plantes élaborent leur albumine, leur fibrine, ainsi que les autres substances azotées qu'elles renferment.

AIR ATMOSPHÉRIQUE

Jusqu'en 1774, l'*air atmosphérique* a été considéré comme un corps simple. A cette époque, *Lavoisier* montra que l'air pur et sec est formé par le mélange de deux gaz, l'*oxygène* et l'*azote*.

66. Propriétés physiques. — L'air est un gaz incolore sous une petite épaisseur, bleuâtre quand il est vu sous un grande masse ; il est inodore et sans saveur. Il est **770** fois plus léger que l'eau ; un litre d'air pur et sec, sous la pression de **0,760**, pèse **1. gr 293**. C'est à la densité de l'air prise pour unité, que l'on compare celle des autres gaz. L'air est très difficilement liquéfiable. Il donne, par la liquéfaction un liquide bleuâtre bouillant à — 195° sous la pression atmosphérique. M. Dewar l'a obtenu à l'état solide.

Jusqu'à la fin du dernier siècle, on n'avait pu obtenir que de très petites quantités d'air liquide ; en 1898, M. d'Arsonval, du Collège de France, présenta à l'Académie des Sciences toute une bouteille d'air liquide qu'il avait obtenue avec un appareil lui permettant d'en produire, à peu de frais, plus de 50 litres à l'heure. Cette découverte permet, comme nous l'avons déjà dit, de se procurer très facilement et à bon marché de grandes quantités d'oxygène liquide ; car il suffit, pour cela, de soumettre l'air liquéfié à une distillation fractionnée : l'azote, le plus volatil des gaz qu'il renferme, distille le premier à — 195°. A mesure que la quantité d'azote diminue, la température d'ébullition du liquide s'élève et arrive jusqu'à — 180°, point d'ébullition de l'oxygène ; on obtient alors l'oxygène pur. L'air liquide est encore utilisé comme source de froid, comme explosif, etc. Aussi, constitue-t-il aujourd'hui un produit industriel d'une grande importance.

Les propriétés chimiques de l'air sont celles de l'oxygène dont l'activité est tempérée par l'inertie de l'azote.

67. Composition de l'air atmosphérique — Pour démontrer que l'air est composé d'oxygène et d'azote, Lavoisier chauffa du mercure dans un ballon de verre dont le col deux fois recourbé, se rendait sous une cloche pleine d'air, placée sur du mercure. Le mercure du ballon fut chauffé sans interruption pendant *douze jours et douze nuits*. Pendant ce temps le **1/6** du volume d'air contenu dans la cloche disparut, et il se forma sur le mercure du ballon un grand nombre de parcelles rouges. Lavoisier constata que le gaz qui restait dans l'appareil était impropre à la respiration et à la combustion ; c'était donc de l'azote. Quant aux parcelles rouges, il les recueillit et les chauffa fortement dans une cornue de verre ; elles donnèrent du mercure et un gaz qu'il reconnut pour être de l'oxygène.

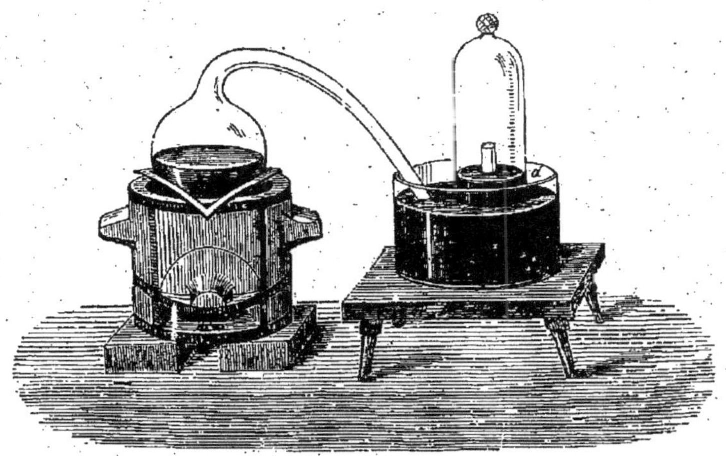

FIG. 26. — *Absorption de l'oxygène par le mercure chauffé à 300°.*

Lavoisier, par son expérience, ne put trouver exactement la proportion de l'oxygène et de l'azote contenus dans l'air. Des analyses très précises ont démontré depuis que l'air pur et sec renferme sur 100 parties :

EN VOLUME		EN POIDS	
Oxygène...	20,80	Oxygène...	23
Azote......	79,20	Azote......	77

En 1894, deux chimistes, MM. Ramsay et Rayleigh, ont découvert dans l'air la présence d'un autre gaz, l'*argon*, inconnu jusqu'alors et qui y avait toujours été confondu avec l'azote. L'argon a pour densité **1,382** ; on le sépare de l'azote extrait de l'air par le magnésium, le lithium ou le calcium, chauffés au rouge, qui absorbent l'azote sans toucher à l'argon. L'air en contient à peu près **1 pour 100** (1).

____

(1) Par de nouvelles expériences, faites en juin 1898, M. Ramsay, secondé par M. Travers, a démontré qu'avec l'argon contenu dans l'air se trouvent quatre autres gaz, auxquels il a donné les noms suivants : *krypton, néon, xénon* et *hélium*.

PROBLÈME. — *On introduit dans un eudiomètre 100 cm³ d'air et 30 cm³ d'hydrogène, puis on fait passer l'étincelle électrique dans le mélange : une partie de l'oxygène de l'air se combinera avec l'hydrogène pour former de l'eau. Déterminer les quantités d'oxygène libre et d'azote qui formeront le résidu gazeux.*

100 cm³ d'air contiennent 20 cm³ 80 d'oxygène ; 15 cm³ seulement se combineront aux 30 cm³ d'hydrogène. Il restera donc :

$$20,80 - 15 = 5 \text{ cm}^3 \text{ 80 d'oxygène.}$$

Dans les 100 cm³ d'air il y a **79 cm³ 20 d'azote** qui ne subiront aucune transformation.

68. Analyse de l'air. — L'analyse de l'air en volume se fait très facilement par le *phosphore à froid* et par le *phosphore à chaud*.

1° *Par le phosphore à froid.* — Pour analyser l'air par le phosphore à froid, on introduit, dans une éprouvette reposant sur le mercure, une quantité d'air soigneusement mesurée, par exemple **100** centimètres cubes, puis, on fait pénétrer dans cette éprouvette un morceau de phosphore attaché à un fil de platine. Le phosphore se combine avec l'oxygène de l'air de l'éprouvette pour former de l'anhydride phosphoreux, P^2O^3, il répand des fumées blanches et devient lumineux dans l'obscurité ; ces phénomènes ne cessent que lorsque l'oxygène est absorbé, ce qui exige environ **24** heures. On retire alors le phosphore de l'éprouvette et, ayant mesuré le gaz restant, on n'en trouve plus qu'environ **79** cent. cubes ;

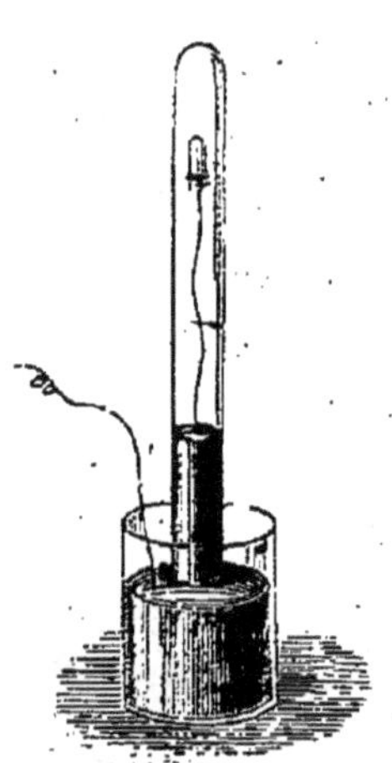

FIG. 27. — *Analyse de l'air par le phosphore à froid.*

21 cent. cubes d'oxygène ont donc été absorbés par le phosphore. De cette expérience, on conclut que **100** cent. cubes d'air renferment à peu près **79** cent. cubes d'azote et d'argon et **21** cent. cubes d'oxygène.

2° *Par le phosphore à chaud*. — On fait l'analyse de l'air par le phosphore à chaud en se servant d'une *cloche courbe* reposant sur l'eau. Comme dans l'expérience précédente, on introduit dans la cloche un volume d'air déterminé, puis, à l'aide d'un fil de fer, on fait arriver dans le renflement de la cloche courbe un fragment de phosphore. Celui-ci étant chauffé avec une lampe à alcool, s'enflamme et absorbe

FIG. 28. — *Analyse de l'air par le phosphore à chaud.*

en quelques instants tout l'oxygène de l'air de la cloche. Après que le phosphore s'est éteint on laisse refroidir et on constate que le volume du gaz restant, c'est-à-dire de l'azote, n'est sensiblement que les **79/100** de celui de l'air analysé.

69. L'air est un mélange et non une combinaison. — L'air doit être considéré simplement comme un mélange de molécules d'oxygène et de molécules d'azote. Ces deux corps, en effet, y conservent chacun leurs propriétés. Ainsi :

1° L'air dissous dans l'eau est plus riche en oxygène que l'air de l'atmosphère, ce qui indique que ces deux gaz ne forment pas molécule entre eux, puisque chacun conserve sa solubilité propre.

2° L'azote bout à — **195°** ; l'oxygène, à —**180°**. L'air liquide bout à une température comprise entre ces deux extrêmes, suivant la proportion qu'il conserve de ces deux corps. S'ils formaient combinaison, le produit résultant aurait un point d'ébullition fixe.

3° Enfin, si l'on réunit dans un récipient de l'oxygène et de l'azote, dans les mêmes proportions que dans l'air, on n'observe aucun phénomène calorifique, comme il s'en produit toujours dans les combinaisons chimiques. En outre, ces gaz, quoique en volumes bien différents, s'unissent sans contraction. Le mélange, d'ailleurs, possède les propriétés de l'air : une allumette peut y brûler, un animal peut y vivre, etc.

70. Substances diverses contenues dans l'air. — Outre l'azote, l'oxygène et l'argon, l'air contient toujours de la *vapeur d'eau* et de l'*anhydride carbonique* en quantités variables mais très faibles : de **10** à **15** millièmes pour la vapeur d'eau et de **2** à **4** dix-millièmes pour le gaz carbonique.

La présence de la vapeur d'eau dans l'air est prouvée par la buée qui couvre aussitôt une carafe d'eau fraîche que l'on place dans une atmosphère dont la température est supérieure à celle de la carafe ; cette buée est produite par la condensation de la vapeur contenue dans l'air. C'est encore la condensation de cette même vapeur d'eau contenue dans l'air qui forme sur les carreaux de vitres de nos appartements, pendant les froides nuits d'hiver, ces jolis dessins que nous y remarquons. Pour constater la présence de l'anhydride carbonique dans l'atmosphère, on expose à l'air une dissolution de chaux, que l'on prépare en agitant de la chaux dans de l'eau, puis en décantant le liquide lorsqu'il est devenu clair ; cette dissolution ne tarde pas à se couvrir d'une pellicule de *carbonate de calcium*, formée par la combinaison du gaz carbonique de l'air avec la chaux de la dissolution, comme le montre l'équation :

$$CO^2 \quad + \quad Ca(OH)^2 \quad = \quad CO^3Ca \quad + \quad H^2O$$

Gaz carbonique   Chaux   Carbonate de calcium   Eau

L'air atmosphérique renferme aussi des traces d'*acide nitrique* résultant de la combinaison de l'oxygène avec l'azote et la vapeur d'eau pendant les orages, et d'*ammoniaque*, qui joue un grand rôle dans la végétation. Il s'y trouve aussi des *poussières* si fines qu'elles échappent d'ordinaire à la vue, et qu'elles ne deviennent visibles que lorsqu'elles sont vivement éclairées par un rayon de soleil pénétrant dans une chambre obscure. Parmi ces poussières, se trouvent en plus ou moins grande quantité, des *microbes*, dont les uns sont utiles à cause des fermentations qu'ils peuvent produire, tandis que d'autres sont les germes de maladies contagieuses et de la putréfaction.

71. Composition constante de l'air. — L'air, depuis l'expérience de Lavoisier, a été analysé un très grand nombre de fois ; ces expériences ont été faites sur de l'air pris dans des lieux bien différents et à des altitudes très diverses, même à **7.000** mètres de hauteur. Toujours on lui a trouvé la même quantité d'oxygène, d'azote et d'anhydride carbonique. Seul l'air pris à la surface de la mer est un peu moins riche en oxygène que l'air ordinaire, et cela parce que la solubilité de ce gaz dans l'eau est plus grande que celle de l'azote, et aussi parce que l'oxygène dissous dans l'eau de la mer est constamment absorbé par les animaux qui y vivent.

L'invariabilité de la composition de l'air atmosphérique peut surprendre quand on songe à la quantité considérable d'oxygène enlevée chaque jour à l'atmosphère, et à la quantité non moins grande de gaz carbonique qui y est constamment déversée. En effet, un homme introduit en moyenne, par jour, **12** mètres cubes d'air dans ses poumons ; il retient environ **530** litres d'oxygène et rejette **450** litres de gaz carbonique. A cette source de gaz carbonique, il faut ajouter la source bien plus considérable encore qui résulte de la respiration des animaux, de la décomposition des matières organiques et de la combustion du bois et du charbon. La combustion, à elle seule, enlève chaque jour à l'atmosphère des milliards de mètres cubes d'oxygène, qui sont remplacés par de l'anhydride carbonique.

Mais l'étonnement cesse quand on pense qu'à côté des causes qui tendent constamment à diminuer la proportion d'oxygène et à augmenter celle du gaz carbonique, le divin Créateur en a placé d'autres qui agissent en sens inverse, et qui ont pour but de ramener sans cesse l'air à sa composition primitive.

Parmi ces causes, nous citerons d'abord la fonction

chlorophyllienne des végétaux. Les parties vertes des végétaux, sous l'action de la lumière solaire, absorbent le gaz carbonique de l'air, le décomposent en ses éléments, fixent le carbone dans leurs tissus et rejettent l'oxygène dans l'atmosphère. Pendant un été, une seule feuille de nénuphar exhale plus de **300** litres d'oxygène. L'anhydride carbonique de l'air est encore dissous par les eaux pluviales ; ces eaux, chargées de gaz carbonique, dissolvent du carbonate de calcium, du phosphate de calcium et de la silice, nécessaires au développement de certains végétaux. Les eaux calcaires entraînées dans la mer, contribuent aussi à la formation des coquillages sécrétés par la peau d'un grand nombre de mollusques et de zoophytes marins.

72. Usages de l'air. — La plupart des usages de l'air sont connus de tout le monde. C'est ce gaz qui *fournit l'oxygène nécessaire à la respiration des animaux et à la combustion.* Il fournit aussi le *gaz carbonique*, non moins nécessaire aux végétaux pour leur accroissement. L'air, par son oxygène, est indispensable à la *germination des graines* et au *développement des fruits verts*, qui l'absorbent même quand ils sont détachés de l'arbre, ce qui leur permet d'arriver encore à leur maturité.

L'air a été utilisé de tout temps *comme force motrice*, pour la marche des navires et le fonctionnement des moulins à vent. On l'emploie aussi *pour mettre en activité certaines machines perforatrices* destinées au percement des tunnels, et, sur les voies ferrées, *pour faire fonctionner les freins Westinghouse*, qui permettent d'arrêter presque subitement les trains de chemins de fer lancés à toute vitesse.

ACIDE AZOTIQUE OU NITRIQUE

Formule : AzO^3H ou NO^3H. — Poids molécul. : $14 + 16 \times 3 + 1 = 63$.

L'azote en se combinant avec l'oxygène et l'eau forme des composés dont le plus important est *l'acide azotique* NO^3H, corps pondant à l'*anhydride azotique* N^2O^5, comme le montre l'équation :

$$N^2O^5 \quad + \quad H^2O \quad = \quad 2NO^3H$$

Anhydride azotique   Eau   Acide azotique

Cet acide a été découvert, en 1225, par *Raymond Lulle*; sa nature et sa composition ne furent exactement fixées qu'en 1784, par *Cavendish*.

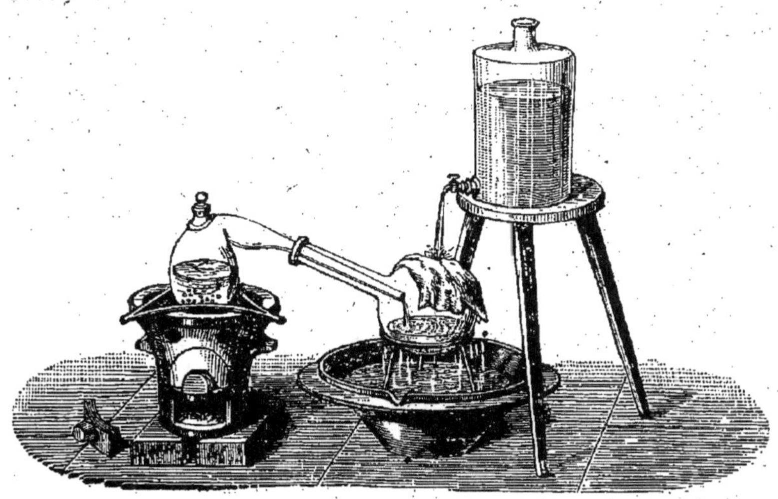

FIG. 29. — *Préparation de l'acide azotique.*

73. Etat naturel. — Préparation. — L'acide azotique n'existe guère dans la nature qu'à l'état de combinaison avec le potassium, le sodium ou le magnésium. C'est un de ces composés qui sert habituellement à sa préparation.

Pour préparer l'acide azotique, on décompose l'*azotate de sodium* par l'*acide sulfurique*: l'acide sulfurique, plus puissant que l'acide azotique, s'empare du sodium et met ce dernier en liberté. L'équation suivante représente la réaction qui se produit :

$$NO^3Na \quad + \quad SO^4H^2 \quad = \quad NO^3H \quad + \quad SO^4HNa$$

Azotate de sodium   Acide sulfurique   Acide azotique   Sulfate acide de sodium

Pour faire cette préparation, on introduit 50 gr. d'azotate de sodium bien sec dans une cornue en verre, puis on y ajoute 40 gr. d'acide sulfurique. On dispose la cornue sur un fourneau, et on introduit son col dans le goulot d'un ballon recouvert d'un linge qui est continuellement arrosé par un filet d'eau. On chauffe légèrement et la réaction indiquée plus haut a lieu : les vapeurs d'acide azotique se distillent et se condensent dans le ballon refroidi, tandis que le sulfate de sodium reste dans la cornue.

La préparation de l'acide azotique par la *synthèse électrique* est devenue aujourd'hui industrielle. On combine l'azote de l'atmosphère à l'oxygène au moyen de l'arc voltaïque convenablement modifié. L'arc se produit à l'intérieur d'un tube de fer, entre le tube même et un axe métallique, et dans lequel pénètre un fort tourbillon d'air. Il se produit de l'oxyde nitrique, NO, qui en présence de l'air et de l'eau se transforme en acide azotique.

$$NO \quad + \quad O \quad = \quad NO^2$$

Oxyde azotique   Oxygène   Peroxyde d'azote

$$2NO^2 \quad + \quad O \quad + \quad H^2O \quad = \quad 2NO^3H$$

Peroxyde d'azote   Oxygène   Eau   Acide nitrique

L'acide nitrique obtenu par ce procédé est absolument pur.

74. Propriétés physiques et chimiques. — *L'acide azotique* connu aussi sous les noms d'*acide nitrique* et d'*eau forte*, est un liquide incolore quand il est pur, d'une odeur forte et pénétrante, bouillant à 86° et se solidifiant à — 47°. Sa densité est 1,42. Il est souvent coloré en jaune par des vapeurs de protoxyde d'azote qu'il tient en dissolution.

L'acide azotique est un corps peu stable : la lumière et la chaleur le décomposent en peroxyde d'azote et en oxygène. Il est caractérisé par la facilité avec laquelle il cède son oxygène aux autres corps. *C'est un oxydant très énergique.* Ainsi, lorsqu'on verse de l'acide azotique concentré sur du *noir de fumée*, celui-ci devient incandescent et se transforme en anhydride carbonique. Un morceau de *phosphore* plongé dans de l'acide azotique s'enflamme avec explosion, et ses éclats jaillissent dans toutes les directions. Cette expérience est dangereuse. Si l'acide est très étendu et légèrement chauffé, le phosphore disparaît peu à peu pour se transformer en acide phosphorique.

Presque tous les métaux, même l'argent, sont attaqués

par l'acide azotique. Avec le *potassium* et le *sodium*, la réaction est très violente. Elle n'est pas à faire.

Expérience. — On plonge des fils de cuivre dans de l'acide azotique. Le cuivre est fortement attaqué ; des torrents de vapeurs rouges d'oxydes azotiques, NO^2 et N^2O^3, se dégagent et il se forme de l'*azotate de cuivre* $(NO^3)^2Cu$.

Beaucoup de matières organiques sont oxydées par cet acide. Le *crin* prend feu dans les vapeurs d'acide azotique : l'*essence de térébenthine* s'enflamme quand on verse sur elle de l'acide azotique concentré, mélangé avec un peu d'acide sulfurique. Le même acide transforme le *coton* cardé en *coton-poudre* et la glycérine en *nitroglycérine*, corps excessivement explosif et qui est la base de la *dynamite*. L'acide azotique colore en jaune la peau, la soie, la laine et les plumes ; on utilise cette propriété dans l'industrie.

Les azotates sont aussi facilement décomposables par la chaleur. Une fois allumés, des charbons de bois ayant trempé quelques heures dans une dissolution *d'azotate de plomb*, 150 grammes par litre, brûlent lentement sans s'éteindre, à cause de l'oxygène dégagé par la décomposition de l'azote dont ils sont imprégnés. On se sert de ces charbons pour garnir les encensoirs et certains chauffe-pieds. L'*azotate de potassium* entre dans la composition de la poudre, à cause de l'oxygène qu'il dégage. Le charbon, plongé dans de l'azotate de potassium fondu y brûle vivement.

Expérience. — On chauffe dans un tube d'essai un peu d'azotate de potassium. Lorsqu'il est fondu, on y projette des fragments de charbon de bois ; ceux-ci s'allument et brûlent en produisant du gaz carbonique.

75. Usages de l'acide azotique. — Les usages de l'acide azotique sont fort nombreux. En médecine, on s'en sert *pour détruire les verrues et certaines tumeurs*. Dans l'industrie, il sert à *décaper les métaux* et à préparer une foule de produits chimiques, tels que l'*acide sulfurique*, l'*acide oxalique*, le *coton-poudre*, la *nitroglycérine*, la *fuchsine*, etc.

Dans les arts, on l'emploie pour la *gravure sur cuivre et sur acier*.

Pour graver une plaque de cuivre, on commence par la couvrir d'une légère couche de cire, puis, avec un burin, on dessine sur la cire l'objet à représenter, en ayant soin de mettre le métal à nu. On verse ensuite de l'acide azotique sur la plaque de cuivre, et toutes les parties du métal non protégées par la cire sont attaquées par l'acide.

76. Azotates. — Lorsque l'hydrogène de l'acide azotique est remplacé par un métal, on a un *azotate* ou *nitrate*. Les azotates les plus remarquables sont :

L'*azotate de potassium*, NO^3K, employé dans la fabrication de la poudre. On l'appelle aussi *nitre* ou *salpêtre*.

L'*azotate de sodium*, NO^3Na, sel blanc, déliquescent, contenant 16,50 % d'azote assimilable par les plantes ; aussi, en consomme-t-on de grandes quantités comme engrais. On l'applique aussi à la fabrication de l'acide azotique et du salpêtre. Le Chili possède d'immenses gisements de ce sel.

L'*azotate d'argent*, NO^3Ag, que la médecine utilise comme caustique sous le nom de *pierre infernale*.

Tous les azotates sont solubles dans l'eau. Lorsqu'on les chauffe avec l'acide sulfurique ils sont décomposés : leur métal s'unit à l'acide sulfurique pour former un *sulfate*, et l'hydrogène de cet acide s'unit au groupe NO^3 pour former de l'acide azotique (**73**). Lorsqu'on les projette sur des charbons allumés, ils décrépitent, à cause de l'oxygène qu'ils dégagent.

AMMONIAQUE

Formule : NH^3. — Poids moléculaire : $14 + 3 = 17$

L'*ammoniaque* est un gaz composé d'*azote* et d'*hydrogène*. Elle a été découverte en 1612 par *Kunckel*.

77. Etat naturel. — **Préparation.** — L'ammoniaque se

forme dans la décomposition des matières organiques qui contiennent de l'azote : les eaux de vidanges des fosses d'aisances, les urines putréfiées, les fumiers de ferme dégagent beaucoup d'ammoniaque. Ce gaz se répand dans l'atmosphère, où on le retrouve à l'état libre. Les eaux de pluie le dissolvent et le ramènent dans le sol pour le fertiliser. L'ammoniaque se trouve aussi en grande quantité dans les eaux d'épuration du gaz d'éclairage.

Pour préparer l'ammoniaque on décompose le *chlorure d'ammonium* par la *chaux*. La chaux chasse l'ammoniaque et s'empare de son chlore, pour former du *chlorure de calcium* et de l'*eau* :

$$2NH^4Cl \quad + \quad CaO \quad = \quad 2NH^3 \quad + \quad CaCl^2 \quad + \quad H^2O$$

Chlorure d'ammonium.	Chaux	Ammoniaque	Chlorure de calcium	Eau

Lorsqu'on veut obtenir l'ammoniaque à l'état gazeux, on mélange intimement, par exemple **60 gr.** de sel ammoniac avec **40 gr.** de chaux vive ; le tout étant bien pulvérisé, on l'introduit dans un petit ballon que l'on achève de remplir avec des fragments de chaux vive. Le dégagement commence aussitôt que le ballon est légèrement chauffé. Le gaz, à cause de sa grande solubilité, doit être recueilli sur le mercure. On peut encore le recueillir dans des flacons tenus en l'air et renversés, en faisant arriver le tube abducteur jusqu'au fond des récipients. L'air intérieur, déplacé par l'ammoniaque qui est plus léger que lui, descend et s'échappe par l'ouverture. On reconnaît qu'un récipient est plein d'ammoniaque en approchant de son ouverture un papier de tournesol rouge qui devient bleu ; ou encore, au moyen d'une goutte d'acide chlorhydrique tenue à l'extrémité d'une baguette de verre. Cet acide, mis en présence de l'ammoniaque produit, comme nous le savons, d'abondantes fumées blanches.

Pour obtenir l'ammoniaque à l'état de dissolution, on se sert de l'*appareil de Woolf*, qui a pour but de diriger le gaz dans une série de flacons contenant de l'eau. L'ammoniaque obtenue comme précédemment traverse d'abord un petit flacon, où elle se purifie dans une dissolution de potasse, puis elle se rend dans des flacons plus grands et aux trois quarts remplis d'eau. Les tubes qui amènent le gaz doivent plonger presque jusqu'au fond du liquide, car l'eau saturée d'ammoniaque est plus légère que l'eau pure.

78. Propriétés physiques. — L'ammoniaque est un gaz incolore, d'une saveur âcre et brûlante, d'une odeur vive

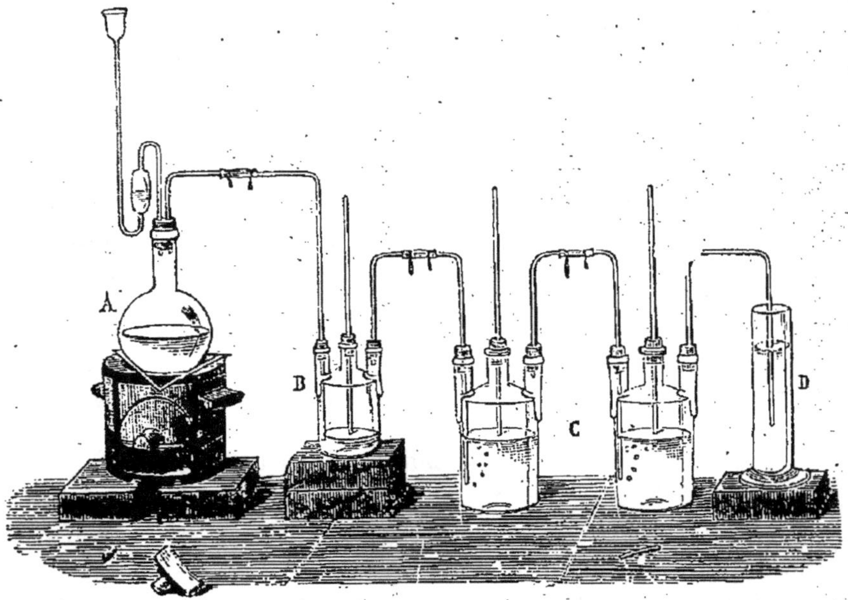

FIG. 30. — *Appareil de Woolf pour la préparation de la dissolution ammoniacale.*

et piquante, qui provoque les larmes. Sa densité est 0,590. Le gaz ammoniac est très soluble dans l'eau, qui en dissout près de 1.000 fois son volume à 0°. Chauffée à 70° ou placée dans le vide, la dissolution ammoniacale perd tout son gaz.

Le gaz ammoniac se liquéfie et se solidifie par le refroidissement. A l'état solide, il est cristallisé et incolore.

Expérience. — On démontre la grande solubilité de l'ammoniaque de la même manière que celle de l'acide chlorhydrique (45).

Un morceau de glace introduit dans une cloche pleine d'ammoniaque absorbe ce gaz et fond très rapidement.

La dissolution du gaz ammoniac, que l'on appelle *alcali volatil*, possède la plupart des propriétés de l'ammoniaque à l'état gazeux. Cette dissolution est très caustique : mise en contact avec la peau, elle produit rapidement la vésication.

PROBLÈME. — *On prépare de l'ammoniaque avec 100 grammes de chlorure d'ammonium et un excès de chaux. On demande : 1° le poids de l'ammoniaque gazeux que l'on pourra obtenir ; 2° son volume à 76 cm. de pression et à la température de 0° ; 3° la quantité d'eau que l'on pourra saturer du gaz à la température de 0° ; 4° le poids du sulfate d'ammonium que l'on pourrait obtenir en neutralisant avec l'acide sulfurique la solution ainsi obtenue.*

$$2NH^4Cl + CaO = 2NH^3 + CaCl^2 + H^2O$$
$$107 \qquad\qquad 34$$

1° 107 gr. de chlorure d'am. donnent 34 gr. d'ammoniaque.
 100 — — donneront x — —

$$x = \frac{34 \times 100}{107} = 29 \text{ gr. } 565.$$

2° 17 gr. d'ammoniaque (NH^3) occupent un volume de 22 lit. 4.
 29 gr. 565 — occuperont — x —

$$x = \frac{22,4 \times 29,565}{17} = 38 \text{ lit. } 956.$$

3° 1000 litres du gaz saturent 1 litre d'eau.
 38 lit. 965 — satureront x litres d'eau.

$$x = \frac{38,965}{1000} = 0 \text{ litre } 039.$$

4° La réaction entre l'ammoniaque et l'acide sulfurique est :
$$2NH^3 + SO^4H^2 = SO^4(NH^4)^2$$
$$34 \qquad\qquad 132$$

34 gr. d'ammoniaque donnent 132 gr. de sulfate d'ammonium.
 29 gr. 565 — donneront x — —

$$x = \frac{132 \times 29,565}{34} = 114 \text{ gr. } 78.$$

79. Propriétés chimiques. — L'ammoniaque est une base très énergique. Elle ramène au bleu la teinture de tournesol rougie par les acides. Un bouquet de violettes exposé à l'action de ce gaz acquiert bientôt une belle couleur verte.

   CHIMIE

L'ammoniaque se décompose par l'action de la chaleur et de l'électricité en ses deux éléments, azote et hydrogène. Un jet de gaz ammoniac peut être enflammé dans l'oxygène et y brûler avec une flamme jaunâtre. 4 volumes d'ammoniaque et 3 volumes d'oxygène forment un mélange qui détone avec violence quand on l'approche d'une flamme ou quand on y fait passer une étincelle électrique. Il se produit de l'azote et de l'eau, comme l'indique l'équation :

$$4NH^3 \quad + \quad 3O^2 \quad = \quad 2N^2 \quad + \quad 6H^2O$$
Ammoniaque　　　　Oxygène　　　　Azote　　　　Eau

Le chlore agit sur le gaz ammoniac avec plus d'énergie que l'oxygène. La réaction peut se représenter par :

$$3Cl^2 \quad + \quad 8NH^3 \quad = \quad N^2 \quad + \quad 6NH^4Cl$$
Chlore　　　　Ammoniaque　　　　Azote　　　　Chlorure d'ammonium

Si le chlore est en excès, il peut y avoir production de *chlorure d'azote*, explosif dangereux :

$$3Cl^2 \quad + \quad NH^3 \quad = \quad NCl^3 \quad + \quad 3HCl$$
Chlore　　　　Ammoniaque　　　　Chlorure d'azote　　　　Acide chlorhydrique

REMARQUE. — L'ammoniaque, comme base, peut se combiner avec les acides pour donner des sels, qui diffèrent des sels de potassium et de sodium en ce que ces métaux y sont remplacés par le radical monovalent NH^4, comme le montrent les exemples suivants :

KCl, chlorure de potassium.	SO^4K^2, sulfate de potassium.
$NaCl$, chlorure de sodium.	SO^4Na^2, sulfate de sodium.
NH^4Cl, chlorure d'ammonium.	$SO^4(NH^4)^2$, sulfate d'ammonium.

On donne à ce radical le nom d'*ammonium*. Il est à remarquer que, tandis que l'azote est *trivalent* dans l'ammoniaque NH^3, il est *pentavalent* dans l'ammonium NH^4, car, outre qu'il est uni à 4 atomes d'hydrogène, il peut encore se combiner avec un atome monovalent, le chlore par exemple.

EXPÉRIENCES. — 1. On met un peu de solution d'ammoniaque dans un tube d'essai, on y ajoute une ou deux gouttes de tournesol, puis on verse très lentement de l'acide chlorhydrique jusqu'à ce que le tournesol vire au rouge.

L'acide et l'alcali se combinent pour former du *chlorure d'ammonium*, que l'on peut obtenir solide en éliminant l'eau par évaporation. On l'obtient également solide en faisant combiner directement les deux gaz (45).

2. On répète l'expérience en remplaçant l'acide chlorhydrique par l'acide sulfurique. La réaction est violente ; il convient de détourner l'ouverture du tube de la direction du corps de l'opérateur. On obtient du *sulfate d'ammonium.*

Les équations suivantes nous montrent les réactions qui ont lieu dans ces deux expériences :

$$NH^3 \quad + \quad HCl \quad = \quad NH^3Cl$$

Ammoniaque — Acide chlorhydrique — Chlorure d'ammonium

$$2NH^3 \quad + \quad SO^4H^2 \quad = \quad SO^4(NH^4)^2$$

Ammoniaque — Acide sulfurique — Sulfate d'ammonium

80. Usages de l'ammoniaque. — Respirée en petite quantité, l'ammoniaque *fait revenir à elles les personnes évanouies.* La médecine utilise les propriétés caustiques de l'alcali volatil *pour combattre les effets funestes de piqûres et de morsures des animaux venimeux.* Quelques gouttes d'ammoniaque dans un verre d'eau sucrée *dissipent rapidement l'ivresse.* Les vétérinaires emploient l'ammoniaque avec succès *contre le gonflement des bestiaux.* Ce gonflement, connu sous le nom de *météorisation,* se manifeste lorsque les bestiaux mangent trop de fourrages frais ; leur appareil digestif se remplit alors de gaz carbonique et d'acide sulfhydrique. Pour faire disparaître ce gonflement, une trentaine de grammes d'alcali volatil, mélangé avec quelques litres d'eau suffisent pour un bœuf. L'ammoniaque est encore employée pour dégraisser les étoffes de soie ou de laine, pour préparer certaines matières colorantes et pour fabriquer de la glace artificielle.

RÉSUMÉ

L'*azote* est un gaz incolore inodore et sans saveur, ayant pour densité **0,971**. Il est peu soluble dans l'eau, et ne se liquéfie que difficilement.

Les propriétés chimiques de ce gaz sont à peu près nulles. Il n'est pas combustible et n'entretient ni la combustion ni la respiration. Sous l'influence des étincelles électriques, il se combine avec l'*oxygène* pour former l'*acide azotique*, et avec l'*hydrogène* pour produire l'*ammoniaque*.

L'azote est très répandu dans la nature. On le prépare ordinairement en absorbant l'oxygène de l'air par le *phosphore*, ou en décomposant la dissolution d'*azotite d'ammonium* par la chaleur.

L'azote joue un très grand rôle dans la nutrition des animaux et des végétaux. Un régime alimentaire non azoté amènerait rapidement la mort.

L'*air* est un gaz incolore sous une petite épaisseur, inodore et sans saveur. Il pèse **770** fois moins que l'eau ; un litre d'air pur et sec sous la pression de **0** m. **760**, pèse **1** gr. **293**. L'air ne se liquéfie que très difficilement.

Les propriétés chimiques de l'air sont celles de l'oxygène dont l'activité est tempérée par l'inertie de l'azote.

En volume, l'air se compose d'environ **21** parties d'oxygène et de **79** d'azote ; en poids, de **23** parties d'oxygène et de **77** d'azote. L'air renferme en outre : environ **1** pour **100** d'argon, de **2** à **4** dix-millièmes d'anhydride carbonique et de **10** à **15** millièmes de vapeur d'eau. L'analyse de l'air en volume se fait par le *phosphore*.

L'air renferme toujours la même quantité d'oxygène et de gaz carbonique. La respiration des animaux, la décomposition des matières organiques, la combustion du bois et du charbon tendent constamment à diminuer la proportion de l'oxygène de l'atmosphère et à augmenter celle du gaz carbonique. La fonction chlorophyllienne des végétaux a pour but de ramener sans cesse l'air à sa composition primitive.

L'air est l'agent de la respiration, de la combustion et de la végétation. Il est aussi utilisé comme force motrice.

L'*acide azotique* est un liquide incolore, d'une odeur forte et pénétrante, bouillant à **86°** et se congelant à — **47°** ; sa densité est de **1,42**.

Il est peu stable : la chaleur le décompose en *peroxyde d'azote* et en *oxygène*. *C'est un oxydant très énergique.* Presque tous les métaux sont oxydés par l'acide azotique ; il en est de même de la plupart des matières organiques.

On prépare l'acide azotique en décomposant l'*azotate de potassium* ou l'*azotate de sodium* par l'*acide sulfurique*.

L'acide azotique a quelques usages en médecine ; dans l'industrie, il sert à préparer un grand nombre de produits chimiques ; dans les arts, on l'emploie pour la gravure sur cuivre et sur acier.

Lorsque l'hydrogène de l'acide azotique est remplacé par un métal, on a un *azotate* ou *nitrate*.

L'*ammoniaque* est un gaz incolore, d'une saveur âcre et brûlante, et d'une odeur vive et piquante qui provoque les larmes, Sa densité est de 0,590 ; l'eau en dissout environ 1.000 fois son volume à 0°. Ce gaz se liquéfie facilement ; sa dissolution est connue sous le nom d'*alcali volatil*.

L'ammoniaque est une base énergique ; elle est décomposée par la chaleur et l'électricité ; elle brûle dans l'oxygène et forme avec lui un mélange détonant.

L'ammoniaque se dégage de toutes les matières organiques en décomposition. On la prépare en décomposant le *chlorure d'ammonium* par la *chaux*.

L'alcali volatil sert principalement à rappeler à elles les personnes évanouies, à cautériser les piqûres et les morsures des animaux venimeux, à dissiper l'ivresse, à combattre la météorisation des bestiaux, à dégraisser les étoffes et à fabriquer la glace artificielle.

CHAPITRE V

PHOSPHORE

ARSENIC — ANTIMOINE — BORE

PHOSPHORE

Symbole : P   Poids atomique : 31.

Le phosphore a été découvert en 1669, par Brandt.

81. Etat naturel. — Préparation. — Le phosphore n'existe dans la nature qu'à l'état de *phosphate*. On le trouve à l'état de phosphate de calcium dans les os et dans certains terrains. L'urine, la substance nerveuse des mammifères, la laitance de beaucoup de poissons, les grains de quelques céréales contiennent aussi des phosphates.

Les os sont un mélange de matières organiques, graisse et osséine, et de matières minérales, parmi lesquelles domine le *phosphate tribasique de calcium*, $(PO^4)^2Ca^3$, qui forme à peu près la moitié de leur poids. Pour extraire le phosphore de ce phosphate tricalcique, on soumet d'abord les os à l'action prolongée de l'acide chlorhydrique ; cet acide transforme le phosphate tricalcique insoluble en *phosphate monocalcique* qu'il dissout, et en *chlorure de calcium* également soluble, tandis qu'il n'attaque pas l'osséine.

$$(PO^4)^2Ca^3 \quad + \quad 4HCl \quad = \quad (PO^4)^2H^4Ca \quad + \quad 2CaCl^2$$
Phosphate tricalcique — Acide chlorhydrique — Phosphate monocalcique — Chlorure de calcium.

EXPÉRIENCE. — On maintient pendant un jour ou deux des os dans de l'acide chlorhydrique étendu d'eau ; on les en retire presque aussi flexibles que de la gomme élastique ; ce n'est plus alors que de l'*osséine*. En faisant bouillir l'osséine dans l'eau, elle s'y défait complètement.

L'osséine est mise à part pour la fabrication de la colle forte, et un lait de *chaux* est ajouté à la dissolution précédemment obtenue. La chaux transforme le phosphate monocalcique soluble en *phosphate bicalcique* insoluble, qui se précipite et se sépare ainsi du chlorure de calcium.

$$(PO^4)^2H^4Ca \quad + \quad Ca(OH)^2 \quad = \quad (PO^4)^2H^2Ca^2 \quad + \quad 2H^2O$$
Phosphate monocalcique — Chaux — Phosphate bicalcique — Eau

Le précipité de phosphate bicalcique étant recueilli par décantation, on le traite par l'*acide sulfurique*, qui se combine avec son calcium pour former du sulfate de calcium insoluble, et laisse l'*acide phosphorique* en liberté.

$$(PO^4)^2H^2Ca^2 \quad + \quad 2SO^4H^2 \quad = \quad 2SO^4Ca \quad + \quad 2PO^4H^3$$
Phosphate bicalcique — Acide sulfurique — Sulfate de calcium — Acide phosphorique

La dissolution d'acide phosphorique est ensuite séparée du sulfate de calcium précipité, puis concentré par l'éváporation et mélangée avec du *charbon* de bois réduit en poudre, de manière à former une pâte consistante. Après avoir desséché cette pâte, on la porte au rouge blanc durant près de trois jours, dans des cornues en grès, et, sous l'influence de cette chaleur et du charbon, l'acide phosphorique se décompose en *hydrogène*, en *oxyde de carbone* et en vapeur de *phosphore* ; ces dernières viennent se condenser dans des récipients remplis d'eau froide.

$$PO^4H^3 \quad + \quad 4C \quad = \quad 3H \quad + \quad 4CO \quad + \quad P$$

Acide phosphorique   Carbone   Hydrogène   Oxyde de carbone   Phosphore

On prépare aussi le phosphore en chauffant dans la cuve d'un four électrique, un mélange intime de phosphate de calcium naturel, de sable et de charbon. Sous la température élevée du four électrique, plus de 3.000 degrés, le phosphate de calcium se décompose, et le phosphore se dégage à l'état de vapeur.

On prépare actuellement en France plus de **60.000** kilog. de phosphore.

82. Propriétés physiques. — Le phosphore est un corps solide à la température ordinaire, incolore, translucide, lumineux dans l'obscurité, assez mou pour être rayé avec l'ongle et d'une odeur qui rappelle celle de l'ail. Sa densité est **1,83**. Il fond à **44°** et bout à **290°**.

Complètement insoluble dans l'eau, le phosphore se dissout dans la benzine et surtout dans le sulfure de carbone. Cette dissolution, lorsqu'elle est versée sur des corps facilement combustibles, a la propriété de les enflammer.

EXPÉRIENCE. — On fait dissoudre dans une capsule un peu de phosphore dans du sulfure de carbone. On trempe dans cette dissolution des morceaux de papier buvard, de linge, etc., que l'on laisse ensuite sécher ; le sulfure de carbone s'évapore, et il reste à la surface de ces corps du phosphore extrêmement divisé, qui prend feu au contact de l'air.

Soumis à l'action directe des rayons solaires ou porté à une température de **240°**, en vase clos, il subit une modification moléculaire et prend une teinte rouge, qui lui a valu le nom de *phosphore rouge*. Le phosphore rouge n'a pas les mêmes propriétés physiques que le phosphore ordinaire : il est plus dense que celui-ci, n'est pas phosphorescent dans l'obscurité, ne fond qu'à **260°**, et n'est pas soluble dans le sulfure de carbone. Le phosphore rouge n'est pas vénéneux tandis que le phosphore ordinaire est un poison très violent.

83. Propriétés chimiques. — Le phosphore a une très grande affinité pour l'oxygène. Il l'absorbe à la température ordinaire pour se combiner avec lui et former de *l'anhydride phosphoreux*, P^2O^3.

Dans l'oxygène pur, il s'enflamme à la température de **30°** ; dans l'air, il prend feu à **60°** et répand, en brûlant,

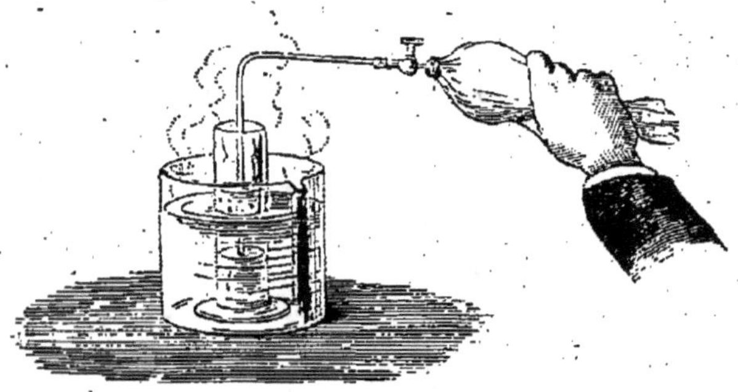

FIG. 31. — *Combustion du phosphore au sein de l'eau.*

d'abondantes fumées blanches qui sont de *l'anhydride phosphorique*, P^2O^5. La combustion du phosphore par l'oxygène peut s'obtenir même au sein de l'eau. Pour cela, on fait arriver ce gaz sur du phosphore placé dans de l'eau ayant une température de **50°**, et on voit de vives lueurs se produire dans le liquide.

L'affinité du phosphore pour l'oxygène est telle que l'on ne peut conserver ce corps que dans de l'eau privée d'air. Le choc, le frottement, la chaleur des mains suffisent quelquefois pour l'enflammer quand il est sec. Aussi, doit-on toujours le manier avec précaution. Il produit des brûlures très graves par suite de l'anhydride phosphorique qui se forme, corps très avide d'eau et qui désorganise les tissus pour s'emparer de celle qu'ils renferment. On traite ces brûlures en les lavant immédiatement avec une eau légèrement ammoniacale, et en y appliquant un mélange d'huile et de chaux pulvérisée.

Le phosphore prend feu spontanément dans le chlore et au contact de l'iode. Nous avons vu qu'il s'enflamme avec explosion dans l'acide azotique ; dans le brome l'action est bien plus énergique encore.

84. Usage du phosphore. — Le principal usage du phosphore est dans la *fabrication des allumettes*. Pour préparer les allumettes, on les soufre d'abord à une de leurs extrémités, puis on trempe la partie soufrée dans une pâte formée par un mélange de phosphore, de colle forte, d'eau, de sable fin et d'une matière colorante. On remplace quelquefois par de la stéarine le soufre qui, en brûlant, répand une odeur désagréable ; on ajoute alors un peu de chlorate de potassium à la pâte phosphorée afin d'en faciliter la combustion.

Les allumettes ainsi préparées s'enflamment facilement ; à cause de cette propriété, elles donnent très souvent lieu à des incendies ; de plus, elles peuvent être une cause d'empoisonnement. On peut remédier à ces inconvénients par les allumettes à *phosphore rouge*.

Les allumettes à *phosphore rouge* ont le double avantage d'être enduites d'une pâte non vénéneuse, et de ne s'enflammer que sur un frottoir spécial. Voici la composition de la pâte de l'allumette et celle du frottoir :

Pâte de l'allumette :		*Pâte du frottoir :*	
Chlorate de potassium .	100	Phosphore rouge.......	100
Sulfure d'antimoine ...	40	Sulfure d'antimoine.....	80
Colle forte	20	Colle forte............	50

85. Anhydride phosphorique, P^2O^5. — Le phosphore, en brûlant à l'air ou dans l'oxygène, forme un corps qui se présente sous l'aspect d'une poudre brillante, neigeuse et qui a reçu le nom d'*anhydride phosphorique*. La propriété la plus

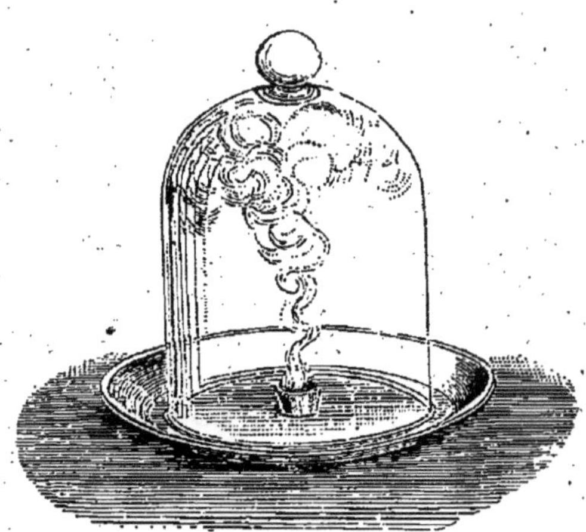

FIG. 32. — *Préparation de l'anhydride phosphorique.*

intéressante de cet anhydride est son extrême avidité pour l'eau : lorsqu'on le jette dans ce liquide, il fait entendre un sifflement comme le ferait un fer rouge et se transforme immédiatement en *acide métaphosphorique*. On le prépare en faisant brûler du phosphore dans de l'air très sec ; les fumées produites par la combustion se déposent peu à peu au fond de l'appareil, sous la forme d'une poudre blanche qui est de l'anhydride phosphorique. Son principal emploi est dans les laboratoires, où il sert à dessécher les gaz ; c'est le plus énergique de tous les déshydratants connus.

86. Acides phosphoriques. — Phosphates. — Suivant qu'il se combine à une, deux ou trois molécules d'eau, l'anhydride phosphorique donne lieu à trois acides différents, qui sont :

L'acide métaphosphorique... $P^2O^5 + H^2O = 2PO^3H$
L'acide pyrophosphorique.... $P^2O^5 + 2H^2O = P^2O^7H^4$
L'acide orthophosphorique .. $P^2O^5 + 3H^2O = 2PO^4H^3$

Les deux premiers de ces acides sont des poudres blanches d'apparence vitreuse, difficilement cristallisables et très solubles dans l'eau ; ils sont sans importance. L'*acide orthophosphorique* est l'*acide phosphorique ordinaire* ; il se présente sous la forme de prismes rhomboïdaux transparents, très solubles dans l'eau, qui peut en dissoudre cinq fois son volume. On prépare l'acide orthophosphorique, en chauffant dans une cornue du phosphore rouge et de l'acide azotique légèrement étendu d'eau ; le phosphore s'oxyde en prenant une partie de l'oxygène de l'acide azotique et il en résulte de l'acide phosphorique, de l'oxyde d'azote et de l'eau.

$$P \;+\; 5NO^3H \;=\; PO^4H^3 \;+\; 5NO^2 \;+\; H^2O$$

Phosphore   Acide azotique   Acide orthophosphorique   Oxyde d'azote   Eau

L'*acide orthophosphorique* est un acide tribasique, car, ayant trois atomes d'hydrogène, il peut former avec un même métal trois sels différents, suivant qu'un, deux ou trois atomes d'hydrogène sont remplacés par un, deux ou trois atomes du métal. Ainsi, on a :

$$PO^4H^2K \,, \qquad PO^4HK^2 \qquad PO^4K^3$$

Phosphate monopotassique   Phosphate bipotassique   Phosphate tripotassique

Les phosphates les plus remarquables sont ceux de calcium. Le phosphate *monocalcique*, $(PO^4)^2H^4Ca$, est soluble dans l'eau et constitue un excellent aliment pour les plantes. Le phosphate *bicalcique*, $(PO^4)^2H^2Ca^2$, est insoluble dans l'eau, mais il s'y dissout en présence de certains sels à base d'ammonium, que l'on trouve toujours dans le sol ; il est donc applicable comme engrais. Le phosphate *tricalcique*. $(PO^4)^2Ca^3$, n'est pas soluble dans l'eau, mais il l'est dans les acides qui le transforment en phosphate monocalcique. Ce phosphate est le plus important de tous. On le trouve dans les os et aussi dans la *phosphorite* et l'*apathite*, minerais très abondants en Espagne. On l'applique en agriculture et dans l'extraction du phosphore.

87. Phosphures d'hydrogène, PH^3 et PH^2. — Le phosphore en se combinant avec l'hydrogène, donne naissance à divers composés. Le plus remarquable est l'*hydrogène phosphoré gazeux*, dont la formule PH^3 est semblable à celle de l'ammoniaque NH³. Ce gaz a la propriété de s'enflammer spontanément au contact de l'air lorsqu'il est mélangé aux vapeurs d'un autre phosphure liquide PH². Le mélange produit, en brûlant, une fumée blanche d'acide phosphorique disposée en couronnes qui vont en s'élargissant à mesure qu'elles montent dans l'air. On peut représenter cette réaction par :

$$PH^3 \quad + \quad 2O^2 \quad = \quad PO^4H^3$$
Phosphure d'hydrogène .   Oxygène   Acide phosphorique

EXPÉRIENCE. — On fait bouillir dans un petit ballon une solution concentrée de potasse contenant quelques fragments de

FIG. 33. — *Préparation du phosphure d'hydrogène.*

phosphore. On peut remplacer la dissolution de potasse par une dissolution de soude ou par de la chaux éteinte. Le tube abducteur ne doit être mis en place que lorsque le liquide est en ébullition et que le goulot du ballon se couvre de flammes phosphorescentes ; cette précaution est indispensable pour éviter toute explosion. Lorsque la réaction a lieu, il se dégage du liquide des bulles gazeuses qui viennent s'enflammer à la surface en faisant entendre une légère détonation, et en produisant les couronnes d'acide phosphorique.

Cette expérience peut encore se réaliser simplement en projetant dans l'eau un morceau de phosphure de calcium.

Ces gaz se forment aussi dans les lieux où sont enfouies des matières organiques contenant du phosphore. Ces matières, en se décomposant, produisent des phosphures d'hydrogène, qui s'échappent à travers les fissures du sol et donnent lieu aux flammes que l'on désigne sous le nom de *feux follets*. Ces feux se voient particulièrement dans les marais et dans les cimetières humides.

ARSENIC. — ANTIMOINE. — BORE
As—75   Sb—120   B—11

88. L'*arsenic* est un solide à gris d'acier d'un brillant métallique ; il est très fragile. On le trouve dans la nature soit à l'état natif, soit combiné, surtout au soufre, avec lequel il forme les minerais appelés *orpiment* et *réalgar*. L'arsenic peut former avec l'oxygène deux composés : 1° l'*anhydride arsénieux* ou *arsenic blanc*, As^2O^3, poison violent, employé en médecine à petite dose pour combattre l'asthme ; 2° l'*anhydride arsénique*, As^2O^5, auquel correspondent trois acides arséniques, analogues aux trois acides phosphoriques ; le plus remarquable est l'*acide orthoarsénique*, AsO^4H^3, qui joue un rôle important dans la fabrication des couleurs d'aniline ; on l'obtient en traitant l'anhydride arsénieux par l'acide azotique et l'eau :

$$As^2O^3 \ + \ 2NO^3H \ + \ 2H^2O \ = \ N^2O^3 \ + \ 2AsO^4H^3$$

Anhydride arsénieux   Acide azotique   Eau   Anhydride azoteux   Acide arsénique

Avec l'hydrogène il forme l'*hydrogène arsénié*, AsH^3, gaz d'une odeur répugnante, qui se produit lorsqu'on projette de l'anhydride arsénieux dans un flacon où l'on prépare de l'hydrogène par l'action de l'acide sulfurique sur le zinc. Il se produit la réaction :

$$As^2O^3 \ + \ 6H^2 \ = \ 3H^2O \ + \ 2AsH^3$$

Anhydride arsénieux   Hydrogène   Eau   Hydrogène arsénié

C'est cette réaction que l'on utilise pour découvrir les empoisonnements causés par l'anhydride arsénieux.

L'*antimoine* est, comme l'arsenic, un solide à éclat métallique. Il est très cassant. On l'extrait de son minerai la *stibine* ou *sulfure d'antimoine*. Avec l'oxygène, il forme l'*anhydride antimonieux*, Sb^2O^3, et l'*anhydride antimonique*, Sb^2O^5 ; avec l'hydrogène il donne l'*hydrogène antimonié* SbH^3, gaz à odeur nauséabonde. Ses composés sont vénéneux. On utilise l'antimoine surtout pour obtenir des alliages auxquels il communique une grande dureté ; tel est, par exemple, l'alliage des caractères d'imprimerie, formé de plomb et d'antimoine.

Le *bore* se présente sous deux états : *amorphe* et *cristallisé*. Dans le premier cas, il est vert foncé, onctueux au toucher et il souille les doigts ; dans le second cas, il est incolore, transparent et dur Le bore amorphe brûle à l'air lorsqu'il est chauffé, et forme l'anhydride borique, B^2O^3. Le principal composé du bore est l'*acide borique* BO^3H^3, que l'on obtient en évaporant l'eau de certains lacs (*lagoni*) qui existent en Toscane ; il se présente en lamelles blanches, peu solubles dans l'eau froide et passablement solubles dans l'eau chaude. On emploie cet acide comme antiseptique dans le pansement des plaies et dans l'industrie pour fabriquer le *borax* (borate de sodium) que l'on utilise comme fondant des métaux. On imprègne d'acide borique les mèches des bougies pour en faciliter la complète combustion, car cet acide forme avec les cendres du coton un verre fusible qui tombe en gouttes.

RÉSUMÉ

Le *phosphore* est un corps de la consistance de la cire ; il est incolore, translucide, lumineux dans l'obscurité et possède une odeur alliacée. Sa densité est **1,83**. Il fond à **44°** et bout à **290°**. Complètement insoluble dans l'eau, il se dissout très bien dans le sulfure de carbone. Exposé aux rayons directs du soleil ou à une température de **240°**, en vase clos, il se transforme en *phosphore rouge*, dont la plupart des propriétés sont différentes de celles du phosphore ordinaire.

Le phosphore est très avide d'oxygène. Il absorbe ce gaz à la température ordinaire. Dans l'oxygène pur, le phosphore s'enflamme à la température de **30°**, et dans l'air, à celle de **60°**. La combustion du phosphore par l'oxygène peut avoir lieu même au sein de l'eau.

On ne trouve le phosphore dans la nature qu'à l'état de *phosphate*. On l'extrait des os, qui le renferment à l'état de phosphate de calcium. Il sert principalement à la fabrication des allumettes chimiques.

En se combinant avec l'oxygène, le phosphore forme de l'*anhydride phosphorique* qui peut produire trois acides phosphoriques différents, suivant la quantité d'eau à laquelle il se combine : l'acide *métaphosphorique*, l'acide *pyrophosphorique* et l'acide *orthophosphorique*. Ces acides, en se combinant avec les métaux forment les *phosphates*.

Le phosphore, en se combinant avec l'hydrogène forme un composé gazeux, PH^3, qui a la propriété de s'enflammer spontanément au contact de l'air, lorsqu'il est uni aux vapeurs d'un autre composé liquide dont la formule est PH^2 ; ces corps sont des *phosphures d'hydrogène*.

L'*arsenic* est un solide d'un aspect métallique. On l'obtient à
l'état natif ou de ses sulfures, l'*orpiment* et le *réalgar*. Il forme,
avec l'oxygène deux composés : l'*anhydride arsénieux* et l'*anhydride arsénique*. A l'anhydride arsénique correspond l'*acide orthoar
sénique*, que l'on prépare en traitant l'anhydride arsénieux par
l'acide azotique. L'arsenic forme avec l'hydrogène le composé
gazeux nommé l'*hydrogène arsénié*. Les composés d'arsenic sont
de violents poisons.

L'*antimoine* a des propriétés semblables à celles de l'arsenic et
forme des composés binaires tout à fait analogues à ceux de ce
corps. On l'extrait de son sulfure, la *stibine*. L'antimoine sert à
faire des alliages.

Le *bore* peut être amorphe ou cristallisé. Son principal composé
est l'*acide borique*, employé en médecine comme antiseptique, et
dans l'industrie pour préparer le *borax* et pour imprégner la
mèche des bougies afin d'en faciliter la combustion.

CHAPITRE VI

CARBONE. — OXYDE DE CARBONE. — ANHYDRIDE CARBONIQUE

CARBONE

Symbole : C. — Poids atomique : 12.

89. Propriétés du carbone. — Le *carbone* est un corps
solide, incolore et sans saveur. On n'a pu, jusqu'à présent,
en fondre que de très petites quantités, même en se servant
de la plus haute température que l'on puisse produire,
celle de l'arc voltaïque. Le carbone est insoluble dans
tous les liquides, excepté dans le platine, l'argent et le
fer en fusion. Ses autres propriétés physiques diffèrent
selon les diverses variétés de carbone.

Le carbone brûle à une température élevée et produit de l'*anhydride carbonique*, CO^2, ou de l'*oxyde de carbone*, CO. Ce second composé se forme quand l'oxygène n'est pas en quantité suffisante pour le brûler entièrement. Lorsqu'il est porté au rouge vif, le carbone décompose l'eau, et il se produit de l'oxyde de carbone et de l'hydrogène, deux gaz très combustibles. Voici l'équation qui représente la réaction :

$$H^2O \quad + \quad C \quad = \quad CO \quad + \quad H^2$$
$$\text{Eau} \qquad \text{Carbone} \qquad \text{Oxyde de Carbone} \qquad \text{Hydrogène}$$

Au rouge sombre, il se produit de l'anhydride carbonique CO^2, et de l'hydrogène, ainsi que l'indique la réaction suivante :

$$2H^2O + C = CO^2 + 2H^2.$$

Ce double fait explique pourquoi les forgerons aspergent leur foyer avec un peu d'eau afin d'en activer la combustion. Il fait aussi comprendre le danger qu'il y a d'éteindre un feu avec de l'eau dans un appartement où l'air ne se renouvelle pas facilement, car il se forme de l'oxyde de carbone qui est un gaz très délétère.

Le mélange de l'anhydride carbonique et de l'oxyde de carbone est employé pour le chauffage et les moteurs.

90. Variétés de carbone. — Le carbone se présente à nous sous les aspects les plus divers. Ses nombreuses variétés peuvent se diviser en deux groupes : les *charbons naturels* et les *charbons artificiels*.

CHARBONS NATURELS

Les *charbons naturels* sont le *diamant*, le *graphite*, la *houille*, l'*anthracite*, le *lignite* et la *tourbe*.

91. Diamant. — Le *diamant* est du carbone pur et cristallisé. Sa densité est **3,5**. C'est le plus dur de tous les corps : il les raye tous et ne peut être rayé par aucun. Il est généralement limpide et incolore ; quelquefois, cependant, on en trouve de jaunes, de roses, de bleus, de verts et même de noirs. Il est cristallisé le plus souvent en cubes, en octaèdres ou en dodécaèdres.

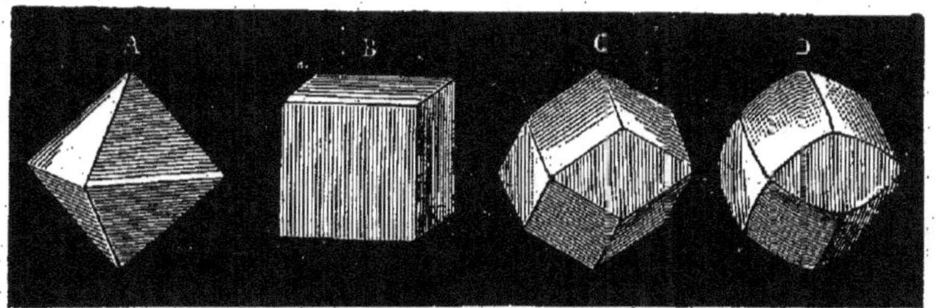

Fig. 34. — *Cristaux de diamant.*

Le diamant est le plus précieux de tous les corps. Sa valeur dépend de son poids et de sa transparence. L'unité de poids dont on se sert dans la vente des diamants est le *carat*, qui vaut **205** milligrammes.

Un des plus gros diamants connus est celui du rajah de Bornéo ; il pèse **300** carats. Le *Régent* de France pèse **137** carats ; il en pesait **410** avant d'être taillé ; cette opération a demandé deux années de travail. La valeur de ce dernier diamant est actuellement estimée de **10** à **12** millions de francs.

La taille du diamant se fait en usant ce corps avec sa propre poussière, connue sous le nom d'*égrisée*. Le diamant se taille en *rose* et en *brillant*. Dans la taille en rose, le dessus du diamant porte **24** facettes et le dessous est plat ; dans la taille en brillants,

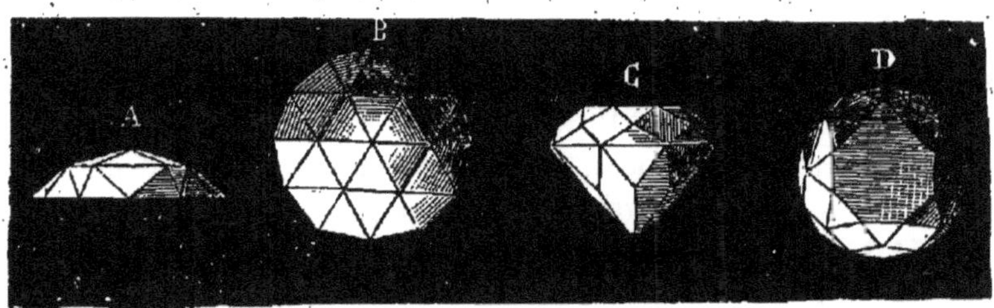

Fig. 35. — *Diamants taillés.*
A et B, Diamants taillés en rose. — C et D, Diamants taillés en brillant.

les deux côtés sont taillés et le dessous que l'on nomme culasse, est terminé en pointe.

Les diamants se trouvent dans les sables d'alluvion, principalement aux Indes, au Brésil et au Transvaal. Il ne s'en extrait que quelques kilogrammes chaque année. Très peu d'entre eux sont assez gros pour être taillés. Ceux qui sont trop petits pour subir cette opération, servent à faire de l'égrisée ou des pivots pour l'horlogerie. On les emploie aussi pour faire des pointes d'outils propres à graver les pierres très dures et à couper le verre.

92. Graphite. — Le *graphite*, nommé encore *mine de plomb* ou *plombagine* est du carbone presque pur. C'est le moins combustible de tous les carbones. Il se présente sous la forme de paillettes brillantes, onctueuses, douces au toucher, s'attachant facilement aux doigts et laissant sur le papier une trace d'un gris de plomb ; on le trouve dans le terrain primitif.

On se sert du graphite pour confectionner les crayons, pour préserver la fonte et la tôle de la rouille, pour faire des creusets infusibles, pour adoucir le frottement des engrenages, et pour rendre conductrice de l'électricité la surface de certains corps que l'on veut soumettre à la galvanoplastie.

93. Houille. — La *houille* ou *charbon de terre* ne contient que **80** pour cent de carbone. Elle est d'un noir brillant, à surface quelquefois irisée. Elle s'allume facilement et brûle avec une flamme d'un blanc jaunâtre. Sa fumée est caractérisée par une odeur bitumineuse.

Précieux combustible pour le chauffage de nos habitations, la houille est surtout l'agent indispensable de l'industrie, car elle est la source ordinaire de chaleur. Elle joue un rôle important dans la métallurgie de la fonte et du fer ; elle sert à la production de la vapeur, à la fabrication du coke et à la préparation du gaz d'éclairage. On en retire le *goudron*, le *benzine*, l'*ammoniaque*, et, moyennant une série de réactions chimiques, un grand nombre de belles couleurs connues sous le nom de *couleurs chimiques*.

Fig. 36. — *Mine de houille en exploitation.*

94. Anthracite. — L'*anthracite* ou *charbon de pierre* renferme **90** pour cent de carbone. Il a assez de ressemblance avec la houille, mais il brûle bien moins facilement. Sa combustion, entretenue par un vif courant d'air, produit beaucoup de chaleur. Cette propriété le fait assez rechercher pour le chauffage.

95. Lignite. — Les *lignites* sont des végétaux carbonisés qui ont conservé leur forme et leur structure intime. Le *jais* ou *jayet*, dont on se sert pour confectionner les ornements de deuil, est un lignite compact, assez dur pour être poli.

96. Tourbe. — La *tourbe* est une matière d'un brun foncé, formée par des plantes marécageuses qui se sont décomposées sous l'eau. Elle sert au chauffage domestique dans les pays où le combustible est peu abondant.

CHARBONS ARTIFICIELS

Les *charbons artificiels* sont le *charbon de bois*, le *noir animal*, le *noir de fumée*, le *coke* et le *charbon des cornues*.

97. Charbon de bois. — Le *charbon de bois* est produit par la combustion incomplète du bois. Il se fabrique par deux procédés différents : celui de la *distillation* et celui des *meules*.

Fig. 37. — *Coupe d'une meule.*

Le procédé de la *distillation* consiste à chauffer fortement du bois dans des cornues métalliques (v. fig. 65). Il se dégage des produits gazeux qu'on laisse perdre et des produits liquides, tels que l'*acide acétique*, de l'*alcool méthylique* et des *goudrons*, qui sont soigneusement recueillis. Le charbon obtenu par ce procédé représente à peu près les **27/100** du bois employé.

Fig. 38. — *Meule en combustion.*

Le procédé des *meules* se pratique au milieu des forêts où le bois a été coupé. Il est plus expéditif que le précédent et le moins coûteux ; aussi, est-il le plus employé, bien que le rendement ne soit que de 18 pour cent. Pour le mettre en application, on construit sur le sol, avec des bûches d'un demi-mètre de longueur, des meules coniques ; à leur centre, on ménage une cheminée communiquant avec des conduits situés à la surface du sol et débouchant à l'extérieur. On recouvre ces meules de mousse, de feuilles, de gazon et d'une forte couche de terre ; puis on jette du bois enflammé dans la cheminée. La combustion se propage de proche en proche et les meules s'affaissent. La carbonisation est suffisante quand il ne se dégage plus que des fumées transparentes d'un bleu clair. On bouche alors toutes les ouvertures des meules et on laisse celles-ci s'éteindre et se refroidir.

Le charbon de bois a la propriété remarquable d'absorber les gaz. Un morceau de ce charbon fraîchement éteint absorbe :

90 fois son volume de gaz ammoniac ;

85 fois son volume d'acide chlorhydrique ;

55 fois son volume d'acide sulfhydrique, etc.

On utilise cette propriété pour purifier les eaux corrompues et pour s'opposer à la putréfaction des matières animales.

FIG. 39. — *Tonneau filtre.*

Dans un tonneau, dont le fond est percé de petites ouvertures, une couche de charbon placée entre deux lits de sable, constitue un excellent filtre, qui permet de se procurer de l'eau pure même au milieu d'une mare bourbeuse.

Lorsque la viande a subi un commencement de putréfaction, elle communique une odeur et un goût désagréables au bouillon dans lequel on la fait cuire. Pour faire disparaître cette odeur et ce goût, il suffit de mettre dans le bouillon quelques morceaux de charbon récemment rougis au feu.

Nettoyées et entretenues avec du charbon de bois, les dents conservent leur blancheur et perdent la fétidité qui s'en exhale par la respiration. Le meilleur charbon pour cet usage est celui qui se forme par la calcination d'un morceau de mie de pain.

98. Noir animal. — Le *noir animal*, appelé aussi *noir d'ivoire*, est un charbon que l'on obtient en calcinant des os à l'abri de l'air. Il est incombustible et ne contient que les **12/100** de son poids de carbone. Il a la propriété d'absorber certaines matières colorantes. Ainsi, la teinture de tournesol, l'encre, le vin rouge, agités avec du noir animal, donnent des liquides incolores quand on les filtre. Cette propriété le fait employer dans les raffineries pour décolorer les jus sucrés. On l'utilise

FIG. 40. — *Préparation du noir de fumée.*

aussi dans l'agriculture comme engrais, à cause du phosphate de chaux qu'il renferme.

99. Noir de fumée. — Le *noir de fumée* est une poussière excessivement fine, formée par du carbone à peu près pur avec une faible quantité de substances résineuses ou huileuses. On l'obtient en brûlant des matières riches en carbone, telles que la résine, les huiles, le goudron, etc,

On dirige la fumée produite par la combustion de ces matières dans de grandes chambres dont les parois sont tapissées de toiles grossières ; le noir de fumée s'y dépose et on le recueille au moyen d'un cône métallique, qui, en descendant, fait fonction de racloir. Le noir de fumée est employé dans la peinture ; il sert aussi à la fabrication du cirage, de l'encre de Chine et de l'encre d'imprimerie.

100. Coke. — Charbon des cornues. — Le *coke* est le résidu de la combustion incomplète de la houille. Il se présente sous la forme d'une masse grise et plus ou moins compacte. Moins combustible que la houille, le coke brûle sans flamme et sans fumée, en dégageant une chaleur intense.

Le *charbon des cornues* est celui qui se dépose sur les parois intérieures des cornues lorsqu'on distille la houille pour la production du gaz d'éclairage. Ce charbon est bon conducteur de l'électricité ; cette propriété le fait employer dans la construction des piles.

Remarque. — Les différentes variétés de carbone peuvent encore se diviser en *carbones purs* et en *carbones impurs*.

Les *carbones purs* sont le *diamant*, le *graphite*, le *coke*, le *charbon des cornues* et le *noir de fumée*.

Les *carbones impurs* sont la *houille*, l'*anthracite*, le *lignite*, la *tourbe*, le *charbon de bois* et le *noir animal*.

OXYDE DE CARBONE
Formule : CO — Poids mol. : $12 + 16 = 28$.

L'*oxyde de carbone* a été découvert par Priestley en chauffant au rouge vif un mélange de charbon et d'oxyde de zinc.

101. Production de l'oxyde de carbone. — Lorsqu'on chauffe au rouge du charbon contenu dans un tube où il circule de l'anhydride carbonique, CO_2, on obtient un gaz inflammable dont la combustion produit une chaleur presque aussi intense que celle de l'hydrogène : c'est de l'*oxyde de carbone* CO. L'anhydride carbonique a donc été *réduit* par le charbon, d'après l'équation :

$$CO_2 \quad + \quad C \quad = \quad 2CO$$

Anh. carbonique $\qquad$ Carbone $\qquad$ Oxyde de carbone

C'est par un procédé analogue que l'on obtient l'oxyde de carbone pour les besoins de l'industrie. On brûle du charbon dans un four : si la couche du charbon est mince, la quantité d'oxygène de l'air qui pénètre par la grille est suffisante pour que le charbon se transforme en anhydride carbonique ; mais si la couche est épaisse, le gaz carbonique formé à la couche inférieure cède la moitié de son oxygène au reste du charbon chaud qu'il doit traverser et se transforme en oxyde de carbone. C'est cet oxyde de carbone qui, en s'emparant d'un atome d'oxygène pour redevenir anhydride carbonique, réduit le minerai de fer dans les hauts fourneaux, où les couches alternées de charbon et de minerai forment une épaisseur de plusieurs mètres. Il joue donc un rôle considérable dans la métallurgie. Dans les fourneaux gazogènes, employés pour la fusion du verre, on brûle un mélange d'air et d'oxyde de carbone ainsi que d'autres gaz combustibles dégagés par le charbon.

102. Propriétés physiques et chimiques. — L'oxyde de carbone est un gaz incolore, inodore et sans saveur, qui brûle à l'air avec une flamme bleue en donnant de l'anhydride carbonique. Sa densité, **0,967**, est égale à celle de l'azote ; il est presque insoluble dans l'eau. Comme l'hydrogène, il est combustible, mais non comburant. Sa combustion produit de l'anhydride carbonique :

$$CO \quad + \quad O \quad = \quad CO_2$$

Oxyde de carbone   Oxygène   Anhydride carbonique

103. Effets vénéneux de l'oxyde de carbone. — L'oxyde de carbone est un véritable poison, d'autant plus à craindre qu'il est inodore et que rien ne vient déceler sa présence dans l'air que l'on respire. Il produit avec l'hémoglobine du sang une combinaison lentement dissociable, sur laquelle l'oxygène de l'air a peu d'action, et qui, en conséquence, lui empêche d'exercer sur le sang ses fonctions vivifiantes.

Il suffit d'une très petite quantité d'oxyde de carbone, quelques millièmes seulement, pour rendre l'atmosphère dangereuse à respirer, occasionner de violents maux de tête et produire même des accidents mortels. C'est à l'oxyde de carbone qu'il faut rapporter les asphyxies que l'on attribue si souvent à tort au gaz carbonique.

104. Usages de l'oxyde de carbone. — L'oxyde de carbone pur n'a pas d'usages ; mélangé avec l'air, il sert d'*agent réducteur* dans les hauts fourneaux et de *combustible* dans les fours Siemens. Il permet ainsi d'obtenir de très hautes températures, qui dépassent facilement celle de la fusion de l'acier.

ANHYDRIDE CARBONIQUE

Formule CO_2. Poids moléculaire : $12+16\times2=44$.

L'*anhydride carbonique*, appelé longtemps *acide carbonique*, a été découvert en **1648**, par *Van Helmont*.

105. Préparation. — L'anhydride carbonique est très répandu dans la nature surtout en combinaison avec la chaux, avec laquelle il forme le *carbonate de calcium*, CO_3Ca. C'est

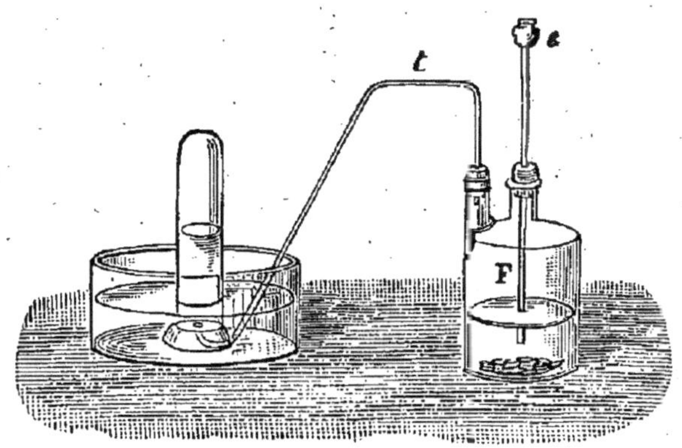

Fig. 41. — *Préparation de l'anhydride carbonique.*

de ce corps qu'on l'extrait habituellement en le décomposant par l'*acide chlorhydrique* ou *sulfurique* qui s'empare de la *chaux* et met l'anhydride carbonique en liberté.

Pour faire cette préparation on introduit quelques morceaux de *craie* ou de *marbre* dans un flacon à deux tubulures, muni d'un tube à dégagement ; on y ajoute de l'eau, puis on verse peu à peu par le tube à entonnoir, de l'*acide chlorhydrique* ou de l'*acide sulfurique*. L'anhydride carbonique se dégage aussitôt et, suivant l'acide employé, il reste dans le flacon une dissolution de *chlorure de calcium* ou de *sulfate de calcium*. Les équations suivantes indiquent les réactions qui ont lieu :

$$CO_3Ca \quad + \quad 2HCl \quad = \quad CO_2 \quad + \quad H_2O \quad + \quad CaCl_2$$

Carbonate de calcium   Acide chlorh.   Anhydride carb.   Eau   Chl. de calc.

$$CO_3Ca \quad + \quad SO_4H_2 \quad = \quad CO_2 \quad + \quad H_2O \quad + \quad SO_4Ca$$

Carbonate de calcium   Acide sulfurique   Anhydride carb.   Eau   Sulfate de calc.

PROBLÈME. — *On traite 1 kg de carbonate de calcium par un excès d'acide chlorhydrique. Calculer combien de litres d'anhydride carbonique comprimé à 8 atmosphères et à la température de 12° on pourrait obtenir.*

$$CO_3Ca \quad + \quad 2HCl \quad = \quad CO_2 \quad + \quad H_2O \quad + \quad CaCl_2$$
$$100 \qquad\qquad\qquad (22 \text{ lit. } 4).$$

100 gr. de CO_3Ca donnent 22 lit. 4 d'anh. carb.

1000 —   —   donneront x —

$$x = \frac{22,4 \times 1000}{100} = 224 \text{ litres.}$$

A 8 atmosphères, ce volume sera 8 fois moindre, ou 28 litres. Un litre de gaz chauffé à 12° devient $1 + 0,00367 \times 12 = 1,04404$. 28 litres deviendront : $1,04404 \times 28 = $ **29 lit. 233**.

106. Propriétés physiques et chimiques. — L'anhydride carbonique, appelé aussi *gaz carbonique*, est un gaz incolore, d'une saveur aigrelette et d'une odeur légèrement piquante. Sa densité est **1,529**. Il pèse **22** fois plus que l'hydrogène. L'eau en dissout son volume à la température et sous la pression ordinaires. Il se liquéfie à **0°** sous la pression de **36** atmosphères et donne un liquide incolore très mobile.

Aujourd'hui la fabrication de l'anhydride carbonique liquéfié, au moyen de pompes de compression, est devenue industrielle et on le trouve dans le commerce enfermé dans des cylindres en fer forgé à parois très résistantes. On le trouve aussi dans de petites ampoules en acier pour la préparation des boissons gazeuses. Lorsqu'on laisse échapper dans l'atmosphère un jet d'anhydride carbonique liquide, une partie de ce liquide s'évapore en prenant de la chaleur à la partie non vaporisée, et celle-ci se solidifie sous forme de neige. Cette neige a la température de — 80° ; pincée entre les doigts elle désorganise la peau comme le ferait un fer rouge.

Expérience. — Pour montrer la grande densité de l'anhydride carbonique, on remplit une cloche de ce gaz, puis, après avoir fermé son ouverture avec une feuille de verre on la retourne. On fait ensuite tomber dans la cloche des bulles de savons gonflées d'air et l'on voit ces bulles rebondir au contact du gaz comme le fait le liège à la surface de l'eau.

L'anhydride carbonique n'entretient pas la combustion ; un corps enflammé plongé dans ce gaz s'y éteint immédiatement.

Expérience. — On place une bougie enflammée au fond d'une éprouvette, et l'on incline au-dessus d'elle une autre éprouvette pleine d'anhydride carbonique ; cet acide, grâce à sa grande densité, tombe au fond de l'éprouvette, comme le ferait un liquide, et éteint la bougie.

Fig. 42. — *Gaz carbonique versé sur une bougie allumée.*

Le gaz carbonique est impropre à la respiration, mais il n'est pas délétère. La plupart des animaux périssent rapidement dans une atmosphère qui renferme la *moitié* de son volume de ce gaz. Il y a asphyxie et non empoisonnement.

L'anhydride carbonique se combine avec la chaux pour produire du carbonate de calcium insoluble.

EXPÉRIENCE. — On remplit un flacon d'anhydride carbonique, on y ajoute un peu d'eau de chaux et l'on agite. Il se forme un précipité blanc de *carbonate de calcium* :

$$CO_2 + Ca(OH)_2 = CO_3Ca + H_2O$$

Anhydride carbonique   Chaux   Carbonate de calcium   Eau

107. Sources de gaz carbonique. — Le phénomène de la respiration chez l'homme et chez les animaux est une source de gaz carbonique.

FIG. 43. — *Expérience servant à reconnaître que la respiration produit du gaz carbonique.*

Pour le montrer, il suffit de faire passer dans une dissolution de chaux une certaine quantité d'air venant des poumons. On voit cette dissolution se troubler à cause du carbonate de calcium qui se forme.

Lorsqu'on cesse d'agiter le liquide, le carbonate se dépose peu à peu.

La production de l'anhydride carbonique dans l'acte de la respiration montre le danger qu'il y a de rester longtemps dans une salle fermée où se trouvent de nombreuses personnes ; l'air finit par se vicier au point de produire des asphyxies partielles qui, souvent répétées, peuvent engendrer de graves maladies.

La combustion du bois et du charbon est aussi une source

très abondante de gaz carbonique. Pour cette raison, on ne saurait trop se mettre en garde contre les chaufferettes et les réchauds au charbon de bois, qui, chaque année, font un certain nombre de victimes par le gaz carbonique et l'oxyde de carbone qui s'en dégagent. Il est aussi très imprudent de fermer complètement la clef d'un poêle pour en conserver la chaleur, car, dans ce cas, le gaz carbonique qui résulte de la combustion se répand dans l'appartement et peut donner lieu à l'asphyxie.

La fermentation produit une quantité considérable d'anhydride carbonique. Ce gaz se dégage en abondance des cuves pleines de vendanges; aussi doit-on éviter de trop s'approcher de ces cuves et encore plus d'y pénétrer.

Ce même gaz se dégage constamment du sol. Certaines grottes mal aérées, certaines carrières abandonnées en sont remplies. Il ne faut donc jamais pénétrer dans une cavité souterraine inconnue sans s'être assuré auparavant de la pureté de son atmosphère. Pour cela, on porte devant soi une bougie allumée attachée à l'extrémité d'un long bâton. Si la bougie brûle comme à l'ordinaire, on peut avancer sans crainte ; mais si elle s'éteint, il faut rétrograder sur-le-champ, car ce serait s'exposer à une mort certaine que d'aller plus en avant.

Remarque. — L'anhydride carbonique et l'azote ont des propriétés qui leur sont communes. Les deux gaz existent dans l'air, quoique en des proportions bien différentes (67 et 70). Les deux sont incolores et inodores ; ils ne sont ni comburants ni combustibles ; ils ne peuvent pas servir à la respiration, mais ni l'un ni l'autre n'est délétère. On les distingue cependant avec facilité au moyen de propriétés que possède le gaz carbonique, mais qui n'existent pas chez l'azote. Voici les principales :

1° *L'anhydride carbonique donne avec l'eau de chaux, un précipité de carbonate de calcium* (page 126, exp.)

2° *L'anhydride carbonique, dissous dans l'eau, rougit la teinture de tournesol.*

108. Usages. — Nous avons dit que l'eau dissout son volume d'anhydride carbonique à la température et sous la pression ordinaire ; mais lorsqu'elle est soumise à une pression supérieure, elle en dissout un volume qui augmente avec la pression qu'elle supporte. Cette propriété est utilisée dans la fabrication de l'*eau de Seltz* artificielle.

Pour fabriquer cette eau, on comprime à l'aide d'une pompe foulante, du gaz carbonique dans de l'eau pure que contiennent des vases à parois très résistantes ; puis on introduit ce liquide dans des appareils spéciaux, connus sous le nom de *siphons*, pour être ensuite livré à la consommation.

La bière, la limonade gazeuse, le champagne, etc., doivent leur propriété de mousser au gaz carbonique que ces liquides tiennent en dissolution. Les eaux minérales gazeuses telles que celles de Saint-Galmier, de Condilhac, de Vals, de Vichy, etc., sont employées pour faciliter la digestion à cause du gaz carbonique et des sels minéraux qu'elles renferment.

109. Acide carbonique et carbonates. — L'acide carbonique, CO_3H_2, est inconnu. On admet toutefois, qu'il s'en forme lorsque l'anhydride carbonique se dissout dans l'eau :

$$CO_2 \quad + \quad H_2O \quad = \quad CO_3H_2$$

Anhydride carbonique · Eau · Acide carbonique

La dissolution, en effet, possède une saveur acide agréable et rougit, quoique faiblement, la teinture de tournesol bleu. Elle peut en outre se combiner à certaines bases, par exemple, la chaux (**106**), pour donner les carbonates correspondants.

Les carbonates sont nombreux ; on trouve dans la nature le *carbonate de zinc* ou *calamine*, le *carbonate de plomb* ou *cérusite*, etc. ; Mais le plus abondant est le *carbonate de calcium* ; ainsi, le marbre, l'albâtre, la pierre calcaire, les stalactites et stalagmites, le spath d'Islande, la pierre lithographique, etc., sont des carbonates de calcium. L'industrie prépare pour nos usages le *carbonate de potassium* et le *carbonate de sodium*.

La plupart des carbonates sont insolubles dans l'eau. Lorsqu'on les traite par un acide, il se produit une vive effervescence causée par un dégagement d'anhydride carbonique (**105**).

SILICIUM

Symbole : Si   Poids atomique : 23.

Le silicium se présente comme le bore, sous deux états : amorphe et cristallisé. Le silicium n'a pas d'importance par lui-même, mais ses composés, l'*anhydride silicique* et les *silicates*, ont de très utiles applications.

110. Anhydride silicique ou silice, SiO^2. — La *silice* abonde dans la nature : ainsi, le *quartz* ou *cristal de roche*, que l'on trouve cristallisé en prismes hexagonaux terminés en pointe, est de la silice pure. On l'utilise, à cause de sa transparence et de sa dureté, dans la fabrication de divers instruments d'optique ; l'*améthyste*, le *faux topaze*, le *rubis de Bohême*, etc., sont des quartz diversement colorés que l'on emploie en bijouterie, ainsi que l'*agate* et la *cornaline*, qui sont de la silice amorphe. Le *sable*, qui sert à la fabrication du cristal, du verre, des poteries et des mortiers, le *grès* dont on pave les rues, la *pierre meulière* dont on fait des meules, le *tripoli*, utilisé pour les nettoyages, le *silex* ou *pierre à feu*, etc., sont de la silice associée à des oxydes, tels que ceux de l'aluminium et du fer.

111. Silicates. — Les silicates sont des composés dérivés de différents acides siliciques, dont le principal est l'*acide silicique ordinaire*, SiO^4H^4, qui correspond à l'anhydride, silicique, combiné à deux molécules d'eau. Ils sont très répandus dans la nature. L'*argile* dont on fait les poteries, et le *kaolin* que l'on utilise dans la fabrication de la porcelaine sont des silicates d'aluminium hydratés. Les *feldspaths*, la *pierre ponce*, l'*amiante*, le *talc*, les *micas*, etc. sont des silicates à différentes bases. Les silicates sont solides, sauf ceux de potassium et de sodium qui sont liquides.

112. Verres. — Les verres sont des matières dures, fragiles et transparentes, formées par des combinaisons de l'acide silicique avec des bases variables, telles que le potassium, le sodium, le calcium et le plomb.

113. Propriétés du verre. — Sous l'influence de la chaleur, le verre se ramollit d'abord puis entre en fusion. Une fois ramolli, il possède une plasticité qui permet de le façonner aisément. Lorsqu'on le refroidit brusquement, le verre subit une espèce de *trempe* qui le rend très cassant; les *larmes bataviques* en sont un exemple.

Les larmes bataviques que l'on obtient en faisant tomber, dans l'eau froide, des gouttes de verre fondu, ont la forme d'un ovoïde terminé par une pointe effilée. Leur fragilité est telle que, lorsqu'on les raye, ou qu'on brise leur pointe, elles se réduisent en poussière, en produisant une détonation.

Toutes les pièces en verre subissent un *recuit* avant d'être livrées au commerce. Pour recuire le verre, on le chauffe à une température voisine de celle où il se ramollit et on le refroidit très lentement. C'est à un recuit insuffisant que l'on doit attribuer la rupture, sans cause matérielle apparente, d'un grand nombre d'objets en verre.

Le verre se dilate beaucoup et conduit mal la chaleur; cette propriété explique pourquoi le verre se brise lorsqu'il n'est chauffé ou refroidi qu'en un point.

Depuis quelques années, on a trouvé le moyen de faire subir aux objets en verre une trempe qui diminue beaucoup

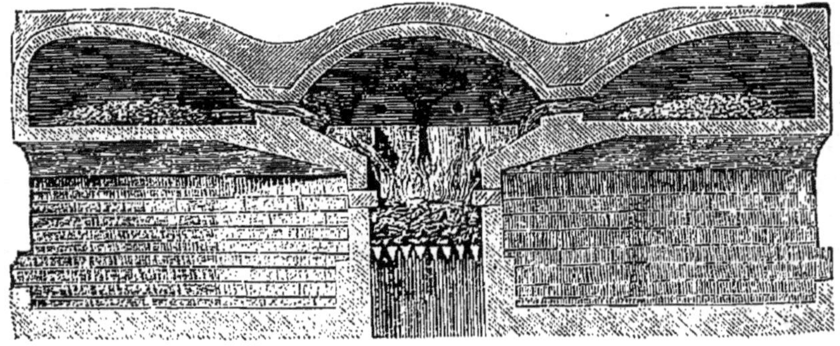

F IG. 44. — *Coupe d'un four de verrerie.*

leur fragilité. Dans ce but, on les porte au rouge sombre, puis on les plonge dans un bain de matières grasses fluidifiées par la chaleur. Les objets en verre acquièrent, par cette opération, une si grande résistance qu'ils peuvent être violemment jetés à terre sans être brisés.

114. Espèces de verre. — On distingue plusieurs espèces de verre ; les principales sont : le *verre ordinaire*, le *verre à bouteille*, le *cristal* et le *flint-glass*.

Verre ordinaire — Le *verre ordinaire* est un silicate double de sodium et de calcium. On le prépare en faisant fondre ensemble **10** parties de sable blanc, **4** parties de craie et **3** parties de carbonate de sodium. Ces matières, intimement mélangées, sont soumises à une première calcination, nommée *fritte*, qui détermine un commencement de combinaison. Une fois fritté, le mélange est introduit dans des creusets en terre réfractaire placés au milieu d'un four circulaire chauffé au rouge vif. Il fond peu à peu, et les éléments qui le composent se combinent entre eux pour former le verre. Lorsque le verre est parfaitement liquide, on le met en œuvre, soit par le *soufflage*, soit par le *moulage*, et le plus souvent par les deux procédés à la fois.

En Allemagne, on remplace le carbonate de sodium par le carbonate de potassium, qui est très abondant dans cette contrée. On obtient ainsi un verre parfaitement incolore et très estimé, connu sous le nom de *verre de Bohême*.

Le verre ordinaire sert à fabriquer les objets de gobeletterie, le verre à vitres et les glaces.

Verre à bouteille. — Le *verre à bouteilles* est un mélange de silicates de sodium, de calcium, d'aluminium et de fer. On l'obtient en chauffant avec la soude brute, des sables qui, étant à la fois calcaires, argileux et ferrugineux, donnent un verre très fusible et par conséquent de production économique. Le verre à bouteilles doit sa couleur verte à l'oxyde de fer qu'il renferme. On fabrique les bouteilles par le soufflage et par le moulage opérés simultanément.

Cristal. — Le *cristal* est un silicate double de potassium et de plomb. On l'obtient en fondant ensemble **30** parties de sable pur, **20** parties de minium et **10** parties de carbonate de potassium. Il est complètement incolore : sa transparence et sa limpidité sont parfaites. Le cristal n'est employé que pour la fabrication des objets de luxe.

Flint-glass. — On distingue sous le nom de *flint-glass* un cristal plus riche en plomb que le cristal ordinaire. Il est très réfringent et, pour cette raison, il est employé pour la construction des objets d'optique.

RÉSUMÉ

Le *carbone* est un corps solide, inodore et sans saveur. Il est infusible et ne se dissout guère que dans la fonte de fer en fusion. Il brûle à une température élevée, et, par sa combustion, il produit de l'*anhydride carbonique* ou de l'*oxyde de carbone*.

Le carbone se présente sous des aspects très divers. Ses nombreuses variétés peuvent se diviser en deux groupes : les *charbons naturels* et les *charbons artificiels*.

Les charbons naturels sont : le *diamant*, le *graphite*, la *houille* ou *charbon de terre*, l'*anthracite* ou *charbon de pierre*, le *lignite* et la *tourbe*. Les charbons artificiels sont : le *charbon de bois*, le *noir animal*, le *noir de fumée*, le *coke* et le *charbon des cornues*.

L'*oxyde de carbone* est un gaz incolore et sans saveur qui brûle à l'air avec une flamme bleue, très chaude, en donnant de l'anhydride carbonique comme produit de sa combustion. Sa densité, 0,967, est égale à celle de l'azote et, comme ce dernier gaz, il est peu soluble dans l'eau et très difficilement liquéfiable.

L'oxyde de carbone est un véritable poison : il produit, avec les globules du sang une combinaison sur laquelle l'oxygène de l'air a peu d'action et qui lui empêche de remplir ses fonctions vivifiantes. Il se produit par la combustion incomplète du charbon. Sa principale application est dans l'industrie, où on l'emploie comme combustible dans les fours Siemens et comme réducteur des oxydes métalliques dans les hauts fourneaux.

L'*anhydride carbonique* est un gaz incolore, d'une saveur aigrelette et d'une odeur légèrement piquante. Sa densité est **1,529** ; il se liquéfie à la température de 0°, sous la pression de **36** atmosphères.

Le gaz carbonique est impropre à la respiration et éteint les corps en combustion.

La respiration, la combustion du bois et du charbon, la fermentation, le sol même, sont des sources très abondantes de gaz carbonique. On purifie une atmosphère viciée par ce gaz, soit en établissant une bonne ventilation, soit en absorbant l'anhydride carbonique au moyen de la chaux délayée dans de l'eau.

On prépare ordinairement l'anhydride carbonique en décomposant le *carbonate de calcium* par un acide énergique, tel que *l'acide chlorhydrique* ou *l'acide sulfurique*.

L'anhydride carbonique sert à préparer l'eau de *Seltz artificielle*. C'est à ce gaz que la bière, la limonade, le champagne, etc., doivent leur propriété de mousser, et que certaines eaux minérales gazeuses doivent une partie de leurs propriétés.

L'acide carbonique, CO_3H_2, n'est pas connu ; mais ses dérivés, les *carbonates*, sont très nombreux.

Le *silicium* peut être amorphe ou cristallisé. Ses principaux composés sont *l'anhydride silicique* et les *silicates*.

L'anhydride silicique ou *silice*, SiO_2, est très abondant : le *quartz* et ses variétés, *l'agate*, la *cornaline*, le *sable*, le *grès*, le *silex*, etc., sont de la silice soit pure, soit associée à divers oxydes.

Les *silicates* dérivés de différents acides siliciques, sont aussi très répandus. L'*argile* et le *kaolin* sont des silicates d'aluminium. Les *feldspaths*, les *micas*, etc., sont des silicates à diverses bases.

Les *verres* sont des matières dures, fragiles et transparentes, formées par des combinaisons de l'acide silicique avec des bases variables, telles que le potassium, le sodium, le calcium et le plomb. Le verre se ramollit et fond sous l'action de la chaleur. En se refroidissant brusquement, il subit une espèce de trempe qui augmente beaucoup sa fragilité.

On distingue plusieurs espèces de verre ; les principales sont : le *verre ordinaire*, le *verre à bouteilles*, le *cristal* et le *flint-glass*.

DEUXIÈME PARTIE

MÉTAUX

CHAPITRE PREMIER

PROPRIÉTÉ DES MÉTAUX — ALLIAGES
POTASSIUM — SODIUM

PROPRIÉTÉS DES MÉTAUX

115. — Les *métaux* sont des corps opaques, doués, lorsqu'ils sont polis, d'un éclat particulier appelé *éclat métallique*. Ils conduisent bien la chaleur et l'électricité. Tous, excepté le potassium, le sodium et le lithium, sont plus denses que l'eau. Les métaux usuels ont une densité variant entre **7** et **9**; l'*or* a pour densité **19,25**; le *platine* **21,5** et l'*iridium* **22,4**.

Les métaux possèdent, en outre, à des degrés divers, certaines propriétés physiques qui leur sont communes. Telles sont la *ductilité*, la *dureté*, la *malléabilité* et la *ténacité*.

Ductilité. — La *ductilité* est la propriété que possèdent les métaux de se laisser étirer, au moyen de la *filière*, en fils plus ou moins fins. La filière est une plaque d'acier percée de trous de diamètres de plus en plus petits par lesquels on fait passer les fils métalliques. L'*or* est le métal le plus ductile ; après lui se placent l'*argent*, le *platine*, l'*aluminium*, le *fer*, le *cuivre*, le *zinc*, l'*étain* et le *plomb*.

Dureté. — La *dureté* est la résistance que présentent les métaux quand on essaye de les rayer. La dureté des métaux

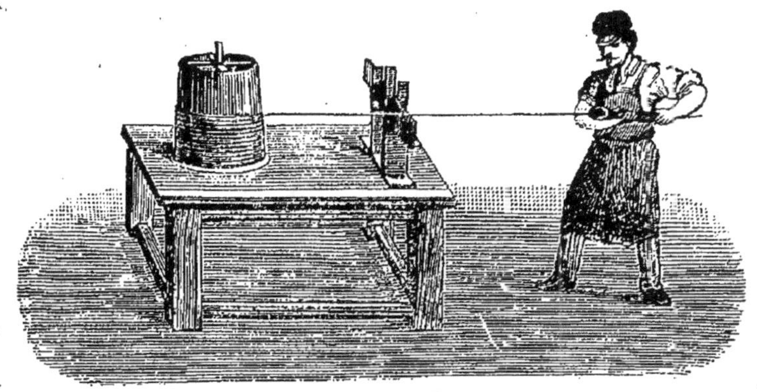

FIG. 45. — *Filière.*

est très variable ; le *potassium*, le *sodium* et le *plomb* peuvent être rayés avec l'ongle ; viennent ensuite l'*étain*, le *cuivre*, le *platine*, l'*or* et l'*argent* qui ont une dureté moyenne ; ils ne peuvent pas rayer le marbre. Le *fer*, le *nickel* et le *zinc* peuvent rayer le marbre, mais non le verre. Le *chrome* est le plus dur des métaux ; c'est le seul qui puisse rayer le verre.

Malléabilité. — La *malléabilité* est la propriété dont

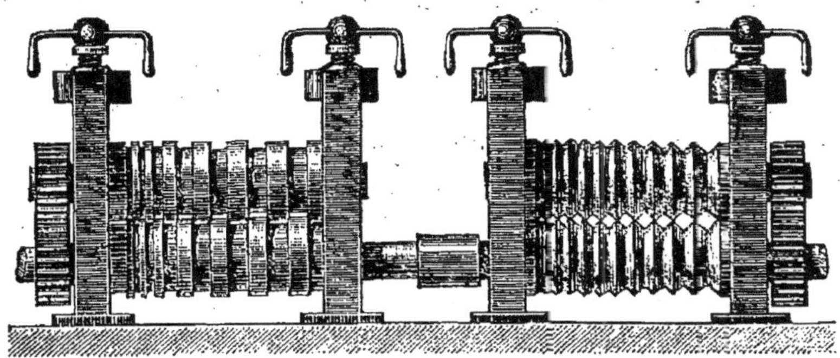

FIG. 46. — *Laminoir.*

jouissent les métaux de pouvoir être réduits en lames minces par l'action du marteau ou du *laminoir*.

Le laminoir se compose de deux cylindres de fonte ou d'acier que l'on peut rapprocher à volonté, et qui tournent en sens contraire.

L'*or* est le plus malléable de tous les métaux ; après lui viennent l'*argent*, l'*aluminium*, le *cuivre*, l'*étain*, le *plomb*, le *zinc* et le *fer*.

Ténacité. — La *ténacité* est la résistance que les fils métalliques opposent à la rupture, lorsqu'ils sont soumis à des tractions exercées dans le sens de leur longueur. Le *fer* est le métal le plus tenace ; après lui se rangent, par ordre décroissant de ténacité, le *cuivre*, le *platine*, l'*argent*, le *zinc*, l'*étain* et le *plomb*.

115 *bis*. Méthode générale de traitement des minerais. — Les principaux minerais sont les oxydes, les carbonates et les sulfures.

Pour extraire les métaux des *oxydes*, on les réduit au moyen du charbon, soit dans des fours, comme le fer (**156**), l'étain, le cuivre, le manganèse, etc., soit au moyen de l'arc voltaïque, comme le titane, le molybdène et autres. Cette dernière méthode a été inaugurée par Moissan, l'inventeur du four électrique.

Les *carbonates* sont d'abord grillés pour les transformer en oxydes, puis ceux-ci sont réduits par le procédé que nous venons d'indiquer. Exemple : le carbonate de zinc (**139**).

Certains *sulfures* sont d'abord transformés en oxydes, puis réduits. On peut citer comme exemples, le sulfure de zinc (**139**) et le sulfure de plomb (**143**) ; d'autres sont traités en vue de séparer directement le soufre (mercure, argent).

Quelques métaux s'obtiennent aujourd'hui par l'électrolyse d'un sel dissous dans l'eau (cuivre) ou par celle d'un sel fondu (aluminium, baryum, strontium, calcium).

On donne le nom de *métallurgie* à l'ensemble des opérations qui ont pour but d'extraire les métaux de leurs minerais.

ALLIAGES

On désigne sous le nom d'*alliage* la combinaison ou le simple mélange de plusieurs métaux. Lorsque l'un des métaux est le mercure, l'alliage prend le nom d'*amalgame*.

116. Propriétés des alliages. — Peu de métaux sont employés seuls, car la plupart d'entre eux ne possèdent pas l'ensemble des qualités exigées pour les usages auxquels on les destine. Ainsi l'or et l'argent purs ne sont pas assez durs pour constituer à eux seuls les pièces monétaires et les objets d'orfèvrerie ; on leur donne la dureté nécessaire en y ajoutant un peu de cuivre. Aucun métal n'est assez *fusible*, assez *dur* et assez *résistant* pour servir à la fabrication des caractères d'imprimerie ; mais un alliage de 80 parties de plomb et de **20** parties d'antimoine possède toutes les qualités exigées pour cet usage.

Les alliages sont généralement *plus durs* que ne l'est chacun des métaux qui les forment. Ils sont toujours *plus fusibles* que le moins fusible des métaux qui les constituent, et souvent même, ils sont plus fusibles que chacun d'eux en particulier. Tel est, par exemple, l'*alliage Darcet*, formé de 5 parties de plomb, 3 parties d'étain et 8 parties de bismuth, et qui est fusible à la température de 94°.

PRINCIPAUX ALLIAGES

Monnaies d'or.	{ or...	900 part.	Monnaies de bronze	{ cuiv..	95 part.	
	{ cuiv.	100 —		{ étain.	.4 —	
				{ zinc..	1 —	
Bijoux d'or... 1ᵉʳ titre	{ or...	920 —	Bronze des canons	{ cuiv..	90 —	
	{ cuiv.	80 —		{ étain.	10 —	
— 2ᵐᵉ titre	{ or...	840 —	Bronze des cloches	{ cuiv..	78 —	
	{ cuiv.	160 —		{ étain.	22 —	
— 3ᵐᵉ titre	{ or...	750 —	Laiton.......	{ cuiv..	65 —	
	{ cuiv.	250 —		{ zinc..	35 —	
Monnaies d'arg pièce de 5 fr.	{ arg..	900 —	Maillechort...	{ cuiv..	50 —	
	{ cuiv.	100 —		{ zinc..	25 —	
Pièces divisionnaires	{ arg..	835 —		{ nickel	35 —	
	{ cuiv.	165 —	Soudure des plombiers	{ plomb	60 —	
Bijoux d'argent	{ arg..	800 —		{ étain.	35 —	
	{ cuiv.	200 —				

POTASSIUM

Symbole : K. — Poids atomique : 39.

117. Propriétés physiques et chimiques. — Le *potassium* est un métal qui a la consistance de la cire. Sa densité est **0,865** et son point de fusion **55°**.

De tous les métaux, le potassium est le plus avide d'oxygène ; il est le seul qui s'oxyde dans l'air sec à la température ordinaire. Fraîchement coupé, il a l'éclat de l'argent, mais il ne tarde pas à se ternir au contact de l'air et à se couvrir d'une couche d'oxyde de potassium. On ne peut le conserver que dans les liquides qui, comme *l'huile de naphte*, ne renferment pas d'oxygène dans leur composition.

Fig. 47. — *Action du potassium sur l'eau.*

REMARQUE. — Si l'on projette un fragment de potassium dans l'eau, ce métal prend la place d'un atome d'hydrogène et forme avec le reste de *l'hydrate de potassium* ou *potasse caustique.*

$$K \quad + \quad HOH \quad = \quad H \quad + \quad NaOH$$

Potassium	Eau	Hydrogène	Hydrate de potassium

La réaction serait analogue avec le sodium. On donne le nom de *base* ou *hydrate basique* au produit de la substitution d'un métal à la moitié de l'hydrogène de l'eau. Dans les bases, on trouve donc toujours le groupement OH, monovalent, nommé *oxhydrile*.

Si un métal est monovalent, comme le potassium, le sodium, il ne peut s'unir qu'à un oxhydrile ; mais si, comme le calcium, il est divalent, il s'unit à deux oxhydriles et réagit par là même sur les deux molécules d'eau.

$$Ca \quad + \quad 2HOH \quad = \quad H^2 \quad + \quad Ca(OH)^2$$

Calcium   Eau   Hydrogène   Hydrate de calcium

Une solution d'un hydrate de potassium, de sodium (eau de soude), de calcium (eau de chaux), etc., présente une réaction fortement alcaline. Si l'on y trempe un papier de tournesol rougi par un acide, il bleuit.

La combinaison d'une base avec un acide forme un sel (**19**, 2°).

118. Potasse caustique, KOH. — La *potasse caustique* n'est autre chose que l'*hydrate de potassium*.

C'est une base très énergique qui se présente sous la forme d'une matière solide, blanche, onctueuse au toucher. Elle est très déliquescente : exposée à l'air elle absorbe rapidement l'humidité et se liquéfie, puis se combine peu à peu avec l'anhydride carbonique de l'atmosphère pour se convertir en carbonate de potassium.

La potasse caustique est très soluble dans l'eau. Sa dissolution concentrée est extrêmement corrosive : aucune matière organique ne lui résiste. Elle bleuit fortement le tournesol rouge. A l'état solide, elle constitue la *pierre à cautère*, employée par les médecins pour cautériser les chairs. Mélangée avec son poids de chaux vive et délayée dans un peu d'alcool, elle forme la *pâte de Vienne*, dont se servent très souvent les chirurgiens.

On prépare la potasse caustique en décomposant par la *chaux* le *carbonate de potassium* dissous dans *dix fois* son poids d'eau.

$$CO^3K^2 \quad + \quad Ca(OH)^2 \quad = \quad 2KOH \quad + \quad CO^3Ca$$

Carbonate de potassium   Chaux hydratée   Potasse caustique   Carbonate de calcium

119. Carbonate de potassium, CO^3K^2. — Le *carbonate de potassium* est un sel qui, dans le commerce, est désigné par le seul nom de *potasse*. On l'extrait des *cendres de bois*.

Les végétaux renferment abondamment du potassium combiné avec des acides organiques. Lorsqu'on brûle les végétaux, ces acides organiques se décomposent et se transforment en *anhydride carbonique*. Cet anhydride se combine avec le *potassium* pour former du *carbonate de potassium*, qui reste mélangé avec les cendres. Il suffit donc de soumettre les cendres de bois à un lavage méthodique, et de faire évaporer le liquide qui sert à cette opération, pour obtenir un résidu contenant beaucoup de carbonate de potassium. Ce résidu, nommé *salin*, soumis à une énergique calcination, qui lui fait perdre une bonne partie de ses impuretés, constitue la potasse du commerce.

On extrait encore une quantité considérable de carbonate de potassium des *résidus des mélasses fermentées* et du *suint* obtenu par le dégraissage des laines.

On l'obtient aussi en transformant en *carbonate* le *chlorure de potassium* contenu dans un minerai appelé *carnallite*.

Le carbonate de potassium a de nombreux usages. On l'emploie principalement pour la fabrication du verre blanc, du *savon mou*, de l'*alun* et du *salpêtre* ; on s'en sert aussi pour le *dégraissage du linge*. Les cendres de bois sont employées dans la lessive à cause du carbonate de potassium qu'elles renferment.

120. Azotate de potassium, NO^3K. — L'*azotate de potassium* est vulgairement connu sous le nom de *salpêtre*. C'est un sel blanc qui cristallise en longs prismes hexagonaux. Il a une saveur fraîche et piquante. Sa solubilité est bien plus grande à chaud qu'à froid. L'azotate de potassium est un oxydant énergique : projeté sur des charbons incandescents, il en active la combustion en leur cédant de son oxygène et brûle lui-même avec une vive lumière.

Le salpêtre est assez abondant dans la nature. Dans les pays chauds, il apparaît à la surface du sol sous la forme d'efflorescences blanches qui ont l'apparence d'une légère couche de neige. Le salpêtre forme aussi les efflorescences qui tapissent les vieux murs, les voûtes des caves et les débris de démolitions. On le prépare ordinairement en traitant l'*azotate de sodium* par le *chlorure de potassium*.

$$NO^3Na \quad + \quad KCl \quad = \quad NO^3K \quad + \quad NaCl$$

Azotate de sodium   Chlorure de potassium   Azotate de potassium   Chlorure de sodium

L'azotate de potassium a quelques usages en médecine et dans l'industrie ; mais il sert surtout pour la confection de certaines pièces d'artifice et pour la fabrication de la poudre.

121. Poudre. — La *poudre* est un mélange intime de *salpêtre*, de *soufre* et de *charbon*. Dans la poudre, le soufre facilite l'inflammation et le salpêtre fournit de l'oxygène au charbon, qui, en brûlant, produit un volume considérable de gaz ; **100 gr.** de poudre dégagent environ **33 litres** de gaz, mesuré à 0° et sous la pression de 0,760 ; la combustion de la poudre en vase clos produit une température d'environ **2.000°** ; à cette température, les gaz dégagés acquièrent une force expansive énorme, qui est utilisée pour lancer des projectiles ou pour briser les matières les plus dures.

La poudre s'enflamme à la température de **300°** ou sous l'action d'une étincelle électrique ou encore par l'explosion d'une capsule de fulminate de mercure. On distingue trois espèces de poudre : la *poudre de guerre*, la *poudre de chasse*, la *poudre de mine*. Elles ont la composition suivante :

POUDRE DE GUERRE		POUDRE DE CHASSE		POUDRE DE MINE	
Salpêtre....	75	Salpêtre.....	78	Salpêtre......	62
Charbon ...	12,5	Charbon.....	12	Charbon......	18
Soufre.....	12,5	Soufre.......	10	Soufre........	20

Pour fabriquer la poudre, on emploie du salpêtre très pur, du soufre pulvérisé et du charbon obtenu en calcinant du bois de bourdaine en vase clos. Afin de rendre le mélange aussi intime que possible, on humecte ces trois substances avec de l'eau et on les pulvérise pendant une douzaine d'heures dans des mortiers en bois. La pâte qu'elles forment est ensuite desséchée dans des étuves, puis réduite en petits grains dont la grosseur varie suivant les usages auxquels on destine la poudre.

Les feux colorés des artificiers résultent de la combustion de mélanges où entrent quelques-uns des éléments de la poudre et divers corps destinés à colorer la flamme.

PROBLÈME. — *Cent grammes de poudre dégagent, avons-nous dit, environ 33 litres de gaz à la température de 0° et à la pression nor-*

male. Prouver cela, la réaction qui se produit dans la combustion de la poudre se représentant par :

$$2NO^3K + S + 3C = K^2S + N^2 + 3CO^2$$

Salpêtre — Soufre — Charbon — Azote — Anhydride carbonique

Poudre. — Gaz dégagés.

On écrira l'équation avec les poids moléculaires des solides et les volumes des gaz :

$$2NO^3K + S + 3C = K^2S + N^2 + 3CO^2$$
$$2 \times 101 \quad 32 \quad 36 \qquad 22,4 \quad 3 \times 22,4$$

Poids total : 270 — Volume total : 89 lit. 6.

Règle de trois :

270 gr. de poudre produisent 89 lit. 6 de gaz.
100 — — produiront x — —

$$x = \frac{89,6 \times 100}{270} = 33 \text{ litres } 2.$$

SODIUM

Symbole : Na. — Poids atomique : 23.

122. Propriétés. — Le *sodium* est un métal qui ressemble beaucoup au potassium. Il est mou, malléable et possède l'éclat de l'argent quand il est fraîchement coupé. Sa densité est de **0,97** et son point de fusion **90°**.

L'air sec n'a pas d'action sur le sodium à la température ordinaire, mais l'air humide l'oxyde rapidement. On le conserve dans l'huile de naphte. Comme le potassium, ce métal décompose l'eau à froid pour se combiner avec son oxygène ; mais la combinaison ne dégage pas assez de chaleur pour enflammer l'hydrogène libre. On peut cependant déterminer cette inflammation en le mettant en contact avec une très petite quantité d'eau.

Le sodium forme avec l'eau de l'*hydrate de sodium* (p. 22, 2ᵉ expérience), qui reste dissous ; le liquide est alors de l'*eau de soude*.

Le sodium s'obtient en décomposant de la *soude caustique* par le *fer* chauffé au rouge ou en décomposant le *carbonate de sodium* par le *charbon*. Ce métal est surtout utile par ses composés, dont les principaux sont la *soude caustique*, le *carbonate de sodium* et le *chlorure de sodium*.

123. Soude caustique, NaOH. — La *soude caustique* est de l'*hydrate de sodium*. Elle a exactement les mêmes propriétés que la potasse caustique. On la prépare en décomposant par la *chaux*, le *carbonate de sodium* dissous dans l'eau. Voici l'équation qui représente la réaction qui se produit :

$$CO^3Na^2 \quad + \quad Ca(OH)^2 \quad = \quad 2NaOH \quad - \quad CO^3Ca$$
Carbonate de sodium　　　Chaux hydratée　　　Soude caustique　　　Carbonate de calcium

124. Carbonate de sodium, CO^3Na^2. — Dans le commerce, on désigne sous le nom de *soudes* des *carbonates de sodium* plus ou moins impurs. On divise les soudes en *soudes naturelles* et en *soudes artificielles*.

Soudes naturelles. — Pendant longtemps, on a extrait le carbonate de sodium exclusivement des cendres produites par l'incinération des végétaux qui, comme les *barilles*, les *salicors* et les *salsalas*, croissent au bord de la mer. Ces

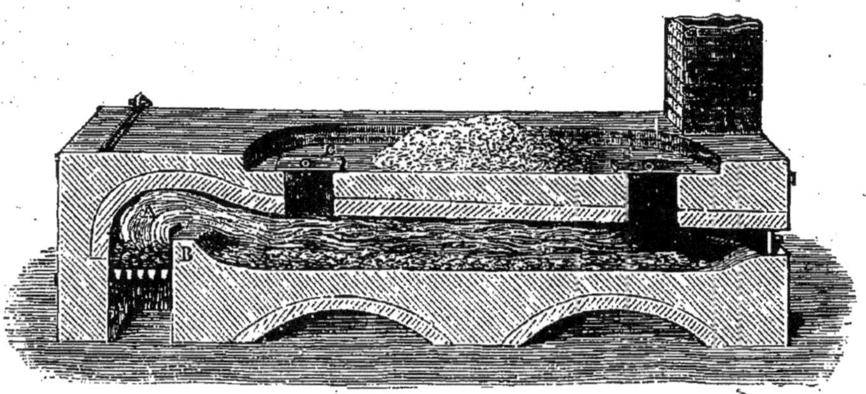

Fig. 48. — *Four à réverbère pour la fabrication de la soude.*

plantes absorbent par leurs racines le chlorure de sodium dont le sol est imprégné, et le transforment partiellement en sels organiques à base de sodium. Lorsqu'on fait brûler ces végétaux, leurs sels organiques se convertissent en carbonate de sodium, qui reste mêlé avec les cendres et d'où on l'extrait par des lavages successifs, comme on le fait pour le carbonate de potassium.

Soudes artificielles. — On obtient actuellement la plus grande partie du carbonate de sodium par le *procédé Leblanc*. Ce procédé consiste à chauffer fortement dans des fours à réverbère, un mélange de *sulfate de sodium*, de *carbonate de calcium* et de *charbon*. Les deux sels échangent leurs bases ; il se forme du *carbonate de sodium* et du *sulfate de calcium*.

$$SO^4Na^2 + CO^3Ca = CO^3Na^2 + SO^4Ca$$

Sulfate de sodium — Carbonate de calcium — Carbonate de sodium — Sulfate de calcium

Mais ce dernier corps est lui-même décomposé par le charbon à mesure qu'il se produit. Il en résulte de l'*anhydride carbonique*, qui se dégage et du *sulfure de calcium*, qui reste mêlé avec le carbonate de sodium.

$$SO^4Ca + 2C = CaS + 2CO^2$$

Sulfate de calcium — Carbone — Sulfure de calcium — Anhydride carbonique

L'opération est terminée quand il ne se dégage plus de gaz carbonique ; alors, on retire du four la masse fondue et on la laisse refroidir. Cette masse constitue la *soude brute*, que l'on utilise directement pour la fabrication du verre à bouteille et des savons ordinaires, dits *savons de Marseille*.

La soude brute, soumise à un lavage méthodique, donne une dissolution qui, par l'évaporation, laisse déposer du carbonate de sodium cristallisé en prismes obliques. Ces cristaux de soude, désignés bien souvent par le seul nom de *cristaux*, sont employés pour le dégraissage du linge ainsi que pour la fabrication du verre blanc et des savons de toilette.

125. Chlorure de sodium, NaCl. — Le *chlorure de sodium* ou *sel marin* est un corps solide, blanc, d'une saveur agréable et caractéristique. Sa solubilité varie peu avec la température ; un litre d'eau dissout environ **370** gr. de sel. Il cristallise en petits cubes qui se superposent de manière à former des pyramides creuses à quatre faces nommées *trémies*.

Le chlorure de sodium est très abondant dans la nature ; les eaux de la mer en contiennent environ **27** gr. par litre ; de plus, il forme dans le sol des amas considérables, d'où on le retire sous le nom de *sel gemme*. On se procure le chlorure de sodium soit en exploitant les mines de sel gemme, soit en faisant évaporer les eaux de la mer et celles des sources salées.

Quand le sel gemme est pur, on l'extrait directement de la mine, et, après l'avoir pulvérisé, on le livre au commerce, comme cela se pratique à Vieliczka en Pologne, et à Cardone, en Espagne.

En Bavière, en Wurtemberg et en Souabe, il se trouve des mines où le sel gemme est mêlé avec des matières terreuses. Dans ces mines, on pratique des trous de sonde dans lesquels on établit des pompes aspirantes. Entre les tuyaux d'aspiration de chaque pompe et les parois du trou de sonde, on fait arriver de l'eau douce ; cette eau dissout le sel, et, à mesure qu'elle se sature, devenant plus dense, elle descend au fond du trou de sonde ; la pompe aspirante l'en retire et la conduit dans des chaudières, où une rapide évaporation lui fait déposer le sel qu'elle a dissous.

Pour extraire le sel des eaux de la mer, on fait arriver ces eaux dans une série de vastes bassins peu profonds, creusés sur le littoral et rendus imperméables au moyen d'une couche d'argile. Ces bassins appelés *marais salants*, sont divisés en un grand nombre de compartiments communiquant entre eux. Dans les premiers compartiments, les eaux se clarifient tout en s'évaporant ; dans les suivants, elles se concentrent de plus en plus et dans les derniers, elles laissent déposer le sel qu'elles tiennent en dissolution. On retire avec des râteaux le sel déposé, et, après

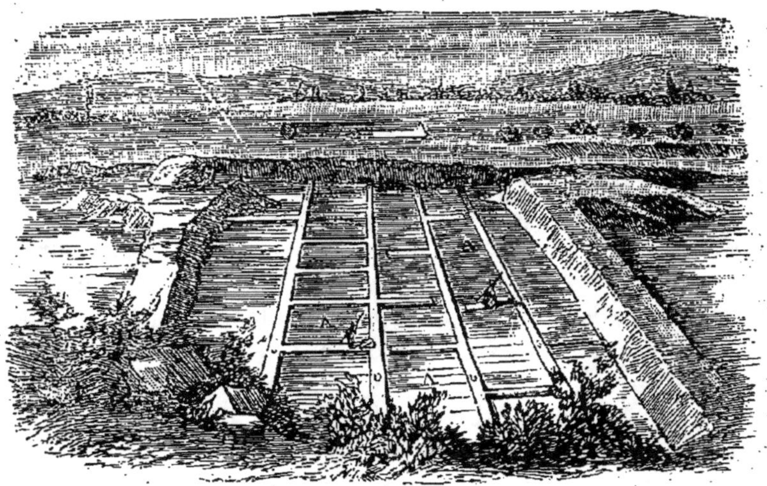

Fig. 49. — *Marais salants.*

l'avoir fait égoutter, on le livre au commerce. Les marais salants sont abondants sur les côtes de France ; ils ne donnent pas moins de *trois millions de quintaux* de sel chaque année.

Le chlorure de sodium sert à *assaisonner les aliments et à les conserver.* On l'emploie aussi pour *amender certains terrains,* pour *vernir les poteries communes* et. pour préparer un grand nombre de produits chimiques, tels que le *chlore,* l'*acide chlorhydrique,* le *sulfate de sodium,* le *sel ammoniaque* ou *chlorure d'ammonium,* etc.

RÉSUMÉ

Les *métaux* sont des corps doués d'un éclat particulier, appelé *éclat métallique.* Ils conduisent bien la chaleur et l'électricité et possèdent, en outre, certaines propriétés physiques qui leur sont communes, telles que la *ductilité,* la *dureté,* la *malléabilité* et la *ténacité.*

On désigne sous le nom d'*alliage,* la combinaison ou le simple mélange de plusieurs métaux. Les alliages se distinguent des métaux qui les composent, par des propriétés spéciales, sur lesquelles reposent leurs applications. Ces propriétés sont principalement la *fusibilité* et la *dureté*.

Le *potassium* est un métal qui a la consistance de la cire et lorsqu'il est fraîchement coupé, il a l'éclat de l'argent. Sa densité est **0,865** et son point de fusion 55°. De tous les métaux, le potassium est le plus avide d'oxygène. Il décompose l'eau à froid pour s'emparer de ce corps et la chaleur de la combinaison est suffisante pour enflammer l'hydrogène mis en liberté. Les principaux composés du potassium sont la *potasse caustique*, le *carbonate de potassium* et l'*azotate de potassium*.

La potasse caustique est de l'*hydrate de potassium*. C'est une base énergique qui se présente sous la forme d'une matière solide, blanche, onctueuse au toucher, très déliquescente et très corrosive.

Le *carbonate de potassium* est désigné dans le commerce par le seul nom de *potasse*. C'est un sel blanc, déliquescent, que l'on extrait des *cendres de bois*, des *résidus de mélasses fermentées* et du *suint* obtenu par le dégraissage des laines. On l'obtient aussi industriellement. Il sert principalement pour la fabrication du verre blanc, du savon mou, de l'alun et du salpêtre. On l'emploie aussi pour le lessivage du linge.

L'*azotate de potassium* ou *salpêtre*, est un sel qui se décompose facilement sous l'action de la chaleur. Projeté sur des charbons incandescents il fuse et en active la combustion en leur cédant de son oxygène. L'azotate de potassium est surtout employé pour la fabrication de la *poudre* et de certains *mélanges pyrotechniques*.

La *poudre* est un mélange intime de *salpêtre*, de *soufre* et de *charbon*. Dans la poudre, le soufre facilite l'inflammation, et le salpêtre fournit de l'oxygène au charbon qui, en brûlant produit un volume considérable de gaz. Ce gaz, porté à une haute température par la combustion de la poudre, possède une force expansive énorme qui est utilisée soit pour lancer des projectiles, soit pour briser des rochers.

Le *sodium* est un métal qui ressemble beaucoup au potassium. Sa densité est 0,97 et son point de fusion 90°. Il décompose l'eau à froid pour s'emparer de son oxygène : mais la chaleur de la combinaison n'enflamme pas l'hydrogène mis en liberté. Les principaux composés de sodium sont la *soude caustique*, le *carbonate* de *sodium* et le *chlorure de sodium*.

La *soude caustique* a la plus grande analogie avec la potasse caustique.

Dans le commerce, on désigne sous le nom de *soude* un *carbonate de sodium* plus ou moins impur. On extrait ce corps des cendres obtenues par l'incinération des plantes marines ; on le prépare aussi par le procédé *Leblanc*, qui consiste à décomposer le *sulfate de sodium* par le *carbonate de calcium* et le *charbon*. Le carbonate de sodium est employé pour la fabrication du verre ordinaire et du savon dit *savon de Marseille*. Sous le nom de *cristaux*, il sert aussi pour le dégraissage du linge.

Le *chlorure de sodium* ou *sel marin* est un corps solide, blanc, doué d'une saveur agréable et caractéristique. Il se trouve très abondamment en dissolution dans les eaux de la mer ; dans le sol, il forme des amas considérables, d'où on l'extrait sous le nom de *sel gemme*. On retire aussi le chlorure de sodium des eaux de la mer, en faisant évaporer ces eaux dans de vastes bassins ou *marais salants* creusés sur le littoral.

Le chlorure de sodium est employé pour assaisonner nos aliments et pour préparer un grand nombre de produits chimiques.

CHAPITRE II

ARGENT — CUIVRE — MERCURE

ARGENT

Symbole : Ag. — Poids atomique : 108.

126. Propriétés de l'argent. — L'*argent* est le plus blanc de tous les métaux. Après l'or, il est le métal le plus malléable et le plus ductile ; on peut le réduire en feuilles si minces que 5.000 de ces feuilles font à peine l'épaisseur *d'un millimètre* ; *un gramme* de ce métal peut être étiré en un fil de plus de **2.600** mètres de longueur. L'argent est soluble dans le mercure. Sa densité est de **10,50**. Il fond à la température de **960°** et se volatilise dans la flamme oxhydrique.

Exposé à l'air, l'argent est inoxydable, même aux plus hautes températures. L'acide sulfurique n'a d'action sur l'argent que lorsqu'il est bouillant ; l'acide azotique le dissout à froid, et l'acide chlorhydrique ne l'attaque que superficiellement, parce qu'il forme avec lui un chlorure insoluble qui protège le reste du métal. Les alcalis (potasse, soude) ne l'attaquent pas sensiblement. L'acide sulfhydrique le noircit. Il faut attribuer à cette cause la teinte noire que prend l'argenterie au contact des œufs qui ne sont pas frais, et des champignons vénéneux. Le sel marin agit de même ; aussi dore-t-on toujours l'intérieur des salières d'argent pour les préserver de cette altération.

127. Usages de l'argent. — Etat naturel. — Les usages de l'argent sont connus de tout le monde. Ce métal n'est pas employé seul, parce qu'il n'est pas assez dur. Mais allié avec un peu de cuivre, il sert à fabriquer des pièces de monnaie et des objets d'orfèvrerie.

L'argent existe dans la nature à l'état natif, mais il est bien plus abondamment répandu à l'etat de sulfure, isolé ou uni en petite quantité à la galène, minerai de plomb ; celle-ci prend alors le nom de *galène argentifère*. A l'état natif, l'argent se présente quelquefois en masses d'un poids considérable, nommées *pépites*. Dernièrement, on a trouvé, dans les mines du Mexique, une pépite d'argent du poids de 18 kilogr. 825. On extrait l'argent principalement de son sulfure.

128. Métallurgie. — L'argent s'obtient soit du plomb argentifère, soit de son sulfure l'*argyrose*.

1º *Traitement du plomb argentifère*. — On fait fondre le plomb argentifère vers **400º**, on y ajoute du *zinc* et on agite. Une bonne partie de l'argent s'unit au zinc qui, étant peu soluble dans le plomb, entraîne à la surface le métal précieux ; en répétant plusieurs fois cette opération, on arrive à désargenter presque complètement le plomb.

L'alliage d'argent et de zinc est ensuite chauffé vers **1.000º** pour faire volatiliser le zinc, et il reste un alliage d'argent et de plomb que l'on fait fondre dans une espèce de four à réverbère appelé four à *coupellation*, puis, l'on injecte à sa surface un fort courant d'air. Le plomb se combine à l'oxygène de l'air et il se forme un oxyde appelé *litharge* que l'on fait écouler par une rigole. A un moment donné, la dernière couche du litharge se déchire et laisse voir un brillant dépôt d'argent ; ce phénomène, appelé *éclair*, indique le terme de l'opération.

2° *Traitement du sulfure d'argent.* — On traite le sulfure d'argent par une solution de *cyanure de potassium*, KCN (1) ; il se forme du *cyanure double d'argent et de potassium*, dont on sépare l'argent par électrolyse.

129. Principaux composés. — Les principaux composés de l'argent sont le *chlorure d'argent* et l'*azotate ou nitrate d'argent*.

Chlorure d'argent, AgCl. — Le chlorure d'argent est un sel blanc, insoluble dans l'eau et les acides. On l'obtient en faisant réagir l'acide chlorhydrique ou un chlorure sur un sel d'argent dissous.

Expérience. — On verse quelques gouttes d'une solution d'azotate d'argent dans un peu d'eau salée. Il se forme immédiatement un précipité blanc, cailleboté, de *chlorure d'argent*. La réaction est la suivante :

$$NaCl + NO^3Ag = AgCl + NO^3Na$$

Chlorure de sodium   Azotate d'argent   Chlorure d'argent   Azotate de sodium

Ce précipité, étendu sur une feuille de papier et exposé à la lumière devient violet, puis noir à cause de la décomposition du sel et mise de l'argent en liberté. Ce caractère qui est commun à tous les sels d'argent, est le principe de la photographie.

On utilise cette formation du chlorure d'argent pour reconnaître la présence d'un excès de sel marin dans les eaux ; l'azo-

---

(1) Le cyanure de potassium est une combinaison de potassium avec le *cyanogène* $(CN)^2$ corps présentant certaines propriétés analogues à celles du chlore. Le groupement CN fonctionne comme le ferait un élément monovalent.

tate d'argent y produit un précipité d'autant plus abondant que la quantité de sel y est plus grande.

Nitrate d'argent, NO³Ag. — L'argent forme avec l'acide azotique un sel appelé *nitrate d'argent*, qui fond à **200°** et peut être coulé dans une lingotière sous la forme d'un crayon. Il porte aussi le nom de *pierre infernale*, à cause de ses propriétés caustiques très énergiques, qui le font souvent employer en médecine ; lorsqu'on le met en contact avec la peau après l'avoir légèrement humecté, il la désorganise et se décompose lui-même en laissant un dépôt noir d'argent métallique. C'est un poison violent.

CUIVRE
Symbole : Cu. — Poids atomique : 63,

130. Propriétés du cuivre. — Le cuivre est un métal d'une belle couleur rouge. Il est très ductile et très malléable. C'est, après l'argent, le meilleur conducteur de la chaleur et de l'électricité. Lorsqu'il est frotté, il acquiert une odeur désagréable et caractéristique. Sa densité est de **8,9.** Il fond vers **1150°** et se vaporise lentement en donnant des vapeurs qui brûlent avec une flamme verte.

Le cuivre ne s'oxyde pas à l'air sec et froid ; à l'air humide, il se couvre promptement d'une couche de carbonate de cuivre hydraté, nommé *vert-de-gris*, qui préserve le reste du métal. Chauffé au contact de l'air, le cuivre se couvre, d'abord d'une pellicule rougeâtre d'*oxyde cuivreux*, Cu²O, puis d'une couche noire d'*oxyde cuivrique*, CuO.

Le cuivre est énergiquement attaqué par le chlore et par la vapeur de soufre (**41** et **49**) ; il est également attaqué, à froid ou à chaud, par tous les acides, dans lesquels il se dissout pour former les sels correspondants. Ainsi, avec l'acide sulfurique, il forme le sulfate cuivrique ; avec l'acide chlorhydrique, le chlorure cuivreux, etc.

Même sous l'influence des acides faibles, tels que le vinaigre et les acides des corps gras, le cuivre s'oxyde rapidement et produit des sels solubles très vénéneux ; ce qui explique le danger qu'il y a de conserver les aliments dans des ustensiles de cuivre non étamés.

131. Usages du cuivre. — Employé seul, le cuivre sert à la fabrication des *fils conducteurs de l'électricité*, des *alambics*, des *ustensiles de cuisine* et des *lames dont on*

FIG. 50. — *Cristaux de sulfate de cuivre.*

garnit extérieurement la coque des navires en bois afin de la préserver des *tarets*, espèce de mollusques marins qui la perforeraient sans cette précaution. Allié avec le zinc, le cuivre forme le *laiton*, vulgairement nommé *cuivre jaune*. Le laiton est, après le fer, celui des métaux dont l'usage est le plus fréquent : il sert à la fabrication des *instruments de physique et de musique*, des *garnitures de meubles*, des *boutons*, des *épingles* des *jouets d'enfants* et d'une infinité d'autres objets. Le cuivre entre encore dans la composition de quelques autres alliages, tels que les différents *bronzes* et le *maillechort*.

132. Métallurgie du cuivre. — On extrait le cuivre de la *pyrite cuivreuse*, minerai formé par un mélange de *sulfure de cuivre et de sulfure de fer.*

A cette fin, on soumet le minerai à un grillage modéré dans un four à réverbère, afin d'oxyder les matières étrangères au cuivre, puis, après y avoir ajouté des matières *siliceuses*, on le fond dans un four spécial ; les oxydes s'unissent à la silice pour former une scorie que l'on sépare. On obtient ainsi la *matte bronzée*, d'où la plus grande partie du fer a été éliminée. On ajoute à cette matte de la silice, on la fait fondre de nouveau puis on injecte de l'air à sa surface : une partie du sulfure de cuivre s'oxyde et réagit sur le reste du sulfure pour mettre le cuivre en liberté :

$$2Cu^2O \quad + \quad Cu^2S \quad = \quad 6Cu \quad + \quad SO^2$$

Oxyde cuivreux   Sulfure cuivreux   Cuivre   Anhydride sulfureux

On obtient ainsi du cuivre presque pur.

133. Sulfate de cuivre, SO^4Cu. — En se combinant avec les autres corps, le cuivre forme un grand nombre de composés. Le plus important et le plus employé de ces composés est le *sulfate de cuivre*. Le sulfate de cuivre porte dans le commerce les noms de *vitriol bleu* et de *couperose bleue*. Il se dissout très bien dans l'eau et cristallise avec 5 molécules de ce liquide en gros prismes bleus. Il est vénéneux, propriété qu'il partage avec tous les autres sels cuivriques. On l'emploie en agriculture pour *chauler* les grains de blé avant de les semer, pour combattre les maladies de la vigne connues sous les noms de *mildiou* et de *black-rot* et pour détruire le *doryphora* qui, en Amérique, produit des ravages considérables dans les champs de pommes de terre. Dans l'industrie, il sert à former un grand nombre de couleurs, telles que les *cendres bleues* et les *verts de Scheele* et de *Schweinfurth*, utilisés pour la teinture de la laine et de la soie, ainsi que pour la fabrication des papiers peints. La galvanoplastie fait aussi un grand usage du sulfate de cuivre!

MERCURE

Symbole : Hg. — Poids atomique : 200.

134. Propriétés du mercure. — Le *mercure* est le seul métal liquide à la température ordinaire. Il est blanc comme de l'argent fondu ; de là vient le nom de *vif-argent* qu'on lui donnait autrefois. Il possède la propriété de dissoudre l'or et l'argent et de s'en séparer par la distillation. Sa densité est **13,59**. Il se congèle à — **39°** et bout à **359°**.

Le mercure exposé à l'air s'oxyde lentement à la température ordinaire ; mais à la température de **300°**, il s'oxyde rapidement et se couvre d'une pellicule rouge d'oxyde mercurique. Cet oxyde se décompose quand on le chauffe à plus de **400°** et régénère le mercure.

135. Usages du mercure. — Le mercure est employé en physique pour construire des *thermomètres*, des *baromètres* et des *manomètres*. En chimie, on s'en sert pour *recueillir les gaz* très solubles dans l'eau. Le mercure est aussi employé dans l'industrie pour *extraire l'or et l'argent* et pour *fabriquer des amalgames*. En médecine, on utilise deux de ses composés, le *chlorure mercureux*, HgCl, et le *chlorure mercurique*, $HgCl^2$ (47).

136. Métallurgie. — Ce métal se trouve quelquefois à l'état natif dans la nature, mais on le rencontre bien plus souvent à l'état de *sulfure*. C'est de ce minerai, nommé *cinabre*, que l'on extrait le mercure.

A cette fin, on le fait griller dans un four. Sous l'influence de la chaleur, le soufre se combine à l'oxygène de l'air et le métal est mis en liberté.

$$HgS \quad + \quad O^2 \quad = \quad SO^2 \quad + \quad Hg$$

Cinabre   Oxygène   Anhydride sulfureux   Mercure

Le mercure passe à l'état de vapeurs, avec le gaz sulfureux dans une série de tubes inclinés où il se condense et s'écoule dans des bassins disposés pour le recueillir.

RÉSUMÉ

L'*argent* est le plus blanc de tous les métaux. Il est très ductile et très malléable. Sa densité est **10,50** et son point de fusion à **960°**. L'argent est inoxydable à l'air, même aux plus hautes températures. L'acide azotique le dissout à froid ; l'acide chlorhydrique ne l'attaque que superficiellement, et l'acide sulfhydrique le noircit.

Allié avec un peu de cuivre, l'argent sert à fabriquer des pièces de monnaie et des objets d'orfèvrerie. On trouve l'argent à l'état natif, mais surtout à l'état de sulfure ou uni aux galènes (minerais de plomb).

Les principaux composés de l'argent sont le *chlorure* et le *nitrate*.

Le *cuivre* est un métal d'une belle couleur rouge, très ductile, très malléable et très conducteur de la chaleur et de l'électricité. Sa densité est **8,9**, et son point de fusion vers **1.150°**. Dans l'air humide, la surface du cuivre se couvre d'une mince couche de carbonate de cuivre, nommé *vert-de-gris*, qui préserve le reste du métal. Les composés que le cuivre forme avec les acides sont tous très vénéneux.

Employé seul, le cuivre a peu d'usages ; mais uni au zinc, c'est-à-dire à l'état de *laiton* ou de *cuivre jaune*, il est, après le fer, le métal qui a le plus d'usages. Un de ses composés, le *sulfate de cuivre*, est aussi très employé.

Le cuivre s'extrait de la *pyrite cuivreuse*, qui est formée par un mélange de *sulfure de cuivre* et de *sulfure de fer*.

Le *mercure* est le seul métal liquide à la température ordinaire. Sa densité est **13,59**. Il se congèle à — **39°** et bout à **359°**. Il s'oxyde rapidement lorsqu'il est chauffé à **300°** au contact de l'air.

Ce métal est employé pour la construction de quelques instruments de physique. Dans les laboratoires, on s'en sert pour recueillir les gaz très solubles dans l'eau, et en métallurgie, pour extraire l'or de l'argent.

On extrait le mercure du *cinabre*, minerai formé par du *sulfure de mercure*.

CHAPITRE III

ZINC — PLOMB

NICKEL — COBALT — MAGNÉSIUM

ZINC
Symbole : Zn. — Poids atomique : 66.

137. Propriétés du zinc. — Le *zinc* est un métal d'un blanc bleuâtre et d'une texture cristalline. Cassant à la

Fig. 51. — *Combustion du zinc.*

température ordinaire, il devient ductile et malléable quand on le chauffe entre **100** et **150°**. Si on le chauffe jusqu'à **200°**, il redevient cassant ; il peut alors être pulvérisé dans un mortier. Le zinc est le plus dilatable de tous les métaux. Sa densité varie entre **6,80** et **7,2**, suivant qu'il a été fondu ou laminé. Il fond à **450°** et se volatilise à **1040°**.

Au contact de l'air humide, le zinc se couvre rapidement d'une couche blanchâtre de carbonate de zinc, qui préserve de l'oxydation le reste du métal. Chauffé au contact de l'air à sa température d'ébullition, le zinc prend feu et brûle avec une flamme blanche éblouissante ; il se convertit tout entier en oxyde de zinc qui se répand dans l'air sous la forme de légers flocons appelés autrefois *fleurs de zinc* et *lana philosophica*.

Cet oxyde est connu dans le commerce sous le nom de *blanc de zinc*. On le prépare dans l'industrie en brûlant du zinc en présence d'un courant d'air. Il est très employé dans la peinture en blanc, et présente sur la *céruse* l'avantage de n'être pas vénéneux et de ne pas noircir lorsqu'il est en contact avec des émanations sulfureuses, car son sulfure est blanc.

138. Usages du zinc. — Le zinc sert à préparer l'*hydrogène*, à construire la plupart des piles voltaïques, à faire des *toitures*, des *bassins*, des *baignoires*, des *arrosoirs*, etc. Il entre dans la composition du *laiton*, du *bronze monétaire*, du *maillechort* et du *fer galvanisé*. Le zinc ne peut être employé pour la confection des ustensiles de cuisine, car il forme avec les acides des composés vénéneux.

139. Métallurgie. — On extrait le zinc de deux de ses minerais, la *calamine* et la *blende*. La calamine est du *carbonate de zinc* plus ou moins impur, et la blende du *sulfure de zinc* mélangé avec un peu de sulfure de fer. On grille d'abord les minerais afin de les convertir en *oxyde de zinc* :

$$CO^3Zn = CO^2 + ZnO$$
Calamine   Anh. carbonique   Oxyde de zinc

$$ZnS + 3O = SO^2 + ZnO$$
Blende   Oxygène   Anh. sulfureux   Oxyde de zinc

On mélange cet oxyde avec du *charbon*, puis on l'introduit dans des cornues ou cylindres en terre que l'on chauffe fortement ; le charbon s'empare de l'oxygène, et le zinc, mis en liberté, passe à l'état de vapeur dans un réservoir où il se condense.

$$ZnO + C = CO + Zn$$

Oxyde de zinc   Carbone   Oxyde de carbone   Zinc

140. Sulfate de zinc. — Le principal sel de zinc est le *sulfate de zinc* SO^4Zn, ou *vitriol blanc*, qui est employé en teinture et pour l'impression des étoffes. Il sert en médecine comme antiseptique et astringent.

PLOMB

Symbole : Pb. — Poids atomique : 207.

141. Propriétés du plomb. — Le *plomb* est un métal d'un gris bleuâtre, très brillant lorsqu'il est fraîchement coupé. Il est le plus doux des métaux usuels : on peut le plier sous les doigts, le rayer avec l'ongle et le couper avec un couteau. Le plomb est peu tenace et peu ductile, mais il est très malléable. Sa densité est **11,35** et son point de fusion entre **325°** et **335°**. Les composés du plomb sont tous vénéneux.

Le plomb n'est pas attaqué par l'air sec et froid, mais sous l'influence de l'air humide, il se couvre promptement d'une mince couche de carbonate de plomb hydraté ; ce carbonate de plomb forme comme un vernis imperméable qui protège le reste du métal contre l'oxydation. Sous l'influence de la chaleur, le plomb s'oxyde très rapidement et se convertit en une poudre jaune, nommée *litharge*, dont on se sert pour rendre les huiles siccatives.

142. Usages du plomb. — Le plomb est employé *pour la fabrication des tuyaux* qui servent à la conduite des eaux et du gaz d'éclairage. On obtient ces tuyaux en compri-

mant du plomb fondu à l'aide d'une presse hydraulique,
de manière à l'obliger à passer dans un moule annulaire,
à l'extrémité duquel il
sort sous la forme d'un
tuyau continu que l'on
enroule au fur et à
mesure.

Ce métal sert aussi
à fabriquer les *balles*
et le *plomb de chasse*.
Les balles se font dans
des moules. Pour fa-
briquer le plomb de
chasse, on verse du
plomb fondu, mélangé
avec une faible quan-
tité d'arsenic, dans des
passoires métalliques,
placées à une grande
hauteur. Les gouttes de
plomb qui en découlent,
prennent en tombant
une forme parfaitement
sphérique, grâce à l'ar-
senic qu'elles contien-

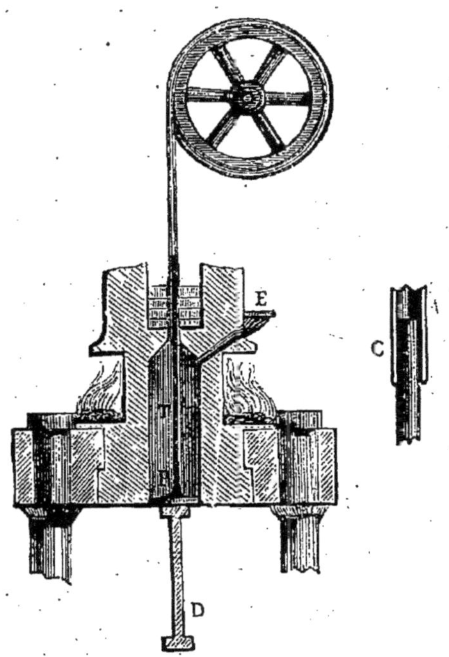

FIG. 52. — *Fabrication des tuyaux
de plomb.*

nent. Pour les refroidir, et pour amortir la vitesse de
leur chute, on les reçoit dans des réservoirs pleins d'eau.

La malléabilité du plomb permet de le réduire en feuilles
plus ou moins minces, qui servent à *couvrir les toits*, à
tapisser l'intérieur de certains réservoirs et les parois des
chambres où se fabrique l'acide sulfurique.

Le plomb entre dans la composition de quelques alliages,
principalement dans celui qui sert à faire les *caractères
d'imprimerie*. Une grande quantité de ce métal est aussi
employée pour la préparation de deux de ses composés très
importants : le *minium* et la *céruse*.

143. Métallurgie. — Le plomb s'extrait de la *galène*, minerai formé par du *sulfure de plomb* plus ou moins impur.

On grille la galène dans un long four à réverbère, muni d'ouvertures latérales par lesquelles pénètre l'air. Sous l'influence de la chaleur, et au contact de l'air, le sulfure de plomb se transforme en *oxyde* :

$$PbS \quad + \quad 3O \quad = \quad PbO \quad + \quad SO^2$$

Galène — Oxygène — Oxyde de plomb — Anhydride sulfureux

Cet oxyde est ensuite mélangé avec du *charbon* dans un haut fourneau spécial. Le charbon, en brûlant, se combine avec l'oxygène de l'oxyde et le métal, mis en liberté, se dirige à l'état liquide à la partie inférieure où il est reçu dans un creuset. La réaction peut être représentée par l'équation :

$$2PbO \quad + \quad C \quad = \quad 2Pb \quad + \quad CO^2$$

Oxyde de plomb — Carbone — Plomb — Anhydride carbonique

Nota. — Lorsque le plomb contient une quantité appréciable d'argent, on l'en extrait au moyen du zinc, comme nous l'avons dit précédemment (**128**). Le plomb, après l'opération, contient un peu de zinc que l'on sépare en chauffant le métal au rouge sombre, puis en y lançant un courant de vapeur d'eau. L'eau, à cette température, se décompose partiellement. Elle oxyde le zinc qui est ensuite entraîné avec la vapeur.

$$H^2O \quad + \quad Zn \quad = \quad ZnO \quad + \quad H^2$$

Eau — Zinc — Oxyde de zinc — Hydrogène

144. Principaux composés du plomb. — Les composés les plus remarquables du plomb sont le *minium* et la *céruse*.

Minium. Pb^3O^4. — On désigne par le nom de *minium* un oxyde de plomb que l'on trouve dans le commerce sous la forme d'une poudre d'un rouge très vif. On l'obtient en brûlant de la litharge au contact de l'air. Le minium, à cause de sa belle couleur, est employé pour colorer les papiers de teinture et la cire à cacheter ; mais il sert surtout dans la peinture à l'huile pour préserver le fer de la rouille. La fabrication du cristal, du flint-glass et des vernis dont on recouvre certaines poteries, en absorbe une quantité considérable.

Céruse, $2CO^3Pb + Pb(OH)^2$. — La *céruse*, désignée encore sous le noms de *blanc de plomb* et de *blanc d'argent*, est une carbonate de plomb uni à de l'hydrate de plomb. On l'obtient ordinairement par le *procédé de Clichy*, qui consiste à faire dissoudre de l'oxyde de plomb dans de l'acide acétique, puis à faire passer un courant d'anhydride carbonique dans cette dissolution. Sous l'influence de ce courant, la dissolution blanchit, et il se forme de la céruse, qui se dépose.

La céruse est le corps le plus employé dans la peinture à l'huile. On la mélange avec toutes les couleurs, car elle possède la propriété de bien *couvrir*, c'est-à-dire de bien masquer la couleur des objets sur lesquels on l'étend. Broyée avec une petite quantité d'huile, la céruse forme le *mastic* des vitriers, qui devient très dur en séchant à l'air. Malheureusement, la céruse a l'inconvénient de se transformer en *sulfure de plomb* noir lorsqu'elle est au contact des émanations sulfureuses, et d'exposer les ouvriers qui l'emploient à de graves accidents, connus sous le nom de *coliques saturnines* ou *coliques des peintres.*

NICKEL. — COBALT. — MAGNÉSIUM
Ni—58,5   Co—59   Mg—24

145. — Le *nickel* est un métal blanc, inaltérable à l'air à la température ordinaire, et d'une densité d'environ 8,5. Il peut être attiré par l'aimant, comme le fer. Il entre dans différents alliages, comme le *maillechort* et l'*alliage monétaire* employé dans quelques pays. Son inaltérabilité et le beau poli qu'il peut recevoir le rendent précieux pour en recouvrir le fer et le laiton afin de les préserver de l'oxydation. Le nickelage se fait par voie électrolytique et s'applique à une foule d'objets : poignées de cannes et de parapluies, serrurerie, objets d'ornementation, etc. On extrait le nickel principalement de la *garniérite* (silicate de magnésium et de nickel).

Le *cobalt* a des propriétés très semblables à celles du nickel ; il est blanc brillant, très dur, fortement magnétique et inaltérable à l'air. Sa densité est 8,6. Ses principaux minerais sont la *smaltine* (arséniure de cobalt) et la *cobaltine* (sulfoarséniure de cobalt) ; ces minerais sont traités principalement en vue d'obtenir des matières colorantes, spécialement le *bleu de cobalt*, très employé en peinture. Le cobalt pur a peu d'applications à cause de son prix élevé.

Le *magnésium* est un métal blanc comme l'argent, ductile, malléable et peu altérable à l'air ; mais au contact d'une flamme, il brûle en produisant une lumière éblouissante, que l'on utilise pour la photographie des grottes et autres endroits obscurs. On le trouve dans le commerce en fils ou en rubans. Le magnésium existe dans l'eau de la mer sous forme de *chlorure*, et dans différentes sources et minerais. On l'extrait en chauffant son chlorure avec du sodium :

$$MgCl^2 \quad + \quad 2Na \quad = \quad 2NaCl \quad + \quad Mg$$

La médecine utilise comme purgatif le *sulfate de magnésium*, SO^4Mg, que l'on obtient en évaporant l'eau de certaines sources, comme celles d'Epsom en Angleterre et de Sedlitz en Bohême.

RÉSUMÉ

Le *zinc* est un métal d'un blanc bleuâtre. Il est cassant à la température ordinaire, malléable entre **100** et **150°**, et il redevient très cassant quand on le chauffe à **200°**. C'est le plus dilatable de tous les métaux. Sa densité varie entre **6,80** et **7,2**. Il fond à **450°**, et se volatilise à **1040°**.

A la température de son ébullition, le zinc brûle au contact de l'air avec une flamme blanche d'un éclat éblouissant. Le produit de cette combustion est de l'*oxyde de zinc*; cet oxyde est employé dans la peinture sous le nom de *blanc de zinc*, pour remplacer la *céruse*. Au contact de l'air humide, le zinc se couvre rapidement d'une couche de carbonate de zinc, qui préserve le reste du métal.

Le zinc est employé pour construire la plupart des piles voltaïques ; il sert à confectionner des baignoires, des bassins et quelques autres ustensiles. Le zinc entre aussi dans la composition du *bronze monétaire*, du *maillechort* et du *fer galvanisé*.

On extrait le zinc de la *blende* et de la *calamine*. La blende est formée par du *sulfure de zinc* et la calamine par du *carbonate de zinc*.

Le *plomb* est un minerai d'un gris bleuâtre, très brillant. Il est assez mou pour être rayé avec l'ongle. Sa densité est **11,35** et son point de fusion à **335°**. Exposé à l'air humide, il se couvre d'une couche de carbonate de plomb qui préserve le reste du métal. Sous l'influence de la chaleur, il se convertit en *litharge*.

Le plomb sert à fabriquer les balles, le plomb de chasse, et les tuyaux servant à conduire les eaux ou le gaz d'éclairage. Réduit en feuilles, il sert à couvrir les toitures, à tapisser l'intérieur de certains réservoirs et les parois des chambres où se fabrique l'acide sulfurique. Deux de ses composés, le *minium* et la *céruse*, sont employés dans l'industrie.

On extrait le plomb de la *galène*, minerai formé par du *sulfure de plomb*.

Le *nickel* est un métal blanc, inaltérable à l'air, et d'une densité d'environ 8,5. Il est employé dans certains alliages et pour recouvrir le fer et le laiton afin de les préserver de l'oxydation.

Le *cobalt* a des propriétés semblables à celles du nickel. On traite ses minerais principalement en vue d'obtenir des matières colorantes.

Le *magnésium* est un métal blanc comme l'argent, qui a la propriété de brûler avec une flamme éblouissante. On utilise cette propriété pour photographier les endroits obscurs. On emploie en médecine le *sulfate de magnésium* comme purgatif.

CHAPITRE IV

CALCIUM ET SES COMPOSÉS

STRONTIUM — BARYUM

CALCIUM

Symbole : Ca. — Poids atomique : 40.

146. Propriétés du calcium. — Le *calcium* est un métal jaune, très brillant, mais qui se ternit facilement à l'air humide et qui se convertit peu à peu en hydrate et en carbonate de calcium. Sa densité est 1,55. Il fond au rouge sombre et brûle avec une flamme blanche d'un éclat extraordinaire.

On l'obtient par l'électrolyse de son chlorure fondu. On emploie à cet effet, un creuset en fer, qui sert d'électrode. L'autre électrode est aussi en fer.

Le calcium pur n'est guère utilisé que dans les laboratoires ; mais ses composés sont très importants. Les principaux sont la *chaux*, le *carbonate de calcium*, le *sulfate*, le *phosphate* et le *chlorure de calcium*.

147. Chaux, CaO. — La *chaux* est de l'oxyde de calcium. Lorsqu'elle est fraîchement préparée, elle est anhydre et porte le nom de *chaux vive*. La chaux vive est une substance très caustique, indécomposable par la chaleur et infusible aux plus hautes températures. Lorsqu'on projette de l'eau sur de la chaux vive, elle se combine avec ce liquide, augmente de volume, produit une élévation de température que l'on évalue à **300°**, et se convertit en chaux hydratée ou *chaux éteinte*.

$$CaO + H_2O = Ca(OH)_2$$

Chaux vive	Eau	Chaux éteinte

Exposée à l'air, la chaux vive en absorbe l'humidité et l'anhydride carbonique ; elle se désagrège et tombe en poussière ; on dit alors qu'elle se *délite*.

On prépare la chaux vive en décomposant le *carbonate de calcium* par la chaleur ; il se dégage de l'*anhydride carbonique* et il reste de la *chaux*, comme l'indique l'équation suivante :

$$CO_3Ca = CaO + CO_2$$

Carbonate de calcium	Chaux	Anhydride carbonique

PROBLÈME. — *On désire préparer 5 tonnes de chaux vive. 1° Quelle quantité de pierre à chaux devra-t-on calciner ? 2° Quelle quantité de chaux éteinte pourra-t-on préparer en hydratant la chaux obtenue ?*

1° En utilisant cette dernière équation, on obtient, le poids moléculaire de CO_3Ca étant 100, et celui de CaO, 56 :

$$x = \frac{100 \times 5}{56} = 8 \text{ tonnes } 9.$$

2° La première des deux équations donnera (poids moléculaire de $Ca(OH)^2 = 74$) :

$$x = \frac{74 \times 5}{56} = 6 \text{ tonnes } 6.$$

148. Variétés de chaux. — On distingue trois variétés principales de chaux : la *chaux grasse*, la *chaux maigre* et la *chaux hydraulique*.

Chaux grasse. — La *chaux grasse* est produite par la calcination des pierres à chaux, constituées par du carbonate de calcium presque pur. Elle forme avec de l'eau une pâte très liante ; au contact de ce même liquide, elle s'échauffe beaucoup et augmente considérablement de volume.

Chaux maigres. — On donne le nom de *chaux maigres* à celles qui proviennent de calcaires renfermant des proportions assez fortes de matières étrangères. Ces chaux ne donnent qu'une pâte courte et peu liante ; elles ne s'échauffent que faiblement et n'augmentent presque pas de volume au contact de l'eau.

Chaux hydraulique. — La *chaux hydraulique* provient de la calcination de pierres à chaux renfermant de **10** à **25** pour cent d'argile. Elle a la propriété de durcir au contact de l'eau. Le *ciment* est une chaux hydraulique qui contient de **30** à **60** pour cent d'argile.

La chaux sert à la fabrication du verre, des bougies, du sucre, au tannage des peaux et à la purification du gaz d'éclairage. Dans l'agriculture, on emploie la chaux pour amender les terres sablonneuses ou bourbeuses. Mais le principal usage de la chaux consiste dans la fabrication des *mortiers* et des *bétons*.

Mortiers. — On distingue deux sortes de mortiers : le *mortier ordinaire* et le *mortier hydraulique*.

Le *mortier ordinaire* est formé par un mélange de chaux éteinte et de sable. Il durcit à l'air, mais il résiste mal à l'action de l'eau.

Le *mortier hydraulique* est un mélange de chaux hydraulique et de sable. Sa propriété de durcir au contact de l'eau le fait employer pour la maçonnerie des constructions situées dans des milieux humides.

Bétons. — Les *bétons* sont formés par des mélanges de chaux ordinaire ou de chaux hydraulique et de petites pierres. Ils sont utilisés dans les fondations des édifices ; on les emploie aussi dans la construction des ponts, des digues, des canaux, des réservoirs d'eau, etc.

149. Carbonate de calcium, CO_3Ca. — Le carbonate de calcium est très abondant dans la nature.

FIG. 53. — *Four à plâtre.*

On le trouve quelquefois en beaux cristaux rhomboédriques, parfaitement transparents et jouissant de la propriété de la double réfraction ; c'est le *spath d'Islande*. Lorsqu'il est cristallisé en prismes droits, et présente une teinte d'un blanc laiteux, on l'appelle *aragonite*. Mais le plus abondant est celui que l'on désigne d'une façon générale, sous le nom de *calcaire* : les *marbres* que nous employons pour la décoration de nos édifices et dans notre ameublement ; la *pierre à chaux* que nous transformons par la chaleur en chaux vive ; la *pierre lithographique*, dont les grains fins et serrés se prêtent au dessin, à l'écriture ; la *craie* que nous employons pour l'amendement des terres et dont nous nous servons pour écrire au tableau noir ; les *stalactites* et *stalagmites* qui ornent certaines grottes ; beaucoup de pierres employées dans les constructions, sont des carbonates de calcium naturels,

150. Sulfate de calcium, SO⁴Ca. — *Le sulfate de calcium* existe dans la nature à l'état anhydre, mais il est beaucoup plus abondant à l'état hydraté. Le sulfate de calcium hydraté est connu sous le nom de *gypse* et de *pierre à plâtre*. Le gypse chauffé à la température de 140°, perd l'eau qu'il renferme, et se laisse facilement réduire en une poudre blanche désignée sous le nom de *plâtre*. Gâché avec de l'eau, le plâtre possède la propriété de se solidifier très vite en s'hydratant de nouveau.

Le plâtre est employé pour le moulage, et sert à revêtir les plafonds et les murs des appartements. Il constitue un excellent engrais pour les prairies artificielles. Répandu dans les écuries ou sur le fumier, le plâtre s'oppose à la déperdition de l'ammoniaque, un des agents les plus précieux des engrais. Lorsqu'il est gâché avec la colle forte, le plâtre forme le *stuc*, matière dure, susceptible de recevoir un beau poli.

151. Phosphate de calcium, (PO⁴)²Ca³. — Le phosphate de calcium le plus abondant dans la nature est le *phosphate tribasique*. Ce phosphate forme les **80/100** de la partie minérale des os et entre dans la composition de beaucoup de végétaux, particulièrement dans celle des céréales. On trouve dans quelques contrées des amas de nodules formés par des ossements et des excréments fossiles, qui contiennent beaucoup de phosphate tribasique de calcium.

Le phosphate de calcium est un excellent engrais, surtout s'il a été converti auparavant en *superphosphate de calcium* par l'action de l'*acide sulfurique* (1). Le *guano* du Pérou doit la plupart de ses propriétés fertilisantes au phosphate de calcium qu'il renferme.

---

(1) Ce superphosphate est un mélange de phosphate mono, bi et tricalcique, et de sulfate de calcium.

STRONTIUM. — BARYUM
Sr=87,5   Ba=137.

152. — Ces deux métaux présentent beaucoup d'analogie avec le calcium ; comme celui-ci, ils sont jaunâtres, brûlent à l'air et décomposent l'eau à la température ordinaire. On les obtient par l'électrolyse de leurs chlorures fondus. Ils n'ont pas d'usages par eux-mêmes, mais on utilise quelques-uns de leurs composés. Ainsi, l'*azotate de strontium*, $(NO^3)^2Sr$, est employé dans la confection des mélanges pour les feux d'artifice, à cause de la coloration rouge qu'il communique à la flamme, et l'*azotate de baryum*, $(NO^3)^2Ba$, est employé de même pour obtenir les feux verts ; le *chlorure de baryum*, $BaCl^2$, sert en analyse ainsi que l'*hydrate de baryum* ou *eau de baryte*, $Ba(OH)^2$, pour reconnaître l'acide sulfurique et les sulfates solubles, avec lesquels ces réactifs donnent un précipité blanc ; le *sulfate de baryum*, SO^4Ba, est utilisé dans la fabrication du papier pour donner à celui-ci de la blancheur.

RÉSUMÉ

Le *calcium* est un métal jaune, très brillant, mais qui se ternit facilement à l'air humide. Sa densité est de **1,55**. Il brûle avec une belle flamme blanche. Ses principaux composés sont la *chaux*, le *carbonate*, le *sulfate*, le *phosphate* et le *chlorure de calcium*.

La *chaux* est l'oxyde de calcium. Fraîchement préparée, elle prend le nom de *chaux vive* ; lorsqu'elle est hydratée, on la nomme *chaux éteinte*. On distingue trois variétés de chaux : la *chaux grasse*, la *chaux maigre* et la *chaux hydraulique*. Le principal usage de la chaux consiste dans la fabrication des *mortiers* et des *bétons*.

Le *carbonate de calcium* est un des corps les plus répandus dans la nature. Il constitue les différents calcaires, dont les plus importants sont le *marbre*, les *pierres à bâtir*, les *pierres à chaux*, la *pierre lithographique* et la *craie*.

On trouve dans la nature le *sulfate de calcium* à l'état anhydre et à l'état hydraté. Lorsqu'il est hydraté, il est désigné par les noms de *gypse* et de *pierre à plâtre*. Le gypse chauffé à **140°** perd son eau de cristallisation et se convertit en *plâtre*.

Le *phosphate tribasique de calcium* forme les **80/100** de la partie minérale des os ; il entre aussi dans la composition de beaucoup de végétaux. C'est un excellent engrais surtout quand il est transformé en *superphosphate de calcium* par l'action de l'acide sulfurique.

Le *strontium* et le *baryum* présentent beaucoup d'analogie avec le calcium ; comme celui-ci ils sont jaunâtres, brûlent à l'air et décomposent l'eau à la température ordinaire. On utilise, en pyrotechnie, l'*azotate de strontium* pour obtenir des feux rouges, et l'*azotate de baryum* pour obtenir des feux verts. Le *chlorure de baryum* et l'*eau de baryte* sont employés dans l'analyse chimique, et le *sulfate de baryum*, dans la fabrication du papier.

CHAPITRE V

FER — FONTE — ACIER

MANGANÈSE

FER

Formule : Fe. — Poids atomique : 56.

153. Propriétés physiques. — Le *fer* est un métal d'un gris bleuâtre, très ductile, assez malléable et remarquable par sa grande ténacité. Soumis à l'action de la chaleur, il se ramollit et peut alors être façonné sous le marteau et se souder à lui-même. Il fond entre 1.500 et 1.600°. Le fer est extrêmement magnétique ; il possède la propriété de s'aimanter instantanément sous l'influence des aimants et des courants électriques, et de perdre son aimantation aussitôt que cette influence cesse.

Le fer, lorsqu'il a été martelé, possède une texture *fibreuse* mais cette texture se modifie lentement avec le temps et devient *cristalline*. Cette modification, qui a pour effet de faire perdre au fer une grande partie de sa ténacité, se produit rapidement lorsque ce métal est soumis à de fréquentes vibrations. C'est à ce changement de struc- ture que l'on attribue les ruptures des essieux des voitures

154. Propriétés chimiques. — L'air sec n'a pas d'action sur le fer à la température ordinaire, mais l'air humide l'oxyde rapidement et le convertit en *rouille* ou *hydrate ferrique*, $Fe(OH)^3$. On préserve le fer de la rouille en recouvrant sa surface d'une légère couche de zinc ou d'étain ; dans le premier cas, on obtient le *fer galvanisé*, et dans le second, le *fer étamé* ou *fer-blanc*. On arrive encore au même résultat en employant la peinture à l'huile.

Chauffé au rouge, le fer s'oxyde rapidement au contact de l'air : il se couvre d'une pellicule noire formée par un composé auquel on a donné le nom d'*oxyde des battitures*, Fe^3O^4. Nous avons vu que le fer décompose l'eau à la chaleur rouge, ou à froid en présence de l'acide sulfurique et que l'acide sulfurique, l'acide azotique et l'acide chlorhydrique agissent vivement sur lui.

155. Métallurgie du fer. — Le fer, le plus important des métaux par ses applications, est aussi celui qui se trouve le plus abondamment dans l'écorce terrestre ; il n'est presque aucun terrain qui en soit complètement dépourvu. On ne le trouve à l'état natif que dans les aérolithes. Le fer s'extrait de ses différents oxydes naturels, dont les plus exploités sont les suivants :

1° L'*oxyde de fer magnétique*, Fe^3O^4, qui se trouve en Suède et en Norvège, et qui donne un fer très pur et très estimé.

2° Le *sesquioxyde de fer*, Fe^2O^3, qui prend les noms de *fer oligiste*, quand il est cristallisé, d'*hématite rouge* quand il est amorphe. On le trouve principalement en Allemagne et dans les Vosges.

3° L'*hydrate ferrique*, $Fe(OH)^3$, auquel on donne les différents noms d'*hématite brune*, de *limonite* et de *fer oolithique*. Ce minerai est assez abondant en Bourgogne et dans le midi de la France.

4° Le *carbonate de fer* ou *fer spathique*, CO^3Fe, est aussi un excellent minerai de fer. Il se trouve principalement dans les Alpes, dans les Pyrénées et dans le nord de la France.

Au sortir de la mine, le minerai doit subir deux traitements successifs : un *traitement mécanique* et un *traitement chimique*.

1º Traitement mécanique. — Le traitement mécanique a pour but de débarrasser le minerai de la plus grande partie de sa *gangue*, c'est-à-dire des matières étrangères avec lesquelles il se trouve mêlé. Le minerai est d'abord *trié à la main*; cette opération a pour but de diviser les fragments de minerai en trois catégories : ceux de gangue

Fig. 54. — *Bocardage du minerai.*

pure, ceux de minerai pur et ceux qui sont formés par un mélange de gangue et de minerai. Les premiers sont rejetés, les seconds sont soumis directement au traitement chimique, et les troisièmes sont d'abord *broyés* entre deux cylindres cannelés puis *bocardés*, c'est-à-dire pulvérisés dans une auge en bois, où un courant d'eau entraîne la plus grande partie des impuretés.

2° *Traitement chimique.* — Le traitement chimique a pour but d'extraire le métal de son minerai. Si les minerais étaient purs, il suffirait de les chauffer avec du charbon à une haute température pour les réduire et en dégager le fer qu'ils renferment ; mais les minerais les plus riches contiennent toujours de la gangue, qu'il faut rendre fusible afin de pouvoir en séparer le métal.

La gangue du minerai de fer est ordinairement de l'argile, substance infusible tant qu'elle reste seule, mais qui forme un composé assez fusible lorsqu'elle est chauffée en présence du carbonate de calcium, avec lequel il forme un composé, appelé *laitier*, qui est un silicate double d'aluminium et de calcium. Lorsque la gangue est calcaire, on ajoute de l'argile au minerai afin de convertir la gangue en un silicate fusible. La matière que l'on ajoute au minerai afin de faciliter la fusion de sa gangue, est désignée sous le nom de *fondant* ; le carbonate de calcium se nomme *castine* et l'argile, *erbue*.

Mais, comme on est obligé de porter le minerai à une température élevée pour déterminer la fusion de sa gangue, il arrive que cette chaleur fait combiner le fer avec un peu de carbone et de silicium et le convertit en *fonte*. Une seconde opération est donc nécessaire pour enlever à la fonte son carbone ainsi que son silicium et la ramener à l'état de fer pur ou de *fer doux*. Cette opération est désignée sous le nom d'*affinage*.

Le traitement chimique du fer se fait dans les *hauts journeaux*.

156. Haut fourneau. — Un *haut fourneau* se compose de deux troncs de cône réunis par leur grande base. Le tronc du cône supérieur, appelé *cuve*, est construit avec des briques réfractaires. C'est par son ouverture, appelée *gueulard*, que l'on fait le chargement du haut fourneau. Le gueulard est généralement fermé par un couvercle, que l'on soulève au moment du chargement ; des ouvertures

latérales permettent de recueillir les gaz combustibles qui
se produisent au moment de la réduction du minerai par
le charbon. Le tronc de cône inférieur constitue les *étala-*

FIG. 55. — *Coupe d'un haut fourneau.*

ges ; il est construit avec des pierres siliceuses infusibles.
Au-dessous des étalages, se trouve une partie cylindrique,
nommée *ouvrage*, dans la partie inférieure de laquelle
viennent aboutir les orifices de trois *tuyères,* alimentées
par une puissante *machine soufflante.* Enfin, au-dessous
de l'ouvrage, se trouve le *creuset,* dont la paroi antérieure,

nommée *dame*, se termine par un plan incliné. Le creuset est muni à sa partie inférieure d'un *trou de coulée*, qui, pendant l'opération, est bouché avec un tampon d'argile. La hauteur d'un haut fourneau est de 10 mètres, lorsqu'il est alimenté par du charbon de bois, et de 18 à 20 mètres quand il est alimenté par du coke.

On introduit d'abord dans le haut fourneau une quantité de combustible suffisante pour remplir l'ouvrage et les étalages, puis on achève de le garnir avec des couches alternatives de combustible et de minerai mêlé avec son fondant. Cela fait, on met le feu au combustible qui se trouve dans l'ouvrage et on fait fonctionner la machine soufflante. L'air qui s'échappe des tuyères brûle le charbon et produit de l'*anhydride carbonique*; cet anhydride, à mesure qu'il s'élève dans l'ouvrage et dans les étalages rencontre du charbon incandescent qui le fait passer à l'état d'*oxyde de carbone*. L'oxyde de carbone rencontre à son tour le minerai, déjà fortement chauffé, lui enlève son oxygène et repasse à l'état de gaz carbonique.

Le minerai ainsi réduit descend avec sa gangue et son fondant dans les étalages. C'est là que le fondant réagit sur la gangue pour la transformer en un silicate double d'aluminium et de calcium, et que le fer se combine avec un peu de carbone et de silicium pour se convertir en fonte. La fonte et le laitier continuent à descendre, traversent l'ouvrage, où ils achèvent de se liquéfier et tombent dans le creuset, à l'état de fluidité parfaite. La fonte, en vertu de sa densité, gagne le fond du creuset ; le laitier surnage, déborde la dame et s'écoule par le plan incliné.

Lorsque le creuset est plein de fonte, on retire le tampon d'argile qui ferme le trou de coulée, et la fonte incandescente se répand à l'intérieur de petits canaux creusés dans le sable sur le sol de l'usine. Elle forme, après son refroidissement, des demi-cylindres auxquels on a donné le nom de *gueuses*.

Le haut fourneau, une fois allumé, marche d'une manière

continue ; on ne l'arrête que pour y faire des réparations. Autrefois, on laissait perdre les gaz qui se dégagent par le gueulard ; actuellement, ces gaz, pour la plupart combustibles, sont utilisés pour le chauffage de l'air qui est introduit dans le haut fourneau par les tuyères. A cet effet, on dirige ces gaz dans des chambres à demi-cloisonnées nommées *récupérateurs*, où ils sont complètement brûlés au moyen de l'air que l'on y introduit en même temps. Cette combustion porte au rougé les cloisons des récupérateurs, qui deviennent ainsi aptes à chauffer fortement l'air que l'on y fait ensuite passer avant de l'introduire dans le haut fourneau.

157. Fonte. — La *fonte* est formée par du fer renfermant environ 5 pour cent de carbone et un peu de silicium. Le même minerai, suivant la température à laquelle il a été porté dans le haut fourneau, donne deux variétés de fonte : la *fonte blanche* et la *fonte grise* ; la première se forme à une température moins élevée que la seconde.

La *fonte blanche* possède une couleur argentine. Elle est très dure et très cassante. Elle fond entre 1.050 et 1.100°, en donnant une masse pâteuse, impropre au moulage. La fonte grise a une couleur qui varie du noir au gris clair. On peut la travailler à la lime et au tour. Elle fond à 1.288° et devient très fluide, ce qui la rend propre au moulage. C'est avec cette fonte que l'on fabrique les pièces des machines, les tuyaux de conduite d'eau, les poêles, les marmites et un grand nombre d'autres objets. La fonte blanche est utilisée pour la fabrication du fer, par les différents procédés d'affinage.

Affinage de la fonte. — Pour *affiner* la fonte, c'est-à-dire pour la convertir en fer, on la fait fondre dans un creuset ou dans un four à réverbère, puis on la soumet à un fort courant d'air. Ce courant d'air oxyde le carbone et le silicium qu'elle contient ; le premier se convertit en anhydride carbonique, qui se dégage, et le second, en acide silicique, qui se combine avec une petite quantité d'oxyde de fer et produit un silicate de fer fusible, qui passe à l'état de scorie. Le fer, à mesure qu'il se sépare du carbone, devient de moins en moins fusible ; il se rassemble en petites masses spongieuses qui, réunies à l'aide d'un ringard, forment une masse plus volumineuse appelée *loupe*. La loupe est soumise à un énergique martelage, qui a pour but d'en expulser toutes les scories qu'elle contient, et de souder le fer à lui-même.

158. Acier. — L'*acier* est du fer moins riche en carbone que la fonte : il n'en renferme que de 8 à 15 millièmes. C'est un métal blanc, brillant, qui est susceptible de recevoir un beau poli. Lorsque, après avoir porté l'acier à une haute température, on le laisse refroidir lentement, il devient aussi ductile et aussi malléable que le fer ; mais si on le refroidit brusquement, en le trempant dans de l'eau froide, il devient très cassant, très dur. On lui donne alors le nom d'*acier trempé*. On le rend élastique par le recuit.

On prépare l'acier soit en *décarburant* la fonte, soit en *carburant* le fer. Le premier procédé donne de l'*acier naturel* ou *de fonte*, et le second, de l'*acier de cémentation*.

L'*acier naturel* ou de *fonte* se prépare en exposant pendant plusieurs heures de la fonte en fusion à l'action d'un courant d'air, qui brûle une partie de son carbone. Autrefois, cette opération se faisait uniquement dans les fours à réverbère ; mais depuis quelques années, on prépare une grande quantité d'acier naturel par le *procédé Bessemer* et par le *procédé Martin*.

Le *procédé Bessemer* consiste à faire passer au travers de la fonte en fusion un certain nombre de jets d'air fortement comprimé. Cet air, en traversant le métal, brûle une partie de son carbone et de son silicium et le convertit promptement en acier. L'opération se fait dans de grandes cornues en tôle garnies intérieurement de terre réfractaire et pouvant tourner autour d'un

axe horizontal. L'air comprimé arrive par un tube latéral, comme
le présente la figure 56, et descend dans les tuyères qui débouchent
au fond de la cornue. Lorsque la décarburation est suffisante,

FIG. 56. — *Convertisseur Bessemer.*

on coule l'acier dans une poche située à proximité ; celle-ci sert
à le vider dans les moules.

Le *procédé Martin* donne de l'acier très homogène. Il consiste
à fondre ensemble du fer doux et de la fonte en quantité telle
que le carbone contenu dans la masse totale soit dans la
même proportion que celle que doit contenir l'acier. Cette opération se fait dans des fours à réverbère, appelés fours *Siemens*,
chauffés par un mélange d'air et de gaz et, en particulier, d'oxyde
de carbone, provenant de la distillation de la houille.

L'*acier de cémentation* s'obtient en chauffant pendant
une quinzaine de jours des lames de fer placées au milieu
d'un *cément* composé de charbon de bois pulvérisé et de
suie de cheminée. Les lames de fer et le cément, rangés
par couches alternatives, sont placés dans de grandes
caisses en briques réfractaires, situées dans un four que
l'on maintient à une haute température. Peu à peu le fer
se combine avec le cément et se transforme en acier.

L'acier de cémentation ne possède pas une texture bien
homogène. Pour lui donner une homogénéité parfaite, on
le fond dans des creusets en argile réfractaire, puis on le
coule dans des lingotières. On obtient ainsi de l'*acier
fondu.*

Les usages de l'acier sont très nombreux : l'acier sert à la fabrication des *sabres*, des *épées*, des *fleurets*, des *scies*, des *instruments aratoires*, etc. L'acier Bessemer et l'acier Martin sont employés pour fabriquer les *ressorts de voiture*, les *plaques de blindages*, les *canons*, les *projectiles*, etc. L'acier fondu sert à la fabrication des *ressorts de montre*, des *burins*, des *limes*, des *objets de coutellerie*, des *instruments de chirurgie*, etc.

159. Sels de fer. — Les principaux sels de fer sont : le *chlorure ferreux*, le *chlorure ferrique* et le *sulfate de fer*.

Le *chlorure ferreux*, $FeCl^2$, s'obtient en dissolvant du fer dans de l'acide chlorhydrique et en faisant évaporer.

Le *chlorure ferrique* $FeCl^3$, s'obtient en dissolvant du fer dans de l'eau régale. Il est utilisé en médecine pour arrêter les hémorragies.

Le *sulfate ferreux*, SO^4Fe, appelé aussi *vitriol vert* ou *couperose verte*, est obtenu en dissolvant du fer dans de l'acide sulfurique étendu. Il est employé dans la *teinture en noir*, pour la fabrication du *bleu de Prusse* et de l'*encre ordinaire*.

MANGANÈSE
Mn—55

160. — Le *manganèse* est un métal d'une couleur grise d'acier, très cassant, très dur et facilement oxydable à l'air. Il n'a pas d'application par lui-même, mais uni au fer, il forme un alliage important. Ses principaux composés sont le *bioxyde de manganèse* et le *permanganate de potassium*.

Le *bioxyde de manganèse*, MnO^2, est un minerai appelé *pyrolusite*, très abondant dans la nature, où on le trouve en masses noirâtres ou cristallines à l'aspect métallique. Nous avons vu qu'on l'emploie dans la préparation de l'oxygène et du chlore. Dans les verreries, on en introduit de petites quantités dans le verre fondu, afin de détruire les matières charbonneuses qui nuiraient à sa transparence. Employé en excès, il communique au verre une coloration violette.

Le *permanganate de potassium*, MnO^4K, est un sel d'un violet presque noir ; il se dissout facilement dans l'eau, à laquelle il communique une belle couleur pourpre. C'est un oxydant énergique, qui transforme les sels ferreux en sels ferriques, l'acide sulfureux en acide sulfurique, l'oxygène en ozone, etc.

Expériences. — 1. On met dans un verre une solution de sulfate ferreux, on y ajoute un peu d'acide sulfurique, puis on y verse goutte à goutte une solution de permanganate de potassium ; celui-ci cède facilement de l'oxygène qui transforme le *sulfate ferreux*, SO^4Fe, en *sulfate ferrique* $(SO^4)^3Fe^2$. La transformation est complète lorsque le permanganate ajouté ne se décompose plus, c'est-à-dire conserve sa couleur.

2. On pulvérise environ 1 gramme de permanganate de potassium, on le met dans une capsule de porcelaine, puis on l'imprègne d'acide sulfurique concentré. Il se forme de l'*ozone*, gaz de la même composition que l'oxygène, mais dont la molécule O^3 comprend *trois* atomes de cet élément. Les propriétés de ce gaz sont plus énergiques encore que celles de l'oxygène : des boulettes de papier jetées dans la capsule s'enflamment ; si l'on humecte l'extrémité d'une baguette de verre dans le mélange, et qu'on l'approche de la mèche d'une lampe à alcool, celle-ci s'allume.

RÉSUMÉ

Le *fer* est un métal d'un gris bleuâtre qui se fait remarquer par sa grande ténacité et par ses propriétés magnétiques. Il s'oxyde promptement à l'air humide et se convertit en *rouille*. On préserve le fer de l'oxydation en le couvrant d'une couche de zinc (*fer galvanisé*), ou d'une couche d'étain (*fer étamé*), ou encore d'une couche de peinture à l'huile.

Les principaux minerais de fer sont l'*oxyde magnétique de fer*, le *sesquioxyde de fer*, l'*hydrate de fer* et le *carbonate de fer*.

Au sortir de la mine, le minerai subit deux traitements successifs : un *traitement mécanique* et un *traitement chimique*. Le traitement mécanique qui a pour but de débarrasser le minerai d'une grande partie de sa *gangue*, comprend trois opérations : le *triage à la main*, le *broyage* et le *bocardage*. Le traitement chimique, qui a pour but d'extraire le métal de son minerai, consiste à réduire l'oxyde de fer par le charbon et à en séparer la gangue qu'il renferme encore, en la rendant fusible au moyen d'un *fondant*. Ce fondant est du carbonate de calcium (*castine*) ou de l'argile (*erbue*), suivant que la gangue est siliceuse ou calcaire. Le traitement chimique se fait dans les *hauts fourneaux*.

Les différentes parties d'un haut fourneau sont, en allant de haut en bas, la *cuve*, dont l'ouverture porte le nom de *gueulard*, les *étalages*, l'*ouvrage*, les *tuyères*, qui amènent le vent de la *soufflerie*, le *creuset*, muni d'un *trou de coulée* et dont la paroi antérieure est nommée *dame*.

Le traitement chimique du minerai ne donne que la *fonte*. La fonte est convertie en *fer doux* ou en *acier* par les différents procédés d'*affinage*. Ces procédés consistent à enlever à la fonte une partie de son carbone et de son silicium par l'action oxydante de l'air.

La *fonte* est formée par du fer renfermant 5 pour cent de carbone et un peu de silicium. Il existe deux variétés de fonte, la *fonte grise* et la *fonte blanche*.

L'*acier* est du fer moins riche en carbone que la fonte ; il n'en contient que 8 à 15 millièmes. On le prépare soit en *décarburant* la fonte, soit en *carburant* le fer. Le premier procédé donne de l'acier *naturel* ou de *fonte*, et le second, de l'acier de *cémentation*. Depuis quelques années, on prépare beaucoup d'acier par le procédé *Bessemer* et par le procédé *Martin*.

Les principaux sels de fer sont les *chlorures de fer* et le *sulfate de fer*.

Le *manganèse* présente l'aspect gris de l'acier. Il est très cassant, très dur et facilement oxydable à l'air. Il n'a pas d'application par lui-même. Ses principaux composés sont le *bioxyde de manganèse*, minerai d'une couleur noirâtre, que l'on emploie dans la préparation du chlore et de l'oxygène, et le *permanganate de potassium*, beau sel violet, employé en analyse à cause de ses propriétés oxydantes.

CHAPITRE VI

ÉTAIN — PLATINE — OR — ALUMINIUM

CHROME — BISMUTH

ÉTAIN

Symbole : Sn. — Poids atomique : 118.

161. Propriétés de l'étain.— L'*étain* est un métal blanc à reflets jaunâtres. Frotté entre les doigts, il acquiert une odeur désagréable. Il est très malléable, mais il est peu ductile et peu tenace. Sa texture est cristalline ; quand on le ploie, il fait entendre un bruit particulier, nommé *cri de l'étain*, provenant du frottement et du déchirement des cristaux enchevêtrés. La densité de l'étain est de 7,29 et son point de fusion à 230°.

L'étain exposé à l'air n'éprouve, à la température ordinaire, aucune altération sensible ; mais lorsqu'il est fortement chauffé, il se transforme en protoxyde et en bioxyde d'étain.

162. Usages de l'étain. — L'inaltérabilité de l'étain à l'air et l'innocuité de ses sels, pris en petite quantité, expliquent pourquoi on recouvre d'une mince couche de ce métal les ustensiles de cuivre et de fer employés pour la cuisine.

Pour étamer ces ustensiles, on commence par les décaper en les frottant vivement à chaud avec un tampon d'étoupe saupoudré de sel ammoniac ou de sable, puis on promène de l'étain fondu sur tous les points de leur surface.

Le *fer-blanc* n'est autre chose que de la tôle étamée. On se sert aussi de l'étain, réduit en *feuilles très minces*, pour envelopper le chocolat, les fromages, les saucissons et diverses autres matières alimentaires. Ce métal entre dans la composition des différents *bronzes*, et constitue, lorsqu'il est allié avec le mercure, le *tain des glaces*.

L'étain s'extrait d'un de ses minerais, connu sous le nom de *cassitérite*, qui est formé par du *bioxyde d'étain*. Il suffit de chauffer ce minerai avec du charbon pour le réduire et le convertir en étain.

PLATINE
Symbole : Pl. — Poids atomique : 195.

163. Propriétés du platine. — Le *platine*, lorsqu'il a été fondu ou forgé, est un métal d'un blanc grisâtre, un peu moins dur que l'argent, très malléable, très ductile et très tenace. Il fond à **1775°**, température que produisent facilement le chalumeau à gaz oxhydrique et le four électrique. Le platine est le plus lourd des corps usuels connus, sa densité est de **21,50**. On le trouve à l'état natif formant des grains ou des pépites disséminés dans certains terrains. Ce sont les monts Ourals qui nous ont fourni jusqu'à ce jour le plus de platine.

Ce métal se présente souvent sous la forme d'une masse spongieuse grisâtre, nommée *mousse de platine*, et sous la forme d'une poudre noire impalpable, qui porte le nom de *noir de platine*. Sous ces deux formes, le platine possède la propriété de condenser les gaz et les vapeurs combustibles et, par l'effet de cette condensation, de dégager assez de chaleur pour les enflammer. Ainsi, quand on introduit du noir de platine dans une éprouvette contenant de l'hydrogène et de l'oxygène, cette poudre devient incandescente et détermine la combinaison des deux gaz. Lorsqu'on dirige un jet d'hydrogène sur de la mousse de platine, cette absorption dégage assez de chaleur pour enflammer le jet d'hydrogène. Cette propriété a été utilisée dans la construction d'un appareil connu sous le nom de *briquet à hydrogène.*

Lorsqu'il a été forgé, le platine possède aussi la propriété d'absorber les gaz et les vapeurs. Ainsi, une spirale de platine placée dans la flamme de la lampe à alcool devient incandescente et conserve son incandescence pendant très longtemps après qu'on a éteint la flamme de la lampe, grâce aux vapeurs d'alcool qu'elle absorbe et qu'elle brûle au contact de l'air.

Le platine ne s'oxyde à aucune température. Les acides même les plus énergiques sont sans action sur lui. L'eau régale l'attaque et le transforme en *chlorure de platine,* H^2PtCl^6.

164. Usages du platine. — Le platine, possédant une grande résistance à l'action de la chaleur et des agents chimiques, est employé pour faire des *capsules*, des *creusets* et des *cornues*, qui sont d'un usage fréquent dans les laboratoires de chimie. Il sert aussi à *garnir les pointes de paratonnerres*, à faire des *étalons* pour les mesures, à confectionner des *pièces d'horlogerie* et à *monter des diamants*, dont il rehausse l'éclat. Son prix est aujourd'hui exessivement élevé.

OR

Symbole : Au. — Poids atomique : 197.

165. Propriétés de l'or. — L'*or* est doué d'une belle couleur jaune caractéristique. Réduit en feuilles minces, il devient perméable à la lumière qui, en le traversant, prend une teinte verte. L'or est le plus malléable et le plus ductile de tous les métaux. Par le martelage, il peut être réduit en feuilles tellement minces, que l'épaisseur de chacune d'elles atteint à peine 1/10000 de millimètre ; un gramme d'or peut former un fil de plus de **3** kilomètres de longueur. Il est soluble dans le mercure. Sa densité est **19,25** et son point de fusion **1.250°**.

L'or ne s'oxyde au contact de l'air à aucune température. Les acides, même les plus énergiques, sont sans action sur lui. Seule l'eau régale l'attaque et le transforme en *chlorure d'or*, $AuCl^3$.

166. Usages de l'or. — L'or pur est employé pour la dorure. Il existe un grand nombre de procédés différents de dorure ; les trois principaux sont la dorure à *l'huile*, la dorure au *trempé* et la dorure *galvanique*.

Pour dorer à *l'huile*, on dépose d'abord sur les objets que l'on veut soumettre à cette opération, une couche de céruse délayée dans de l'huile de lin et une couche de *mordant*, puis on applique sur ce mordant des feuilles d'or très minces.

La dorure au *trempé* consiste à plonger pendant quelques minutes les objets à dorer dans un bain bouillant de *chlorure d'or* dissous dans du *bicarbonate de potassium*. Le chlorure métallique se décompose et l'or se porte sur les objets. Cette dorure métallique réussit très bien sur le cuivre.

La dorure *galvanique* a été décrite dans notre traité de Physique.

Allié avec un peu de cuivre, l'or est employé pour fabriquer des pièces de monnaie, des médailles et un grand nombre d'articles d'orfèvrerie.

167. Extraction de l'or natif. — L'or n'existe dans la nature qu'à l'état natif ou à l'état d'alliage avec d'autres métaux, tels que l'argent, le plomb, le cuivre, etc. A l'état natif, on le trouve en pépites ou en paillettes mêlées avec du sable. Le poids habituel des plus lourdes pépites d'or est seulement de quelques grammes ; cependant, on en a trouvé dont le poids atteignait plusieurs kilogrammes,

Pour extraire l'or natif des sables aurifères, on place ces sables sur une longue planche inclinée contenant un grand nombre de traverses en saillie, puis on vide sur la partie la plus élevée de la planche une quantité d'eau assez considérable pour entraîner le plus de sable possible. Les paillettes d'or, à cause de leur densité, sont retenues par les traverses. On les sépare des sables non entraînés par le lavage, en traitant le mélange, par le mercure, qui dissout l'or et forme avec lui un amalgame. Cet amalgame, porté à une haute température, laisse dégager tout le mercure à l'état de vapeur et donne l'or comme résidu. --

ALUMINIUM
Symbole : Al. — Poids atomique : 27,50.

168. Propriétés et usages. — L'*aluminium* a une belle couleur blanche qui se rapproche beaucoup de celle de l'argent. Il est très sonore, très malléable et très ductile. Sa densité est de **2,55** ; il pèse donc à volume égal *quatre fois moins* que l'argent. L'aluminium fond à **700°**. Il est inaltérable à l'air, même aux températures les plus élevées.

L'éclat de l'aluminium, son inaltérabilité à l'air, sa malléabilité et sa légèreté spécifique, le font ranger parmi les métaux les plus utiles. Ses composés les plus importants sont l'*alumine* et les *aluns*.

169. Alumine, Al^2O^3. — L'*alumine* est l'oxyde de l'aluminium. Lorsqu'elle est pure, l'alumine se trouve dans le commerce sous la forme d'une poudre blanche qui happe à la langue. Elle est très abondante dans la nature : elle forme la base des *argiles*, qui sont des *silicates d'aluminium*. On la trouve aussi quelquefois sous la forme de magnifiques cristaux tantôt incolores, tantôt colorés par des oxydes métalliques. Ces cristaux, appelés *corindons*, constituent diverses *pierres précieuses*, telles que le *rubis*, le *saphir*, la *topaze* et l'*améthyste*. L'*émeri* n'est autre chose que du corindon réduit en poudre.

L'alumine hydratée, $Al(OH)^3$, a la propriétée de fixer les matières colorantes ; avec ces matières, elle forme des composés insolubles désignés sous le nom de *laques*. Les laques sont très employées dans la peinture et pour l'impression des étoffes.

170. Aluns. — On donne le nom d'*aluns* à des sulfates dont la base est constituée par l'aluminium uni à un autre métal. L'*alun ordinaire* est un *sulfate d'aluminium* et *de*

FIG. 57. — *Cristaux d'alun.*

potassium $(SO^4)^2AlK$. C'est un sel blanc, d'une saveur astringente et amère, qui cristallise sous la forme de volumineux cristaux octaédriques ou cubiques.

On prépare l'alun en attaquant à chaud de l'*argile* pure par de l'*acide sulfurique* ; il se forme une dissolution de sulfate d'aluminium à laquelle on ajoute du *sulfate de potassium*. La dissolution donne, par l'évaporation des cristaux d'alun.

Les usages de l'alun sont nombreux : la teinture l'utilise comme mordant, à cause des laques que forme l'alumine avec les matières colorantes ; il sert à conserver les cuirs, à coller la pâte à papier, à clarifier les suifs et les eaux troubles ; en médecine, on emploie l'alun calciné comme caustique dans le traitement des ulcères.

171. Métallurgie. — L'aluminium est très répandu dans la nature. On l'obtenait, autrefois, des argiles, qui en contiennent les **25/100** de leur poids. On l'extrait aujourd'hui, par voie électrolytique, de son minerai la *cryolithe* qui est un fluorure d'aluminium et de sodium. Ce minerai, mélangé avec du sel marin est fondu dans un grand creuset en fonte et garni intérieurement de charbon qui sert de cathode. L'anode est formée par une série de barres de charbon qui plongent dans le liquide. Dès que le courant passe, l'aluminium coule le long des parois du creuset et se ramasse au fond ; on le retire en débouchant une petite conduite latérale ménagée à la partie inférieure du creuset.

172. Argiles. — On donne le nom d'*argiles* à des matières terreuses, composées de *silice* et d'*alumine*, qui proviennent pour la plupart des roches siliceuses réduites en limon par les eaux. Les argiles sont généralement tendres, douces au toucher et diversement colorées par des oxydes métalliques. Elles forment, avec l'eau, une pâte plus ou moins liante, selon leur degré de pureté. Cette pâte, sous l'action de la chaleur, éprouve un retrait considérable et devient extrêmement dure. C'est sur cette dernière propriété que repose l'emploi des argiles dans la fabrication des *poteries*.

Les principales espèces d'argile sont : le *kaolin* ou terre à porcelaine, l'*argile plastique* ou terre glaise, l'*argile figuline* ou terre à brique; l'*argile smectique* ou terre à foulon et la *marne*.

173. Poteries. — Sous le nom de *poteries*, on désigne tous les objets fabriqués avec de l'argile et durcis ensuite par l'action de la chaleur. Il y a quatre espèces principales de poteries : la *porcelaine*, la *faïence*, les *poteries communes* et les *terres cuites*.

Porcelaine. — La *porcelaine* se fait avec le *kaolin*, qui est de l'argile très pure. Le kaolin est une substance blanche, compacte, douce au toucher et difficilement fusible ; on le trouve en grande abondance à Saint-Yrieix, près de Limoges, et en Saxe. Avec le kaolin, on ajoute un *fondant* qui a pour objet de diminuer son retrait pendant la cuisson et de lui faire éprouver un commencement de fusion, ce qui le rend

FIG. 58. — *Tour du potier.*

vitreux et translucide. Le fondant employé est du *feldspath*, silicate double d'aluminium et de potassium.

Le kaolin et le feldspath, finement pulvérisés, sont délayés avec de l'eau, de manière à former une pâte liante, que l'on malaxe pendant très longtemps, afin de la rendre parfaitement homogène. Avec cette pâte, on confectionne les pièces, soit au tour soit au moule, puis on les fait sécher, et on les soumet à une première cuisson, que l'on appelle le *dégourdi*. Le dégourdi donne aux pièces une certaine consistance, mais il leur laisse une grande porosité. Après la première cuisson, on applique à la surface des pièces un vernis fusible et vitrifiable que l'on nomme *couverte* ou *émail*. Ce vernis est formé par de la *pegmatite*, mélange de

feldspath et de quartz que l'on réduit en poudre très fine
et que l'on délaye
avec de l'eau, de
manière à former
une bouillie claire,
appelée *barbotine*.
On plonge les objets
à vernir dans la
barbotine, et on les
retire aussitôt. Au
sortir du bain, ils se
trouvent couverts
d'une mince couche
de liquide tenant
en suspension de la
pegmatite très di-
visée ; l'eau est ra-
pidement absorbée
par la matière po-
reuse, et la surface
reste enduite d'une
couche très homo-
gène de poudre
vitrifiable.

Une fois munies
de leur couverte,
les pièces sont sou-
mises à une seconde
cuisson dans des
fours spéciaux.
Pour les protéger
contre l'action de
la fumée et des
cendres, on les
place dans des

Fig. 59. — *Coupe d'un four pour la cuisson de la porcelaine et de la faïence.*

cylindres en terre réfractaire nommés *cazettes*.

Faïence. — On fabrique la *faïence* avec de l'argile plastique à laquelle on ajoute du quartz réduit en poudre impalpable. La faïence contient quelquefois de la chaux ; elle prend alors le nom de *terre de pipe*. Les objets après leur fabrication, sont d'abord soumis à une première cuisson puis recouverts d'un vernis fusible, composé de quartz, de carbonate de potassium, de minium et d'oxyde d'étain. Une seconde cuisson fait fondre le vernis, qui forme, à la surface des objets, une couche d'émail très blanc.

Poteries communes. — Les *poteries communes*, qui servent pour les usages culinaires, sont fabriquées avec des argiles ferrugineuses auxquelles on ajoute une certaine quantité de sable siliceux. Elles sont recouvertes d'un vernis à base de plomb. Pour cette raison, il faut éviter de laisser séjourner dans ces poteries des matières grasses ou acides, car ces corps dissoudraient le vernis plombifère et formeraient avec lui des composés vénéneux.

Terres cuites. — On désigne sous le nom de *terres cuites* les briques, les tuiles, les pots à fleurs, etc. Ces objets sont faits avec des argiles marneuses mêlées de sable. Ils sont d'abord façonnés au tour, dans des moules, puis, après une dessication plus ou moins complète, ils sont soumis à la cuisson.

CHROME. — BISMUTH
Cr — 52   Bi — 210

174. — Le *chrome* est un métal bleuâtre, très dur et difficilement fusible. On l'obtient d'un oxyde, le *fer chromé*, Cr^2O^4Fe, son principal minerai, que l'on mélange avec du charbon et que l'on chauffe au four électrique. Le chrome seul n'a pas d'usage ; uni à l'acier il lui communique une grande résistance. Son composé le plus remarquable est le *bichromate de potassium*, $Cr^2O^4K^2$, beau sel rouge employé comme dépolarisant dans la pile de Grenet (Phys. **187**). Une petite quantité de ce sel uni à la gélatine, rend celle-ci insoluble lorsqu'elle a été, pendant quelque temps exposée à la lumière. C'est sur cette propriété qu'est fondée la *photogravure* et la photographie dite *au charbon* ; on l'utilise aussi pour coller le verre.

Le *bismuth* se rencontre principalement à l'état natif. C'est un métal blanc, dur, fragile et presque aussi fusible que l'étain. On l'emploie dans quelques alliages très fusibles, tel est, par exemple, celui de Darcet, formé d'étain, de plomb et de bismuth, qui fond à 94°. La médecine utilise le *sous-azotate de bismuth* $(NO^3)^2BiOH$, pour combattre la diarrhée.

RÉSUMÉ

L'*étain* est un métal blanc à reflets jaunâtres. Il est très malléable, peu ductile et peu tenace. Lorsqu'on le ploie, il fait entendre un bruit particulier, nommé *cri de l'étain*, qui est dû à sa texture cristalline. Sa densité est **7,29** et son point de fusion à **230°**.

A la température ordinaire, l'étain n'éprouve aucune altération sensible au contact de l'air. C'est pour cette raison qu'on l'emploie pour *étamer* les ustensiles de cuisine et pour fabriquer le *fer-blanc*. L'étain entre dans la composition des différents *bronzes* et du *tain* des glaces. On l'extrait de la *cassitérite*, minerai formé par du *bioxyde d'étain*.

Le *platine*, lorsqu'il est fondu ou forgé, est un métal blanc grisâtre, très malléable, très ductile et très tenace. Sa densité est **21,50** et son point de fusion **1775°**. Il se présente aussi sous la forme d'une masse spongieuse nommée *mousse de platine*, et sous la forme d'une poudre noire qui porte le nom de *noir de platine*. Sous ces deux états, il a la propriété de condenser les gaz et d'enflammer ceux qui sont combustibles. Exposé à l'air, le platine ne s'oxyde à aucune température. Les acides n'ont pas d'action sur lui ; l'eau régale le dissout et le convertit en chlorure de platine. Le platine est principalement employé pour faire des creusets, des capsules, des cornues, etc., qui sont d'un usage fréquent dans les laboratoires.

L'*or* est doué d'une belle couleur caractéristique. Il est le plus ductile et le plus malléable de tous les métaux. Sa densité est **19,50** et son point de fusion à **1.250°**. Il ne s'oxyde au contact de l'air à aucune température. Seule, l'eau régale l'attaque et le transforme en chlorure d'or.

Quand il est pur, l'or est employé pour la dorure. Il existe trois procédés principaux de dorure : la dorure à l'*huile*, la dorure au *trempé* et la dorure *galvanique*. Lorsqu'il est allié avec un peu de cuivre, l'or sert à fabriquer des pièces de monnaie et des objets d'orfèvrerie. On trouve l'or à l'état natif et à l'état d'alliage avec d'autres métaux, tels que l'argent, le plomb, le cuivre, etc.

L'*aluminium* a une belle couleur blanche. Son inaltérabilité à l'air, son éclat, sa malléabilité et sa légèreté spécifique en font un des métaux les plus précieux. Les composés de l'aluminium les plus importants sont l'*alumine* et l'*alun ordinaire*.

L'*alumine* est l'oxyde de l'aluminium. C'est la base des argiles, qui ne sont autre chose que des *silicates d'aluminium*. On la trouve quelquefois sous la forme de magnifiques cristaux appelés *corindons*. Ces corindons constituent des *pierres précieuses*.

L'*alun ordinaire* est formé par la combinaison du *sulfate d'aluminium* et du *sulfate de potassium*. C'est un sel qui a beaucoup d'usages.

Les *argiles* sont des matières terreuses, composées de silice et d'alumine, qui forment avec l'eau une pâte plus ou moins liante, suivant leur degré de pureté. Cette pâte, sous l'action de la chaleur, éprouve un retrait considérable et devient très dure.

Les principales variétés d'argile sont : le *kaolin*, l'*argile plastique*, l'*argile figuline*, l'*argile smectique* et la *marne*.

On désigne sous le nom de *poteries* tous les objets fabriqués avec de l'argile et durcis par l'action de la chaleur. Il y a quatre espèces de poteries : la *porcelaine*, la *faïence*, les *poteries communes* et les *terres cuites*.

Le *chrome* est un métal bleuâtre, très dur et difficilement fusible. Il n'a pas d'usage par lui-même ; uni à l'acier, il lui communique une grande dureté. Son composé le plus remarquable est le *bichromate de potassium* employé dans la pile de Grenet.

Le *bismuth* est un métal brillant, dur, cassant et très fusible. Son composé, le *sous-azotate de bismuth*, est employé en médecine.

TROISIÈME PARTIE

NOTIONS DE CHIMIE ORGANIQUE

CHAPITRE PREMIER

CARBURES D'HYDROGÈNE — GAZ D'ÉCLAIRAGE PÉTROLES. — CAOUTCHOUC ET GUTTA-PERCHA.

La chimie organique avait autrefois uniquement pour objet l'étude des substances d'origine animale ou végétale. Elle comprend aujourd'hui l'étude des composés dont fait partie le carbone, que ces composés soient naturels ou obtenus artificiellement.

Parmi les substances organiques, les unes sont formées exclusivement de *carbone* et d'*hydrogène ;* d'autres ne renferment que du *carbone*, de l'*hydrogène* et de l'*oxygène ;* d'autres, enfin, et principalement celles qui proviennent du règne animal, sont composées de *carbone*, d'*hydrogène*, d'*oxygène* et d'*azote*. On rencontre aussi, dans quelques corps organiques, de faibles proportions de *soufre*, de *phosphore*, d'*iode*, de *fer*, de *silice*, etc.

Malgré le nombre si restreint des éléments qui entrent dans leur constitution, les diverses espèces de matières organiques sont excessivement nombreuses, et cela à cause des combinaisons très multiples auxquelles peut donner lieu le groupement de ces éléments. Nous ne décrirons que les plus importantes de ces substances et celles qui donnent lieu aux opérations pratiques les plus intéressantes, tout en donnant une idée sommaire de la nomenclature de cette importante partie de la chimie.

CARBURES D'HYDROGÈNE

On appelle *carbures d'hydrogène* ou *hydrocarbures* des composés de carbone et d'hydrogène.

175. Méthane, CH^4. — Le *méthane, formène* ou *gaz des marais* est un gaz qui se forme dans toutes les décompositions des matières riches en carbone et en hydrogène. Il se dégage de certaines houilles, même à la température ordinaire ; mélangé avec l'air il constitue ce gaz, si redouté des mineurs, qui est connu sous le nom de *grisou*. On le nomme aussi *gaz des marais* parce qu'il se dégage spontanément des

FIG. 60. — *Combustion du gaz des marais.*

végétaux en décomposition au fond des eaux bourbeuses. Il suffit de remuer ces eaux pour voir le gaz des marais se dégager en grosses bulles que l'on peut enflammer à leur sortie de l'eau.

Propriétés. — Le méthane est un gaz incolore, inodore, sans saveur, très peu soluble dans l'eau et très difficilement liquéfiable. A l'état liquide, il bout à — 164°, sous la pression ordinaire, et se solidifie à — 186°. Sa densité est de **0,559**.

Le méthane brûle au contact de l'air avec une flamme jaunâtre. Mélangé avec deux fois son volume d'oxygène, il détone violemment à l'approche d'une flamme ; en pro-

duisant, comme dans sa combustion, de l'anhydride carbonique et de l'eau.

$$CH^4 \quad + \quad 2O^2 \quad = \quad CO^2 \quad + \quad 2H^2O$$

Méthane   Oxygène   Anhyd. carb.   Eau.

Combinaisons avec le chlore. — Lorsqu'on expose à la
lumière diffuse un mélange de méthane et de chlore à
volumes égaux, il y a substitution d'un atome d'hydrogène
par un atome de chlore, et il se forme en outre de l'acide
chlorhydrique.

$$CH^4 \quad + \quad Cl^2 \quad = \quad CH^3Cl \quad + \quad HCl$$

Méthane   Chlore   Chlorure de méthyle   Acide chlorhydrique

Si le chlore est en excès et que l'action de la lumière se
prolonge suffisamment, les autres atomes d'hydrogène
sont aussi remplacés, et il se forme successivement les
composés CH^2Cl^2, $CHCl^3$ (chloroforme) et CCl^4 (tetrachlo-
rure de carbone).

Le brome et l'iode n'agissent pas directement sur le
méthane, mais on peut, par voie indirecte, obtenir, avec
ces métalloïdes des composés analogues aux précédents ;
par exemple de l'*iodure de méthyle*, CH^3I, de l'*iodoforme*,
CHI^3, etc.

Synthèse. — Le méthane peut s'obtenir par synthèse
de différentes manières, dont la plus simple est de faire
passer un courant d'hydrogène sur du charbon de sucre
fortement chauffé. Il se forme la combinaison :

$$C \quad + \quad 2H^2 \quad = \quad CH^4$$

Carbone   Hydrogène   Méthane

Préparation. — On peut obtenir du méthane en remuant
avec un bâton la vase des marais et en recueillant dans un
flacon plein d'eau et muni d'un entonnoir les bulles qui
s'en dégagent. Dans les laboratoires, on le prépare en
chauffant, dans une cornue en verre, un mélange d'*une*
partie d'acétate de sodium avec *quatre* parties de chaux
sodée, soude fondue avec la chaux. Sous l'influence de la
chaleur, l'acétate se décompose : il se forme du gaz carbo-

nique ; qui est retenu par la soude contenue dans la chaux sodée, pour former avec elle du carbonate de sodium, et il se dégage du méthane.

$$CH^3.COONa \quad + \quad NaOH \quad = \quad CH^4 \quad + \quad CO^3Na^2$$
Acétate de sodium $\qquad$ Soude $\qquad$ Méthane $\qquad$ Carbonate de sodium

176. Éthylène, C^2H^4. — *Propriétés*. — L'*éthylène*, que l'on appelle aussi gaz *oléfiant*, est un gaz incolore à odeur éthérée et sans saveur. Il a pour densité **0,976** et se liquéfie à **0** degré sous la pression de **40** atmosphères, en produisant un liquide qui bout à — **102** degrés sous la pression ordinaire. L'eau n'en dissout que le quart de son volume.

L'éthylène brûle en présence de l'air avec une belle flamme blanche très éclairante, en produisant de l'anhydride carbonique et de l'eau, comme l'indique l'équation ci-dessous :

$$C^2H^4 \quad + \quad 3O^2 \quad = \quad 2CO^2 \quad + \quad 2H^2O$$
Éthylène $\qquad$ Oxygène $\qquad$ Anhy. carb. $\qquad$ Eau

Un volume d'éthylène se combine donc, en ce cas, à *trois* volumes d'oxygène ; les deux gaz, unis dans ces mêmes proportions, forment un mélange qui détone avec une extrême violence à l'approche d'une flamme ou sous l'influence de l'étincelle électrique. Cette expérience exige les plus grandes précautions.

Combinaisons avec le chlore. — Un mélange d'*un* volume d'éthylène et de *deux* volumes de chlore brûle, à l'approche d'une bougie allumée, en produisant de l'acide chlorhydrique et un abondant dépôt de charbon. Voici l'équation exprimant la réaction qui se produit :

$$C^2H^4 \quad + \quad 2Cl^2 \quad = \quad 4HCl \quad + \quad 2C$$
Éthylène $\qquad$ Chlore $\qquad$ Acide chlorydrique $\qquad$ Carbone

Lorsque l'on expose à la lumière diffuse un mélange à volumes égaux d'éthylène et de chlore, les deux gaz se combinent rapidement et donnent naissance à un produit huileux, d'une odeur éthérée, connu sous le nom de *liqueur des Hollandais* ; c'est de là que vient à l'éthylène le nom de gaz oléfiant. La réaction qui a lieu en ce cas entre l'éthylène et le chlore peut se représenter par l'équation :

$$C^2H^4 \quad + \quad Cl^2 \quad = \quad C^2H^4Cl^2$$

Il est à remarquer qu'il n'y a pas ici de substitution d'atomes : les deux atomes de chlore s'ajoutent simplement à la molécule d'éthylène. De tels produits sont dits *produits d'addition*.

Le brome, l'iode, l'hydrogène, l'acide chlorhydrique, l'acide sulfurique, etc., donnent également avec l'éthylène des produits d'addition :

$$C^2H^4 + Br^2 = C^2H^4Br^2$$
$$C^2H^4 + I^2 = C^2H^4I^2$$
$$C^2H^4 + H^2 = C^2H^6$$
$$C^2H^4 + HCl = C^2H^5Cl$$

Synthèse. — L'éthylène peut s'obtenir par synthèse, en chauffant le gaz acétylène, C^2H^2, avec un volume égal d'hydrogène :

$$C^2H^2 \quad + \quad H^2 \quad = \quad C^2H^4$$

Préparation. — Dans les laboratoires, on le prépare en chauffant de l'alcool vers **160°** avec un excès d'acide sulfurique ; l'acide sulfurique soustrait à l'alcool une molécule d'eau et le transforme en éthylène :

$$\underset{\text{Alcool}}{C^2H^5OH} \quad - \quad \underset{\text{Eau}}{H^2O} \quad = \quad \underset{\text{Ethylène}}{C^2H^4}$$

177. Acétylène, C^2H^2. — Découvert en **1836**, par Davy, *l'acétylène* n'a guère été connu que dans les laboratoires jusqu'en **1894**, date à laquelle M. Moissan a trouvé un moyen de le préparer aussi facile que peu coûteux.

Propriétés. — L'acétylène est un gaz incolore, d'une odeur alliacée caractéristique décelant facilement sa présence. Sa densité est **0,92** ; l'eau en dissout à peu près son volume à la température ordinaire ; il se liquéfie à **0** degré, sous la pression de **21** atmosphères. L'acétylène liquide est un explosif très dangereux.

.L'acétylène brûle avec une flamme fuligineuse lorsque l'accès de l'oxygène n'est pas suffisant pour sa complète combustion ; mais au sortir d'un tube effilé ou d'une fente très étroite, il brûle avec une flamme extrêmement brillante, dont le pouvoir éclairant, à volume égal, est environ 15 fois supérieur à celui du gaz ordinaire.

L'acétylène fortement comprimé se décompose avec explosion sous l'influence des autres explosifs ; ses mélanges avec l'air détonent violemment au contact des corps incandescents, en produisant de l'eau et de l'anhydride carbonique.

$$2C^2H^2 \quad + \quad 5O^2 \quad = \quad 4CO^2 \quad + \quad 2H^2O$$
Acétylène   Oxygène   Anhydride carbonique   Eau

Cette même équation représente la réaction qui se produit lorsque l'acétylène brûle dans l'air. Elle nous montre que deux volumes de ce gaz ont besoin, pour brûler, de 5 volumes d'oxygène, c'est-à-dire environ 25 volumes d'air. De là les dépôts abondants de charbon qui se produisent lorsque l'acétylène brûle dans de mauvaises conditions.

Combinaisons avec le chlore. — A la lumière diffuse, l'acétylène se combine avec le chlore, l'hydrogène, etc., en donnant des produits d'addition. Exemples :

$$C^2H^2 \quad + \quad Cl^2 \quad = \quad C^2H^2Cl^2$$
$$C^2H^2 \quad + \quad H^2 \quad = \quad C^2H^4 \text{ (éthylène).}$$

Un mélange d'acétylène et de chlore détone violemment à la lumière solaire.

Synthèse. — On peut obtenir l'acétylène par synthèse en faisant circuler de l'hydrogène dans un flacon où jaillit un arc électrique entre deux électrodes de charbon.

Préparation. — On prépare l'acétylène en faisant agir à froid de l'*eau* sur du *carbure de calcium*, obtenu lui-même par l'action du carbone sur la chaux dans les fours électriques dont la température dépasse **3.000** degrés. La réaction de la préparation de l'acétylène est représentée par l'équation suivante :

$$CaC^2 + 2H^2O = C^2H^2 + Ca(OH)^2$$

Carbure de calcium — Eau — Acétylène — Chaux hydratée

On trouverait très facilement au moyen de cette équation que 1 kilo de carbure de calcium se combine avec 562 gr. ½ d'eau et dégage 350 litres d'acétylène.

Dans les laboratoires, cette préparation s'effectue, comme celle de l'hydrogène, à l'aide d'un flacon à tubulures muni d'un tube à entonnoir ainsi que d'un tube abducteur débouchant dans une cuve à mercure ou à eau. Dans l'économie domestique, on se sert d'appareils très variés, nommés *générateurs d'acétylène*, où ce gaz est produit automatiquement au fur et à mesure qu'il est brûlé aux becs d'éclairage. Dans quelques-uns de ces générateurs, l'acétylène est produit par de l'eau tombant goutte à goutte sur une masse de carbure de calcium, et dans d'autres, par du carbure tombant par grain dans une grande quantité d'eau. Ces derniers appareils sont ceux qui offrent le plus de sécurité, car ils évitent toute surproduction de gaz, et de plus, la chaleur engendrée par l'hydratation de la chaux vive, provenant de la décomposition du carbure, ne cause qu'une élévation de température beaucoup trop faible pour amener la décomposition du gaz.

L'acétylène est applicable à l'éclairage et son usage, pour cet objet, s'est assez généralisé ; car, outre qu'il est doué d'un grand

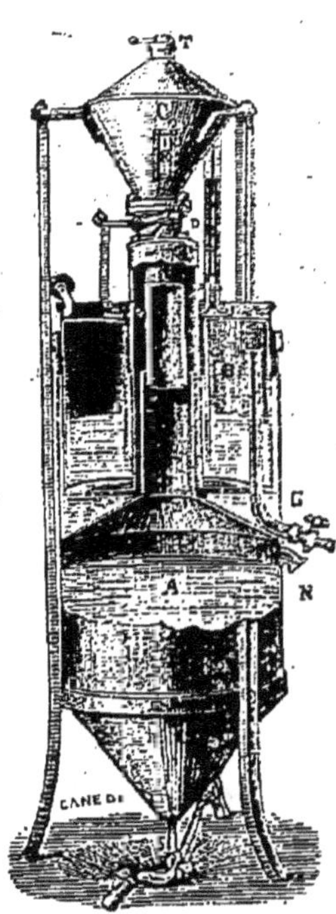

FIG. 61. — *Générateur Berger* (1).

A, Réservoir d'eau divisé en deux compartiments : le compartiment inférieur sert à la fabrication du gaz, et le compartiment supérieur à l'épuration. — B, Cloche annulaire qui se meut dans le compartiment supérieur. — C, Récipient à carbure, muni d'un regard R. — D, Distributeur de carbure. — G, Robinet distributeur de l'acétylène. — S, Soupape de vidange du compartiment.

---

(1) Le fonctionnement de ce générateur est le suivant : le distributeur D est articulé à la cloche B de telle façon que le carbure est admis lorsque celle-ci arrive au bas de sa course ; le carbure tombe

pouvoir éclairant, sa lumière, fixe et très hygiénique pour la vue, est d'un prix de revient inférieur à celui de beaucoup d'autres systèmes d'éclairage.

178. Séries d'hydrocarbures. — Les trois hydrocarbures dont nous venons de parler sont les premiers termes de trois séries d'hydrocarbures. Dans ces séries, chaque terme a, à partir du deuxième, *un atome de carbone et deux atomes d'hydrogène* de plus que le précédent.

1re SÉRIE.		2me SÉRIE.		3me SÉRIE.	
Méthane .	CH^4				
Ethane ..	C^2H^6	Ethylène .	C^2H^4	Acétylène .	C^2H^2
Propane .	C^3H^8	Propène .	C^3H^6	Propine ..	C^3H^4
Butane ..	C^4H^{10}	Butène ..	C^4H^8	Butine ..	C^4H^6
Pentane..	C^5H^{12}	Pentène .	C^5H^{10}	Pentine...	C^5H^8
Hexane ..	C^6H^{14}	Hexène..	C^6H^{12}	Hexine ..	C^6H^{10}
Heptane .	C^7H^{16}	Heptène .	C^7H^{14}	Heptine ,.	C^7H^{12}
Octane ..	C^8H^{18}	Octène ..	C^8H^{16}	Octine ..	C^8H^{14}
etc.		....		....	

Tous les carbures d'une même série présentent des propriétés chimiques semblables. Ainsi ceux de la première série peuvent, comme le méthane, donner des produits de substitution, mais ne peuvent jamais donner des produits d'addition ; on les appelle, pour cette raison, des *carbures saturés*. Un corps, en effet, est dit *saturé* lorsqu'il ne peut donner que des produits de substitution.

Les carbures des deux autres séries ne peuvent donner que des produits d'addition ; ils sont dits pour cela des carbures *non saturés*.

Les propriétés physiques varient régulièrement dans chaque série ; les premiers termes sont gazeux ; viennent ensuite un certain nombre de liquides puis enfin des solides.

---

dans la masse d'eau du compartiment inférieur ; aussitôt le gaz se dégage, passe entre l'enveloppe et le cylindre central, se disperse sous un disque percé de petits trous et se lave, en traversant l'eau du compartiment supérieur ; il se rend ensuite sous la cloche B, laquelle, par son mouvement d'ascension, ferme le distributeur D.

D'autre part, les points d'ébullition s'élèvent progressivement à mesure que l'on monte dans les séries. Ainsi, ceux des huit premiers carbures saturés sont respectivement à : — 164°, — 93°, — 45°, +1°, 38°, 69°, 98° et 124°.

Les carbures d'une même série sont dit *homologues* entre eux ; l'éthane, par exemple, est l'homologue supérieur du méthane et l'homologue inférieur du propane.

Remarque. — Le carbone étant considéré comme tétravalent, on explique la manière dont sa valence est satisfaite dans les trois premiers hydrocarbures, en attribuant à ceux-ci les formules graphiques suivantes :

$$
\begin{array}{ccc}
\overset{\displaystyle H}{\underset{\displaystyle H}{H-C-H}}
&
\overset{\displaystyle H}{\underset{\displaystyle H}{\diagdown}}C=C\overset{\displaystyle H}{\underset{\displaystyle H}{\diagup}}
&
H-C\equiv C-H
\\
\text{Méthane, } CH^4
&
\text{Éthylène, } C^2H^4
&
\text{Acétylène, } C^2H^2
\end{array}
$$

Dans la première, la valence du carbone est satisfaite par 4 atomes d'hydrogène ; dans la seconde, les deux carbones sont unis entre eux par une double liaison et les deux valences restantes sont satisfaites par deux atomes d'hydrogène unis à chacun d'eux : dans la troisième, la liaison entre les deux carbones est triple, de manière que chacun d'eux ne peut s'unir qu'à un atome d'hydrogène.

Chacun des autres termes est dérivé du précédent, comme nous allons le voir, en remplaçant un hydrogène de celui-ci par le radical CH^3, nommé *méthyle*, monovalent comme l'hydrogène.

179. Hydrocarbures isomères. — Deux ou plusieurs corps sont dits *isomères*, lorsqu'ils ont la même composition centésimale, sans avoir les mêmes propriétés.

Nous avons vu (**175**) que le méthane peut former avec le chlore du *chlorure de méthyle*, CH^3Cl.

Le chlorure de méthyle, chauffé en tube scellé avec du sodium donne l'*éthane*, 2e terme de la série des hydrocarbures saturés.

$$
\underset{\text{Chlorure de méthyle}}{2CH^3Cl} \quad + \quad \underset{\text{Sodium}}{2Na} \quad = \quad \underset{\text{Éthane}}{C^2H^6} \quad + \quad \underset{\text{Chlorure de sodium}}{2NaCl}
$$

Dans cette réaction le sodium s'est emparé des deux atomes de chlore et les deux radicaux CH^3 se sont unis pour former l'éthane. On est donc naturellement conduit à représenter la formule développée de l'éthane par :

$$CH^3\text{---}CH^3, \text{ ou simplement par } CH^2.CH^3.$$

L'éthane peut, à la lumière diffuse, se combiner avec le chlore aussi bien que le méthane, et donner le *chlorure d'éthyle*, $CH^3.CH^2Cl$. Le chlorure d'éthyle chauffé avec du chlorure de méthyle et du sodium donne le *propane*, C^3H^8, 3e terme de la série.

$$CH^3.CH^2Cl \;+\; CH^3Cl \;+\; 2Na \;=\; C^3H^8 \;+\; 2NaCl$$

Chlorure d'éthyle   Chl. de méthyle   Sodium   Propane   Chl. de sodium

Les deux atomes de chlore s'étant combinés au sodium, les radicaux $CH^3.CH^2$ et CH^3 se sont unis pour former le propane. La formule développée de celui-ci sera donc :

$$CH^3\text{---}CH^2\text{---}CH^3$$

Le propane peut aussi se combiner à un atome de chlore, mais il peut en résulter deux composés de propriétés différentes selon que cet atome de chlore remplace un hydrogène de l'un des groupes CH^3 ou du groupe CH^2.

$$CH^3\text{---}CH^2\text{---}CH^2Cl$$
$$CH^3\text{---}CHCl\text{---}CH^3$$

Dans le premier, on a le *chlorure de propyle primaire*, et dans le second, le *chlorure de propyle secondaire*. Ces deux composés ont le même nombre d'atomes de carbone et d'hydrogène ; ils sont donc isomères. En les chauffant avec du chlorure de méthyle et du sodium on obtiendrait deux butanes isomères :

Le butane normal, $CH^3\text{---}CH^2\text{---}CH^2\text{---}CH^3$

et l'isobutane
$$CH^3\text{---}CH\text{---}CH^3$$
$$\mid$$
$$CH^3$$

Par un procédé analogue on passerait aux pentanes, puis aux hexanes, et ainsi de suite, en trouvant des isomères de plus en plus nombreux. Ainsi, le nombre des isomères possibles est de 3 pour le pentane C^5H^{12}, de 5 pour l'hexane C^6H^{14}, de 9 pour l'heptane C^7H^{16}, d'environ 800 pour le tridécane $C^{13}H^{28}$, etc.

GAZ D'ÉCLAIRAGE

L'éclairage au gaz fut proposé pour la première fois en 1785, par un ingénieur français, *Philippe Lebon*; mais ce ne fut qu'en 1817 qu'il fut adopté en France. L'Angleterre l'avait introduit depuis 1805.

180. Composition. — Le gaz d'éclairage a une composition variable. Elle est à peu près la suivante :

Hydrogène	47 %
Méthane	35 %
Autres carbures	5 %
Oxyde de carbone	8 %
Azote	4 %
Gaz carbonique	1 %

Il contient, en outre, des traces d'acide sulfhydrique, ainsi que des vapeurs de sulfure de carbone et de divers carbures, dont on ne peut le débarrasser complètement et qui lui donnent son odeur caractéristique.

Le gaz d'éclairage, renfermant une forte proportion d'hydrogène et de méthane, possède la plupart des propriétés de ces deux gaz. Il brûle avec une flamme très éclairante et forme, avec l'air, un mélange détonant. Aussi

FIG. 62. — *Distillation de la houille dans une pipe en terre.*

est-il très dangereux d'entrer avec une bougie allumée

dans un appartement où l'on craint qu'il y ait une fuite de gaz ; il faut, dans ce cas, établir un courant d'air avant d'y pénétrer.

181. Préparation. — Le gaz d'éclairage peut s'obtenir par la distillation de toutes les matières organiques contenant beaucoup de carbone et d'hydrogène, telles que les graisses, les huiles, etc. ; mais on l'extrait habituellement de la houille, parce que cette matière, indépendamment du gaz, donne du *coke*, du *goudron*, des *sels ammoniacaux* et beaucoup d'autres produits commerciaux dont la valeur atteint presque celle de la houille employée. *Cent kilos de houille* donnent :

> **25** mèt. cubes de gaz,
> 4 kilogr. ½ de goudron,
> 1 hectolitre **2/3** de coke.

La distillation de la houille se fait dans de grandes *cornues* en fonte ou en terre réfractaire placées horizontalement dans un même foyer en maçonnerie (Fig. 63). Chacune d'elles est fermée par un obturateur en fonte et communique par un tube abducteur T, avec un grand cylindre B, nommé *barillet* placé au-dessus du foyer. Les cornues étant au deux tiers remplies de houille, sont portées au rouge-cerise ; la houille qu'elles renferment se décompose et le gaz qui s'en dégage se rend dans une suite d'appareils servant à le purifier.

182. Épuration. — Le gaz, lorsqu'il se dégage de la houille, contient en outre des corps cités plus haut, de l'*ammoniaque*, de la *vapeur d'eau* et des *vapeurs* de *goudron*, des *sels ammoniacaux volatils*, etc. On le débarrasse de ses impuretés en lui faisant subir deux opérations successives : l'*épuration physique* et l'*épuration chimique*.

Épuration physique. — Le gaz arrive d'abord dans le barillet, où, au contact de l'eau sans cesse renouvelée que celui-ci contient, il dépose les produits les moins volatils,

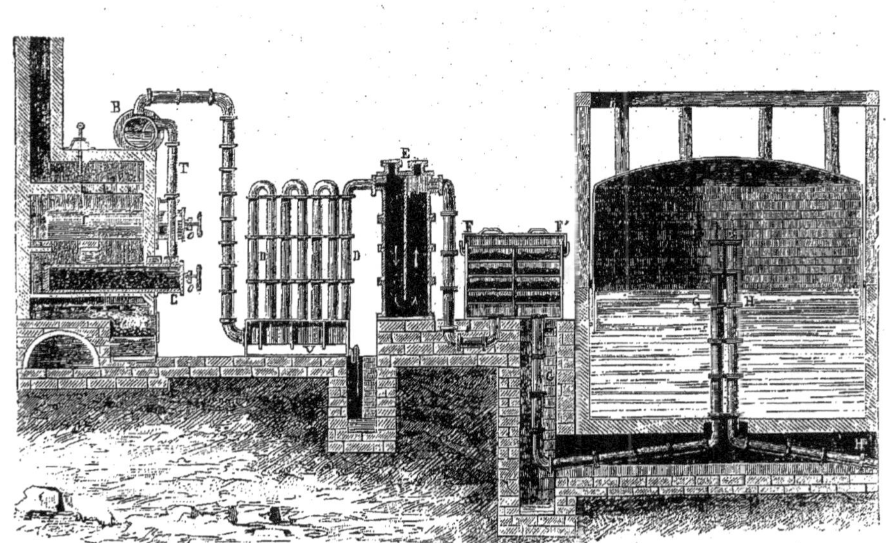

FIG. 63. — Coupe des appareils d'une usine à gaz d'éclairage.

Le gaz passe ensuite dans une série de tubes verticaux dont l'ensemble porte le nom de *jeu d'orgue* ; là se condensent le goudron et les sels ammoniacaux qui ont échappé au barillet, ces produits se rassemblent dans la caisse V du jeu d'orgue et tombent dans la fosse à goudron. Le gaz traverse encore une double colonne de coke, où s'achève l'épuration physique.

Épuration chimique. — Après sa sortie de la double colonne de coke, le gaz se rend dans de grandes caisses contenant des claies superposées ; sur ces claies se trouve un mélange de *sulfate de calcium* et de *sesquioxyde de fer*, maintenu divisé par de la *sciure de bois*. Le sulfate de calcium se combine à l'ammoniaque pour former du sulfate d'ammonium, et à l'anhydride carbonique du gaz pour former du carbonate de calcium ; le sesquioxyde de fer absorbe l'acide sulfhydrique et se transforme en sulfure de fer.

Le gaz, aussi purifié que possible, se rend par le tuyau G dans une grande cloche en tôle, appelée *gazomètre*, où il s'accumule pour être ensuite distribué, par des tuyaux de conduite, aux différents becs de consommation.

Les *sous-produits* de l'industrie du gaz d'éclairage ont une importance de premier ordre. Les goudrons en particulier sont aujourd'hui la matière première fondamentale de plusieurs industries très importantes, et tout spécialement de la fabrication de nombreuses matières colorantes et de certains produits pharmaceutiques.

183. Usages du gaz d'éclairage. — On utilise le gaz de la houille pour l'éclairage et le chauffage. Le gaz d'éclairage remplace souvent l'hydrogène dans le chalumeau à gaz oxhydrique et pour le gonflement des aérostats. Depuis quelques années, on se sert beaucoup des *moteurs à gaz*. Dans ces appareils, la force motrice est produite par l'inflammation d'un mélange détonant formé par de l'air et du gaz d'éclairage en proportions convenables.

L'éclairage par incandescence consiste à chauffer un manchon ou treillis imprégné d'oxyde métallique : **99** % de *thorine* et **1** % *d'oxyde de cérium*. Le manchon est chauffé avec un mélange de gaz et d'air. On obtient ainsi un éclairage bien plus éclatant que celui produit par le gaz seul, et revenant à un prix beaucoup moins élevé.

PÉTROLES

184. — Les *pétroles* sont des liquides jaunâtres, d'une odeur assez désagréable, qui brûlent avec un grand éclat. Les *pétroles bruts*, désignés sous le nom de *naphtes*, s'extraient du sol. On les trouve en grande quantité sur les bords de la mer Caspienne, à Java et en Amérique. Dans ces contrées, ils forment des sources très abondantes, qui alimentent des puits peu profonds. Certains de ces puits sont jaillissants et versent par leurs orifices des gaz inflammables mélangés avec des pétroles et de l'eau salée. La plupart d'entre eux sont exploités à l'aide de pompes qui amènent les pétroles à la surface du sol.

Les pétroles tels qu'ils existent dans la nature, sont constitués par le mélange, en proportions très diverses, d'un grand nombre de carbures d'hydrogène ; les points d'ébullition de ces carbures varient depuis **400°** jusqu'à **500°**. Les pétroles bruts sont trop inflammables pour être employés directement et même pour être transportés sans danger ; on est obligé de les distiller avant de les livrer au commerce.

Le liquide qui passe à la distillation entre **35°** et **70°** constitue *l'huile légère de pétrole*. C'est un produit très inflammable et très dangereux à manier. On l'utilise en le transformant en benzine ; sa vapeur mélangée avec l'air forme un gaz d'éclairage connu sous le nom de *gaz Mille*.

Le second produit, recueilli entre **70°** et **120°**, porte le nom *d'essence minérale de pétrole*. A la température ordinaire, cette essence émet des vapeurs qui s'enflamment très facilement ; elle ne doit être maniée qu'avec beaucoup de précautions. L'essence minérale est fort employée pour l'éclairage dans les *lampes à éponges* ; elle sert aussi à remplacer l'essence de térébenthine pour la fabrication des vernis.

Le troisième produit de la distillation, celui qui passe entre 120° et 280°, forme le *pétrole pour lampe* ; c'est le *pétrole ordinaire*. Ce liquide, avant de servir pour l'éclairage doit être *rectifié* par un traitement à l'acide sulfurique et à la soude. Le pétrole rectifié ne doit pas renfermer des matières volatiles afin de n'être pas d'un maniement dangereux. Si étant chauffé à 35°, il prenait feu à l'approche d'un corps enflammé, ce serait une preuve qu'il contiendrait encore de l'essence ; il faudrait le redistiller avant de s'en servir. Le pétrole est un désinfectant puissant ; pour ce motif, on s'en sert pour la conservation des bois. Il peut être employé pour le chauffage. Au Canada, on le transforme en gaz d'éclairage.

Après la distillation du pétrole, il ne reste plus, dans les cornues que les *huiles de pétrole* ; on emploie ces huiles pour le chauffage et pour le graissage des machines.

Comme produits accessoires de la distillation des pétroles, il faut citer la paraffine et la vaseline.

La *paraffine* est un hydrocarbure que l'on obtient comme résidu de la distillation des huiles minérales. C'est une substance blanche, solide, translucide et combustible. On l'applique à la fabrication des bougies. On en fait usage en électricité comme isolant et dans l'industrie pour rendre imperméables les tissus et les bois.

La *vaseline* se sépare des résidus refroidis de la rectification du pétrole. C'est une matière blanche et onctueuse, employée en pharmacie et dans un certain nombre d'industries.

CAOUTCHOUC ET GUTTA-PERCHA

185 Caoutchouc, C^4H^7. — Le *caoutchouc* est formé par le suc laiteux qui s'écoule des incisions faites à l'écorce de certains arbres, et notamment de l'*hevea guyanensis* et du *siphonia cautchu*.

Le caoutchouc a ordinairement une couleur brunâtre ; mais lorsqu'il est pur, il est blanc et demi-transparent. Il est mou, flexible et d'autant plus élastique que sa température est plus élevée. Lorsqu'il est *vulcanisé*, c'est-à-dire combiné avec un peu de soufre, il conserve son élasticité à toutes les températures. Soumis à l'action de la chaleur, le caoutchouc se ramollit d'abord, puis il fond et prend la consistance du goudron. Il brûle avec une flamme brillante et fuligineuse ; insoluble dans l'eau et dans l'alcool, il se dissout dans le sulfure de carbone, dans la benzine et dans l'essence de térébenthine. Il résiste à l'action de la plupart des produits chimiques, ce qui explique la cause de son fréquent emploi dans les laboratoires.

Le caoutchouc sert encore pour effacer le crayon, pour faire des balles élastiques, pour confectionner des vêtements, pour fabriquer des instruments de chirurgie, des conduits acoustiques, des chaussons, des ressorts, etc.

L'*ébonite*, matière d'un beau noir, dure, élastique, mais cassante, est du caoutchouc vulcanisé contenant jusqu'à 60% de soufre. On en fait des peignes, des bijoux, des supports isolants pour les appareils électriques, des électrophores, des disques pour les gramophones, etc.

186. Gutta-percha. — La *gutta-percha* est le suc durci au contact de l'air d'un arbre qui croît spécialement dans la presqu'île de Malacca, l'*isonandra percha*. Elle se présente sous la forme d'une masse rousse ou grisâtre, ayant beaucoup de ressemblance avec le cuir.

A la température ordinaire, la gutta-percha possède une grande solidité et une grande ténacité, mais elle n'a pas l'élasticité du caoutchouc. Lorsqu'elle est légèrement chauffée, elle devient poreuse, molle et adhésive ; on peut alors la réduire en lame, l'étirer en tube, la mouler, la souder à elle-même, etc.

On emploie la gutta-percha pour faire des tubes, des courroies, des vases et divers autres objets ; on s'en sert aussi pour préparer des moules destinés à la galvanoplastie et pour isoler les câbles sous-marins, car elle ne conduit pas l'électricité.

RÉSUMÉ

On trouve dans la nature un grand nombre de corps composés exclusivement de carbone et d'hydrogène qui tous brûlent avec une flamme éclairante, en produisant du gaz carbonique et de l'eau. Les uns sont solides, d'autres sont liquides et d'autres sont gazeux ; parmi ces derniers se trouvent le *méthane*, l'*éthylène* et l'*acétylène*.

Le *méthane*, appelé aussi *formène* et *gaz des marais*, est incolore, inodore et sans saveur. Il brûle au contact de l'air avec une flamme jaunâtre et forme avec l'oxygène un mélange qui détone violemment à l'approche d'une flamme. On peut en recueillir de la vase des marais, mais on le prépare généralement en chauffant un mélange d'*acétate de sodium* et de *chaux sodée*.

Le méthane ne peut donner que des produits de *substitution*.

L'*éthylène*, que l'on appelle aussi *gaz oléfiant*, est un gaz incolore à odeur éthérée et sans saveur, qui brûle avec une flamme blanche très éclairante. Comme le méthane, il forme, avec l'oxygène, un mélange qui détone violemment ; avec le chlore, il produit un liquide huileux connu sous le nom de *liqueur des Hollandais*. On le prépare en chauffant vers 180° un mélange d'*alcool* et *d'acide sulfurique*.

L'*acétylène*, découvert en 1836 par Davy, n'est bien connu que depuis 1894, date à laquelle M. Moissan a trouvé un moyen très facile de le préparer. C'est un gaz d'une odeur alliacée caractéristique, qui brûle avec une flamme extrêmement brillante, dont le pouvoir éclairant, à un volume égal est environ 15 fois celui du gaz ordinaire. L'acétylène forme aussi un mélange détonant lorsqu'il se trouve en présence de l'oxygène et d'un corps incandescent. On le prépare, en faisant agir à froid de l'*eau sur du carbure de calcium*.

L'usage de l'acétylène pour l'éclairage domestique s'est beaucoup généralisé, à cause de son grand pouvoir éclairant, de la facilité de sa préparation et de son prix de revient inférieur à celui de beaucoup d'autres systèmes d'éclairage.

L'éthylène et l'acétylène ne donnent jamais que des produits d'*addition* lorsqu'il se combinent directement à un autre corps.

Le méthane, l'éthylène et l'acétylène sont les premiers termes de trois séries d'hydrocarbures ; tous ceux d'une même série possédant des propriétés chimiques semblables. Les propriétés physiques varient régulièrement à mesure que l'on monte dans chaque série.

La première série comprend les carburés dit *saturés*, parce qu'ils ne donnent que des produits de substitution ; les deux autres séries comprennent des carbures *non saturés*, c'est-à-dire, ne formant que des produits d'addition.

Les hydrocarbures peuvent présenter des isomères, qui sont de plus en plus nombreux à mesure que l'on avance dans les séries.

Le *gaz d'éclairage* renferme *environ* 50 % *d'hydrogène*, 35 % de *méthane*, 8 % d'*oxyde de carbone*, un peu d'*azote* et quelques autres corps qui lui communiquent son odeur particulière.

Le gaz d'éclairage brûle avec une flamme très éclairante et forme avec l'air un mélange détonant. On l'extrait habituellement de la houille, qui, indépendamment du gaz, donne du *coke*, des *sels ammoniacaux* et beaucoup d'autres produits industriels.

La distillation de la houille est faite dans de grandes *cornues* en fonte ou en terre réfractaire. Le gaz en sortant de ces cornues, subit deux opérations successives : l'*épuration physique* et l'*épuration chimique*.

L'épuration physique se fait dans le *barillet*, le *jeu d'orgue* et la *double colonne de coke* ; l'épuration chimique s'effectue dans de grandes caisses, où se trouve un mélange de *sulfate de calcium* et de *sesquioxyde de fer*, maintenu divisé par de la *sciure de bois*.

Le gaz produit par la houille sert pour l'éclairage et le chauffage ; il est aussi utilisé pour le gonflement des ballons et pour des moteurs mécaniques.

Les *pétroles* sont des liquides jaunâtres, d'une odeur assez désagréable, qui brûlent avec un grand éclat. On extrait les pétroles *bruts* du sol et on les désigne sous le nom de *naphtes*. Les naphtes doivent être distillés avant d'être livrés au commerce. Les différents liquides qui passent à la distillation sont l'*huile légère de pétrole*, le *pétrole pour lampes* et les *huiles lourdes de pétrole*.

Le *caoutchouc* est formé par le suc laiteux qui s'écoule des incisions faites à l'écorce de certains arbres et notamment de l'*hevea guyanensis* et du *siphonia cautchu*. Il est mou, flexible et d'autant plus élastique que sa température est plus élevée. Il résiste à l'action de la plupart des produits chimiques, ce qui explique son fréquent emploi dans les laboratoires et ses nombreux usages dans l'industrie.

La *gutta-percha* est formée par le suc durci de l'*isonandra percha*. Elle a assez de ressemblance avec le cuir. Solide et tenace à la température ordinaire, elle se ramollit lorsqu'elle est légèrement chauffée. Cette propriété permet de l'utiliser pour la fabrication d'un grand nombre d'objets. On s'en sert en galvanoplastie, et on l'emploie pour isoler les conducteurs électriques.

CHAPITRE II

ALCOOLS — BOISSONS ALCOOLIQUES

ALCOOLS

187. Alcool ordinaire, $C^2H^5.OH$. — *Propriétés*. — L'alcool ordinaire, lorsqu'il est pur, est nommé *alcool absolu*. C'est un liquide incolore, très volatil, d'une saveur brûlante et d'une odeur agréable ; sa densité est de **0,79**, il bout à **78°**, devient visqueux à — **80°** et se solidifie à — **130°**.

L'alcool pur est très combustible ; il brûle avec une flamme bleue en produisant de l'eau et de l'anhydride carbonique :

$$C^2H^5OH \quad + \quad 3O^2 \quad = \quad 3H^2O \quad + \quad 2CO^2$$

Alcool   Oxygène   Eau   Anhydride carbonique

L'alcool dissout les résines, les essences, les matières colorantes et les corps gras ; on utilise cette dernière propriété pour enlever les taches graisseuses sur les habits.

Synthèse. — On effectue facilement la synthèse de l'alcool en partant de l'*éthane*, $CH^3.CH^3$. On transforme cet hydrocarbure en *chlorure d'éthyle*, $CH^3.CH^2Cl$ (**179**), et ce produit chauffé en tube scellé avec de la soude caustique, donne de l'alcool :

$$CH^3.CH^2Cl \quad + \quad NaOH \quad = \quad CH^3.CH^2OH \quad + \quad NaCl$$

Chlorure d'éthyle   Soude caustique   Alcool   Chlorure de sodium

On voit par là que l'alcool diffère de l'éthane en ce qu'un atome d'hydrogène de celui-ci est remplacé par un oxhydrile OH. Aussi considère-t-on l'alcool ordinaire comme un dérivé de l'éthane et on lui donne pour cette raison le nom d'*alcool éthylique*.

Le groupement CH^2OH que nous voyons dans sa formule caractérise, en général tous les alcools dits *primaires* (1).

Ethers-sels. — Lorsqu'on traite l'alcool par l'acide chlorhydrique, il se forme du *chlorure d'éthyle* et de l'*eau* :

$$C^2H^5.OH \quad + \quad HCl \quad = \quad C^2H^5.Cl \quad + \quad H^2O$$

Alcool   Acide chlorhydrique   Chlorure d'éthyle   Eau

Cette réaction nous indique qu'il s'est séparé de l'alcool un *oxhydrile* OH, qui a été remplacé par un atome de *chlore*. Si on la compare avec celle qui a lieu entre la soude caustique et le même acide,

$$NaOH \quad + \quad HCl \quad = \quad NaCl \quad + \quad H^2O$$

Soude caustique   Acide chlorhydrique   Chlorure de sodium   Eau

on peut constater que l'alcool fonctionne comme une base, dans laquelle l'éthyle C^2H^5 joue le même rôle qu'un métal monovalent. Aussi représente-t-on l'alcool non par sa formule brute C^2H^6O, mais par celles que nous avons employées plus haut afin de mettre cette fonction en évidence. Il est bon, toutefois, de remarquer que l'alcool ne présente pas les propriétés des bases métalliques, car outre qu'il n'influe pas sur la coloration du tournesol, il n'est pas susceptible d'être décomposé par le courant électrique, comme le sont, par exemple, la potasse et la soude caustiques.

---

(1) Un alcool est *primaire* lorsque l'oxhydrile remplace un hydrogène du groupement CH^3 ; mais il peut aussi remplacer un hydrogène des groupements CH^2 et CH, que l'on trouve dans la formule développée d'hydrocarbures plus élevés dans la série (179). Il se forme alors des alcools *secondaires* et *tertiaires* dont les groupements caractéristiques sont CHOH et COH.

C'est pour mieux faire voir le rapport qu'a l'alcool ordinaire avec l'éthane que nous avons représenté sa formule développée par $CH^3.CH^2OH$. On le représente souvent d'une manière plus abrégée par C^2H^5OH. Le radical C^2H^5 s'appelle *éthyle*.

L'alcool, combiné avec l'acide sulfurique peut donner deux composés :

Le sulfate acide d'éthyle, $SO_4H.C_2H_5$.
Le sulfate neutre d'éthyle, $SO_4(C_2H_5)_2$

Le sodium, combiné avec le même acide, donne les deux sels suivants :

Le sulfate acide de sodium, SO_4HNa.
Le sulfate neutre de sodium, SO_4Na_2.

En comparant les deux premières formules avec les deux secondes, on remarque comme entre le chlorure d'éthyle et le chlorure de sodium, une ressemblance complète ; c'est à cause de cette analogie qu'ils ont avec les sels qu'on appelle les premiers composés des *éthers-sels*. Un éther-sel se distingue donc d'un sel ordinaire en ce que sa base est un radical alcoolique au lieu d'être un métal.

Ether-oxyde. — Si l'on chauffe vers **140°** un excès d'alcool avec de l'acide sulfurique, qui agit comme catalyseur, on obtient un *éther-oxyde*, comparable à l'oxyde de sodium :

$$2C_2H_5.OH \quad - \quad H_2O \quad = \quad (C_2H_5)_2O$$
Alcool   Eau   Oxyde d'éthyle

Ce produit est l'*éther ordinaire*, liquide incolore très volatil et très inflammable, que l'on emploie comme anesthésique, pour calmer les douleurs.

La préparation de l'éther peut se faire dans les laboratoires au moyen d'un appareil distillatoire semblable à celui qui est indiqué pour la distillation de l'alcool (Fig. 65). Le bouchon du ballon doit être muni d'une triple ouverture, l'une pour le dégagement de la vapeur, l'autre pour l'introduction de l'alcool à petites doses ; la troisième pour y fixer un thermomètre. L'alcool, avons-nous dit, doit toujours être un excès, car, sans cela il se formerait non de l'éther, mais de l'éthylène (p. 197).

Oxydation. — A la température ordinaire, quand il est placé au contact de l'air et de certaines matières poreuses, telles que le noir de platine, l'alcool s'oxyde et se convertit en acide acétique.

$$CH_3.CH_2OH \quad + \quad O_2 \quad = \quad CH_3.COOH \quad + \quad H_2O$$
Alcool   Oxygène   Acide acétique   Eau

Il se transforme aussi en acide acétique sous l'influence d'un petit végétal, le *mycoderma aceti*, qui se développe spontanément à la surface des liquides alcooliques exposés à l'air libre. Cette transformation explique la raison pour laquelle le vin, la bière, le cidre et toutes les boissons qui contiennent de l'alcool, s'aigrissent si promptement au contact de l'air.

Fermentation alcoolique. — L'alcool se produit dans la fermentation de certains sucres comme le *glucose* ou sucre de raisin, le *lévulose*, ou sucre de fruits, qui se dédoublent en alcool et en gaz carbonique, d'après l'équation :

$$C^6H^{12}O^6 \;=\; 2C^2H^5OH \;+\; 2CO^2$$

Glucose, lévulose Alcool Anhydride carbonique

C'est au dégagement de l'anhydride carbonique qu'est dû ce mouvement, semblable à celui que produirait l'ébullition, que l'on observe dans les moûts en état de fermentation.

Cette transformation s'effectue par l'action de petits organismes végétaux unicellulaires, qui sécrètent une substance de nature albuminoïde moyennant laquelle s'opère le dédoublement des sucres par un phénomène de catalyse ; cette substance qui est une *diastase* ou *ferment soluble*, ne doit donc pas être confondue avec les petits êtres qui la sécrètent et que l'on nomme *ferments figurés*, parce que, vus au microscope, ils ont une physionomie propre.

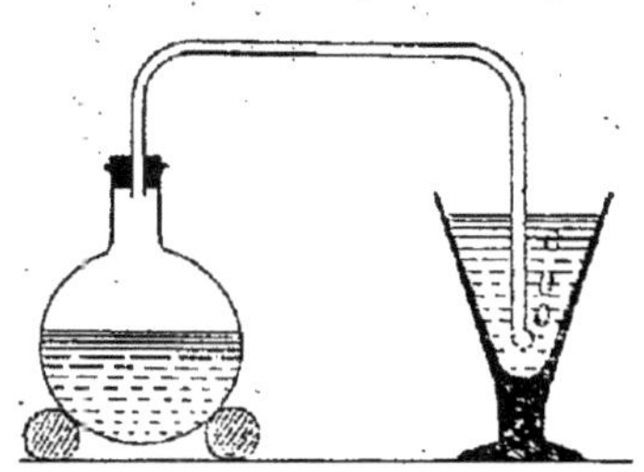

Fig. 64. — *Fermentation du glucose.*

Expérience. — On met dans un ballon une solution étendue de glucose. Cette solution, abandonnée à elle-même à une température convenable, fermenterait à la longue, car les microbes sont extrêmement répandus dans la nature. Ils existent dans l'air en grandes quantités et entre eux se trouvent ceux dont l'aliment nécessaire est le suc fermentescible.

Si on désire la voir fermenter aussitôt, on y ajoute un peu de levure de bière et on la chauffe entre 30 et 35°. On voit se dégager de l'anhydride carbonique qui, reçu dans l'eau de chaux, la rend laiteuse. Dans le ballon, le sucre sera remplacé par de l'alcool.

Les ferments les plus utiles sont ceux que l'on appelle *saccharomyces ellipsoideus* et *saccharomyces cerevisiæ* (levure de bière), que l'on cultive aujourd'hui artificiellement pour ajouter aux moûts, ce qui rend les vins meilleurs et moins exposés à se gâter ; la vinification revêt par là un caractère tout scientifique. Si au choix des ferments on ajoute un certain degré de chaleur, de 20 à 25° pour les celliers, de 25 à 30° pour les moûts, la fermentation se vérifiera dans de bonnes conditions.

Certains vins doux n'ont qu'une petite proportion d'alcool. Pour les rendre plus forts tout en leur conservant leur caractère de doux, on concentre le moût par la chaleur de manière à augmenter leur proportion de sucre et l'on pousse plus loin la fermentation. Cette concentration, toutefois, ne doit pas être excessive, car la présence d'une trop grande quantité de sucre, comme aussi d'alcool, empêche la fermentation. C'est pour cette raison que les sirops ainsi que les vins chargés d'alcool se conservent bien. C'est encore pour cette raison que l'on ajoute de l'alcool aux vins faibles pour les empêcher de s'aigrir.

On peut encore conserver les vins en tuant les agents de la fermentation, soit au moyen des antiseptiques, par exemple l'anhydride sulfureux SO^2, soit par la *pasteurisation*, qui consiste à soumettre le liquide fermentescible pendant quelques instants à une température de 60 à 70°. Cette température est suffisante pour détruire la presque totalité des germes nuisibles qu'ils peuvent contenir.

Remarque. — Le sucre de canne ou de betteraves, l'amidon, la fécule, la cellulose, ne sont pas, par eux-mêmes, susceptibles de fermenter ; ils le sont après un dédoublement qui les transforme en glucose. Ce dédoublement se fait par l'action de l'acide sulfurique ou par celle d'une diastase spéciale qui existe, par exemple, dans le grain d'orge germé. Cette propriété des matières amylacées est très utilisée dans l'industrie ; aussi, prépare-t-on de grandes quantités d'alcool avec les graines de céréales et avec les tubercules de la pomme de terre.

Préparation. — On prépare l'alcool en distillant le vin, la bière, le cidre et toutes les liqueurs qui proviennent de la fermentation des matières sucrées. Ces liquides sont formés principalement par de l'eau mélangée avec une quantité plus ou moins considérable d'alcool. Ce dernier corps distille à une température inférieure à 100°, en entraînant avec lui une certaine quantité d'eau. On concentre l'alcool par une deuxième et une troisième distillation ; pour l'obtenir pur, on le distille en le mélangeant avec des substances très avides d'eau, comme la chaux vive ou le carbonate de potassium.

Le produit de la distillation des liquides alcooliques prend le nom d'*eau-de-vie* quand il renferme moins de 55 pour cent d'alcool ; s'il en contient davantage, il est appelé *esprit-de-vin*. Dans le commerce, on désigne sous le nom de *trois-six* de l'alcool marquant 85° à l'alcoomètre de Gay-Lussac, c'est-à-dire ne contenant que 15 pour cent d'eau. On l'appelle ainsi, parce que *trois parties* de cet alcool, mélangées avec un poids égal d'eau, produisent *six parties* d'eau-de-vie ordinaire.

Produits alcooliques. — Les principaux produits alcooliques sont l'*eau-de-vie de Cognac*, que l'on obtient par la distillation des vins des Charentes et du Midi ; le *rhum*, que l'on extrait des mélasses de sucre de canne ; le *kirsch*, qui est donné par des cerises écrasées avec leurs noyaux ; le *genièvre*, qui est préparé avec les baies du genévrier, et le *whisky*, que l'on retire d'un mélange de seigle, de fécule de pommes de terre et de prunelles sauvages.

188. Étude expérimentale des propriétés les plus intéressantes de l'alcool éthylique. — 1° *L'alcool est combustible. En brûlant, il se transforme en eau et en gaz carbonique.* — Si l'on renverse une cloche sur la flamme d'une lampe à alcool, elle se couvre de buée, qui indique la formation d'eau ; en retournant la cloche puis en y agitant un peu d'eau de chaux, celle-ci se trouble à cause de la présence de l'anhydride carbonique.

2° *L'alcool se mélange à l'eau en toutes proportions ; le mélange s'effectue avec contraction de volume.* — On mélange, par exemple, 10 cm³ d'alcool avec 10 cm³ d'eau ; on obtient, non 20 cm³ de mélange, mais à peu près 19.

3° *Le mélange d'alcool et d'air est explosif.* — Il est imprudent d'éteindre une lampe à alcool en soufflant, car on s'expose à enflammer le mélange détonant que forme à l'intérieur la vapeur d'alcool avec l'air.

Le mélange d'alcool et d'air est applicable aux moteurs à explosion.

4° *L'alcool dissout les graisses, l'iode, les essences, les résines, les matières colorantes.* — Ainsi, on l'emploie pour enlever les taches graisseuses des habits. La *teinture d'iode* est une dissolution d'iode dans l'alcool. Les essences des liqueurs sont dissoutes grâce à l'alcool que celles-ci contiennent. Certains vernis sont des dissolutions alcooliques de résine. On fabrique des encres en faisant dissoudre de la fuchsine dans de l'alcool ; on obtient le vin rouge en laissant fermenter le moût avec la pellicule des grains de raisin chargés de matière colorante.

5° *Divers agents, comme la mousse de platine, le platine au rouge, l'anhydride chromique, le mycoderma aceti, etc., transforment l'alcool en acide acétique.* — On introduit, par exemple, dans un verre contenant de l'alcool, une spirale de platine chauffée au rouge ; elle s'y maintient en cet état pendant un certain temps et il se forme de l'acide acétique.

$$C^2H^5OH \quad + \quad O \quad = \quad CH^3COOH \quad + \quad H^2O$$

Alcool　　　　　Oxygène　　　　Acide acétique　　　　　Eau

6° *L'acide sulfurique transforme l'alcool en éther.* — On met un peu d'alcool dans un tube d'essai avec quelques gouttes d'acide sulfurique, et l'on chauffe ; il se forme de l'éther ordinaire, aisé à reconnaître par l'odorat.

7° *L'alcool coagule l'albumine et la gélatine.* — On met dans une assiette une dissolution de gélatine, puis on y verse de l'alcool ; la gélatine se coagule. Pour *coller* les vins, on emploie de l'albumine ou de la gélatine (19).

8° *L'alcool est un antiseptique.* — On conserve certains fruits dans l'alcool. Des pièces anatomiques, des animaux entiers se conservent indéfiniment dans l'alcool.

9° *L'alcool, pris en petite quantité, excite l'organisme; pris en grande quantité, il cause l'ivresse; l'usage habituel de l'alcool, même sans arriver à l'ivresse, produit la maladie chronique appelée alcoolisme.*

189. Dosage de l'alcool. — La proportion de l'alcool contenu dans un mélange d'alcool et d'eau se détermine au moyen des alcoomètres ; en France, on emploie surtout à cet effet, l'alcoomètre de Gay-Lussac (Physique, **50**, 2°). La température pour la détermination du degré alcoolique doit être de 15° ; si elle est différente, on corrige les degrés constatés au moyen d'une table qui accompagne ordinairement l'appareil.

Lorsque le liquide dont on désire connaître le degré alcoolique est du vin, de la bière, etc., on doit d'abord le distiller pour en extraire l'alcool, car il y a dans ces produits beaucoup de substances qui font varier leur

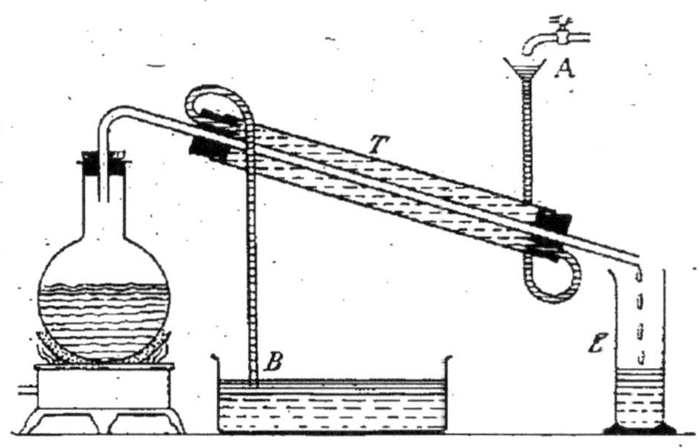

FIG. 65. — *Appareil distillatoire.*

Les vapeurs dégagées du ballon passent par un tube entouré d'un autre tube T, dans lequel il circule de l'eau froide.

densité. A cette fin, on emploie les alambics, notamment celui de *Salleron*. On fait bouillir par exemple, un demi-litre de vin pendant un quart d'heure, temps suffisant pour que tout l'alcool en soit expulsé. Les vapeurs sont conden-sées dans un tube autour duquel il circule de l'eau froide et on reçoit dans une éprouvette le liquide distillé. Une fois l'opération terminée, on ajoute au produit de la distillation, l'eau nécessaire pour compléter la quantité d'un demi-litre et l'on y introduit l'alcoomètre.

190. Alcool méthylique, CH^3OH. — L'*alcool méthylique* est un liquide incolore très fluide, doué d'une odeur pénétrante et d'une saveur brûlante. Sa densité est de **0,84**. Il bout à **76°** et, par sa combustion, il produit une flamme bleuâtre très chaude.

Ses propriétés sont analogues à celles de l'alcool éthylique. Ainsi, avec les acides, il forme des éthers-sels. Exemples :

$$CH^3.OH \quad + \quad HCl \quad = \quad CH^3.Cl \quad + \quad H^2O$$

Alcool méthylique   Acide chlorhydrique   Chlorure de méthyle   Eau

$$2CH^3.OH \quad + \quad SO^4H^2 \quad = \quad SO^4(CH^3)^2 \quad + \quad 2H^2O$$

Alcool méthylique   Acide sulfurique   Sulfate de méthyle   Eau

Et, par oxydation, il se transforme en un acide :

$$CH^3.OH \quad + \quad O^2 \quad = \quad H.COOH \quad + \quad H^2O$$

Alcool méthylique   Oxygène   Acide formique   Eau

On le prépare par la distillation du bois. (V. **196** 3°). L'alcool méthylique est moins cher que l'alcool ordinaire ; aussi, est-il employé pour la fabrication des vernis et comme combustible. Il ne peut pas servir à l'alimentation, car il est vénéneux.

191. Série d'alcools. — Les deux alcools dont nous venons de parler, sont les premiers termes de toute une série d'alcools dérivée de la série d'hydrocarbures saturés. Leurs formules s'écrivent en remplaçant un atome d'hydrogène de ces hydrocarbures par un oxhydrile OH. On les désigne par le nom de ces hydrocarbures terminé en *ol*.

$H.CH^2OH$, méthanol (alcool méthylique).
$CH^3.CH^2OH$, éthanol (alcool éthylique).
$C^2H^5.CH^2OH$, propanol.
$C^3H^7.CH^2OH$, butanol.
$C^4H^9.CH^2OH$, pentanol, etc.

Ces alcools forment une série homologue ;. comme dans les hydrocarbures, on passe de la formule d'un alcool à celle du suivant en ajoutant *un atome de carbone et deux atomes d'hydrogène*. Leurs propriétés sont semblables : tous peuvent se combiner aux acides pour donner des *éthers-sels* et à l'oxygène pour former un *acide* ; à chacun correspond un *éther-oxyde* et enfin leur synthèse peut s'effectuer en partant de l'hydrocarbure correspondant. On y trouve aussi, à partir du propanol, des isomères qui sont de plus en plus nombreux à mesure qu'on avance dans la série.

REMARQUE. — Il y a des alcools multiples, c'est-à-dire possédant plusieurs fois la fonction alcool. Telle est, par exemple, la glycérine, $C^3H^5(OH)^3$, qui peut se combiner avec une, deux ou trois molécules d'acide chlorhydrique pour former trois sortes d'éthers.

BOISSONS ALCOOLIQUES

VIN

192. — Le *vin* est la liqueur que l'on obtient par la fermentation du jus de raisins. Ce jus renferme de l'eau, du sucre, des matières albumineuses, du tanin, des matières colorantes, plusieurs sels minéraux et principalement du bitartrate de potassium.

Les manipulations particulières à la fabrication du vin diffèrent suivant les localités ; on peut dire cependant que généralement, elles se réduisent à quatre : le *foulage des raisins*, la *fermentation du moût*, le *décuvage* et le *pressurage*.

Foulage des raisins. — Le *foulage des raisins* a pour but d'extraire le jus qu'ils contiennent, de le mêler avec le ferment dont les germes se trouvent sur la pellicule des grains, et de le mettre au contact de l'air. Toutes ces conditions sont indispensables pour que la fermentation puisse se produire. Cette opération se fait au fur et à mesure que l'on introduit la vendange dans la cuve.

Fermentation du moût. — La *fermentation du moût* commence presque aussitôt après le foulage. Sous l'influence du ferment, le *mycoderma vini*, la partie sucrée du jus des raisins se transforme en alcool et en anhydride carbonique. Le dégagement du gaz carbonique soulève peu à peu les pellicules des grains et les rafles des grappes ; ces matières s'accumulent à la surface et forment ce qu'on appelle le *chapeau*. On enfonce ce chapeau et on brasse ce mélange quand la fermentation ralentit ; elle se ranime aussitôt, et lorsqu'elle est sur le point de s'arrêter, on procède au décuvage.

Décuvage. — Le *décuvage* consiste à soutirer le vin dans des fûts. On doit laisser les fûts débouchés pendant quelques jours, car le vin fermente encore pendant un certain temps après le décuvage, et il faut que le gaz carbonique qui se produit, puisse se dégager. Le vin s'éclaircit peu à peu ; les matières qui le troublent se déposent et forment la *lie*.

Quand le vin est à peu près clair, on le soutire une seconde fois afin de le séparer de sa lie, qui ne peut que nuire à ses qualités, puis on le *colle*. Le collage a pour but de débarrasser le vin de toutes les matières solides qu'il peut tenir en suspension, et de le rendre parfaitement clair. Habituellement, on colle le vin avec du blanc d'œuf ; mais on peut le faire aussi avec du sang de bœuf ou avec de la gélatine. Ces substances renferment beaucoup d'albumine ; cette albumine se coagule au contact de l'alcool contenu dans le vin et forme comme une espèce de filet, qui emprisonne entre ses mailles les matières en suspension et les entraîne avec lui au fond du liquide.

Pressurage. — Le *pressurage* a pour but d'extraire la plus grande partie du vin contenu dans le résidu solide qui reste dans la cuve après le décuvage. A cet effet, on soumet ce résidu à l'action du pressoir ; le premier vin qui en découle est généralement plus riche en alcool et en couleur que le vin donné par le décuvage ; celui que l'on obtient ultérieurement est de qualité inférieure, mais il contient plus de tanin.

Les *vins blancs* se font ordinairement avec des raisins blancs ; mais beaucoup sont obtenus avec des raisins noirs. La matière colorante du vin rouge, l'*œnoline*, est renfermée dans la pellicule des grains : cette substance ne se dissout dans le jus du raisin que lorsque ce dernier contient de l'alcool ; dès lors, si par le pressurage, on sépare les pellicules du jus avant que celui-ci ait fermenté, on aura un moût qui donnera du vin blanc.

Les *vins mousseux* s'obtiennent en ajoutant un peu de sucre candi au vin quand on le met en bouteilles. Sous l'action du ferment qui existe toujours dans le vin, le sucre produit de l'alcool et de l'anhydride carbonique ; comme ce gaz ne peut s'échapper, il se dissout dans le vin et le rend mousseux.

193. Maladies des vins. — Les vins sont sujets à plusieurs maladies qui, pour la plupart, proviennent d'un manque de soin dans leur conservation. Les principales de ces maladies sont l'*acidité*, la *pousse*, la *graisse* et le *goût de fût*.

Acidité. — L'*acidité* provient de l'accès de l'air dans les fûts ou de la température trop élevée dans les celliers. On y remédie en ajoutant au vin un peu de tartrate neutre de potassium.

Pousse. — La *pousse* se développe dans les vins peu alcooliques qu'on a renfermés dans des fûts non soufrés préalablement. Par cette maladie, ils acquièrent une saveur amère, qui est due à une nouvelle fermentation ; le résultat de cette fermentation est de détruire le sucre qui avait échappé à la première. On arrête la maladie de la pousse en transvasant immédiatement le vin dans des tonneaux où l'on a fait brûler une mèche soufrée. Le soufre, en brûlant, produit de l'anhydride sulfureux, qui, en se dissolvant dans le vin, paralyse l'action des ferments.

Graisse. — La *graisse* est produite par une matière azotée, nommée *glaïadine*, qui rend les vins filants. Cette maladie est très fréquente dans les vins pauvres en tanin. Les vins blancs qui sont faits avec des raisins noirs et qui n'ont pas fermenté en présence de la rafle et des pépins, ont peu de tanin et par conséquent sont très sujets à la graisse. On y remédie en ajoutant au vin de **7 à 8 gr.** de tanin par hectolitre.

Goût de fût. — Le *goût de fût* provient d'un petit végétal qui se développe dans les fûts, qui, étant vides, sont laissés débouchés. Le vin mis dans les fûts prend un goût désagréable ; on peut faire disparaître en partie ce goût en ajoutant au vin un *demi-litre* de bonne huile d'olive par hectolitre.

BIÈRE

194. Fabrication de la bière. — La *bière* est obtenue par la fermentation alcoolique d'une infusion d'orge germée, aromatisée avec le principe amer du houblon. La fabrication de la bière comprend quatre opérations principales, savoir : le *maltage*, la *saccharification* ou *brassage*, le *houblonnage* et la *fermentation*.

Maltage. — Le *maltage* a pour but de faire germer l'orge afin de faire développer la *maltase*, diastase qui produit la saccharification de la matière amylacée que contient cette plante. Pour obtenir cette germination, on fait d'abord gonfler les grains d'orge dans l'eau, puis on les étend en couche mince sur un plancher. Lorsque le germe a atteint à peu près la longueur du grain, on arrête la germination en exposant l'orge à une température de **70°**. Les grains desséchés à cette température sont débarrassés de leurs germes et réduits en une farine grossière que l'on appelle *malt*.

Saccharification. — La *saccharification* ou *brassage du malt* a pour effet de convertir en glucose la matière amylacée de l'orge. Cette opération se fait dans de grandes cuves en bois, munies d'un double fond. On étend le malt sur le fond supérieur, qui est percé de trous, et on fait arriver entre les deux fonds de l'eau portée à 70°. Cette eau pénètre à travers le malt ; on brasse vivement le mélange avec des fourches et, après avoir couvert la cuve, on laisse

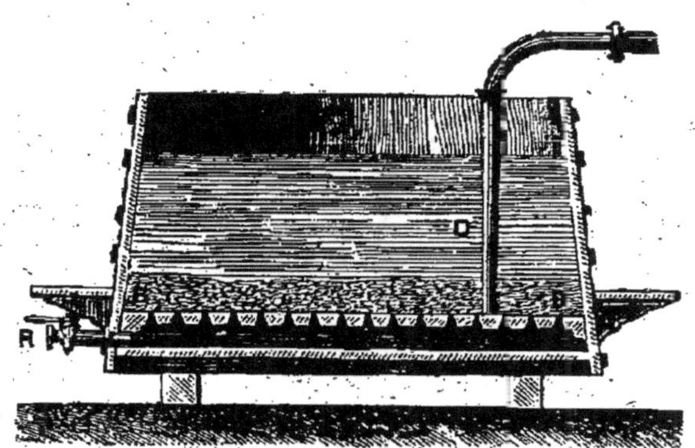

FIG. 66. — *Cuve pour la saccharification du malt.*

reposer le tout durant trois heures. Pendant ce temps, la diastase de l'orge agit sur l'amidon et le transforme en glucose, qui se dissout dans l'eau. Le liquide prend alors le nom de *moût*. Le malt qui reste dans la cuve, n'étant pas épuisé, est soumis à une seconde infusion avec de l'eau à 85°, puis à une troisième, avec de l'eau à 95°. Les moûts des deux premières infusions, mélangés ensemble, sont employés pour faire la bière ordinaire ; celui de la troisième infusion sert à fabriquer la *petite bière*.

Houblonnage. — Le *houblonnage* consiste à faire bouillir des fleurs de houblon avec le moût dans des chaudières fermées. On met habituellement de **1** à **2** kilos de fleurs par hectolitre de bière. Le houblon communique à la bière un principe amer et aromatique, qui lui donne un goût agréable et qui contribue à sa conservation.

Fermentation. — La *fermentation* n'est autre chose que la transformation en alcool et en anhydride carbonique, du glucose dissous dans le moût. Cette transformation se fait à l'aide d'un ferment spécial, la *levure de bière*, qu'on a recueilli dans une opération précédente. Pour produire la fermentation, on verse, dans de grandes cuves, le moût houblonné et refroidi, et on y ajoute de **2** à **4** *kilos* de levure de bière par **1.000** litres de liquide. Presque aussitôt, il se forme d'abondantes écumes, qui montent et débordent des cuves, que l'on a soin de tenir pleines. Après un temps qui varie de **24** à **48** heures, on soutire le liquide dans de petits tonneaux, appelés *quarts*, où s'achève la fermentation. Les écumes qui s'échappent de l'ouverture de ces tonneaux sont recueillies et exprimées dans des sacs de toile ; elles laissent, comme résidu solide, la levure de bière, qui est employée dans les opérations ultérieures.

CIDRE

195. — Le *cidre* est la boisson que l'on obtient avec le jus fermenté des pommes. Le procédé de fabrication du cidre est très simple. Les fruits sont écrasés soit sous une meule verticale tournant dans une auge circulaire, soit entre deux cylindres cannelés que l'on peut rapprocher à volonté. La pulpe est mise en tas et abandonnée à elle-même durant **24** heures ; pendant ce temps elle prend une teinte rouge-brun, qui donne au cidre sa couleur caractéristique. Elle est ensuite soumise à l'action du pressoir ; le jus qui en découle est versé dans des tonneaux où il fermente lentement.

Le *poiré* est obtenu avec du jus de poires. Sa fabrication est analogue à celle de la bière.

RÉSUMÉ

L'alcool ordinaire est un liquide incolore, très volatil, d'une saveur brûlante et d'une odeur agréable. Sa densité est **0,79**. Il bout à **78°**, devient visqueux à — **80°** et se solidifie à — **130°**. L'alcool pur est très combustible et a beaucoup d'affinité pour l'eau. En présence de certains corps poreux ou du *mycoderma aceti*, il se transforme en acide acétique.

L'alcool peut se combiner avec les acides pour former des *éthers-sels*, et par déshydratation il peut fournir l'*éther ordinaire*.

La *fermentation alcoolique* consiste dans le dédoublement du glucose ou du lévulose, $C^6H^{12}O^6$, en alcool et en anhydride carbonique. Ce dédoublement est dû à l'action de végétaux microscopiques, les *ferments figurés*, qui sécrètent une diastase ou *ferment soluble*, moyennant laquelle s'effectue cette transformation.

On vérifie aisément les propriétés suivantes de l'alcool ordinaire : 1° Il est combustible ; 2° il se mélange à l'eau en toutes proportions, avec contraction de volume ; 3° son mélange avec l'air est explosif ; 4° il dissout les graisses, l'iode, les résines, les matières colorantes ; 5° il peut être transformé en acide acétique, en éther, etc. ; 6° il coagule l'albumine et la gélatine ; 7° c'est un antiseptique ; 8° pris en petite quantité il excite l'organisme ; en grande quantité, il cause l'ivresse.

On dose l'alcool dans ses mélanges avec l'eau, au moyen des alcoomètres.

On prépare l'alcool en distillant les liqueurs qui proviennent de la fermentation des matières sucrées. Les principaux produits alcooliques qui ont un nom particulier sont le *cognac*, le *rhum*, le *kirsch*, le *genièvre*, le *whisky*.

L'*alcool méthylique* est un liquide incolore, très fluide, doué d'une odeur pénétrante et d'une saveur brûlante. Il bout à 76°, et, par sa combustion, produit beaucoup de chaleur. On le prépare par la distillation du bois. Il est très employé pour la fabrication des vernis et comme combustible.

L'alcool éthylique et l'alcool méthylique sont les deux premiers termes d'une série d'alcools, présentant tous des propriétés chimiques semblables.

Le *vin* est la liqueur que l'on obtient par la fermentation du jus de raisin. La fabrication du vin comprend quatre opérations principales : le *foulage des raisins*, la *fermentation du moût*, le *décuvage* et le *pressurage*.

Le *foulage des raisins* a pour but d'extraire le jus qu'ils contiennent, de mêler ce jus avec le ferment, dont les germes se trouvent sur la pellicule des grains, et de les mettre en contact avec l'air. Pendant la *fermentation du moût*, la partie sucrée du jus de raisins se transforme en alcool et en anhydride carbonique. Le *décuvage* consiste à soutirer le vin dans des fûts et le *pressurage*, à extraire le vin qui reste encore dans le résidu solide après le décuvage.

Les vins sont sujets à plusieurs maladies dont les principales sont l'*acidité*, la *pousse*, la *graisse* et le *goût de fût*.

La *bière* est obtenue par la fermentation alcoolique d'une infusion d'orge germée, aromatisée avec le principe amer du houblon. La fabrication de la bière comprend quatre opérations principales : le *maltage*, la *saccharification* ou *brassage*, le *houblonnage* et la *fermentation*.

Le *maltage* a pour but de produire la germination de l'orge afin de faire développer la *maltase*, qui doit produire la saccharifition. La *saccharification* a pour objet de convertir en *glucose* la matière amylacée de l'orge. Le *houblonnage* consiste à faire bouillir le moût avec les fleurs de houblon. La *fermentation* est la transformation en alcool et en anhydride carbonique du glucose dissous dans le moût ; elle se fait à l'aide d'un ferment spécial, la *levure de bière*.

On désigne sous le nom de *cidre* la boisson que l'on obtient avec le jus fermenté des pommes. Le *poiré* est fabriqué avec le jus des poires.

CHAPITRE III

ACIDES ORGANIQUES — SAVONS ET BOUGIES

ACIDE ACÉTIQUE — ACIDE LACTIQUE — SÉRIE D'ACIDES

196. Acide acétique, $CH^3.COOH$. — *Propriétés*. — *L'acide acétique* est le principe acide du vinaigre. Lorsqu'il est pur, il reste solide et cristallisé jusqu'à la température de 17°. A cette température, il fond et donne un liquide incolore d'une saveur très acide et qui produit des ampoules lorsqu'il est mis en contact avec la peau.

L'acide acétique se produit, comme nous avons vu, dans l'oxydation de l'alcool ordinaire.

L'oxydation régulière de l'alcool éthylique par l'action d'un oxydant ou d'un catalyseur, comprend deux phases : il se forme d'abord de l'*aldéhyde acétique*, produit intermédiaire entre l'alcool et l'acide acétique :

$$CH^3.CH^2OH \quad + \quad O \quad = \quad CH^3.CHO \quad + \quad H^2O$$

Alcool éthylique	Oxygène	Aldéhyde acétique	Eau

Puis, cette action se prolongeant, l'aldéhyde se transforme en acide acétique.

$$CH^3.CHO \quad + \quad O \quad = \quad CH^3.COOH$$

Aldéhyde acétique   Oxygène   Acide acétique

Le groupement COOH que l'on voit dans la formule de cet acide est caractéristique de tous les acides organiques. Un composé est dit mono, bi, tri... acide selon qu'il contient 1, 2, 3... fois ce groupement. Seul l'hydrogène de ce groupement est *basique*, c'est-à-dire susceptible d'être remplacé par un métal pour former un sel, ou par un radical alcoolique pour former un éther-sel.

L'acide acétique présente les propriétés générales de tous les acides : il rougit la teinture de tournesol et peut se combiner avec les métaux ou avec les bases pour donner des sels, dont les solutions sont des électrolytes.

Préparation. — On le prépare dans les laboratoires en décomposant l'acétate de sodium par l'acide sulfurique :

$$2CH^3.COONa \quad + \quad SO^4H^2 \quad = \quad SO^4Na^2 \quad + \quad 2CH^3.COOH$$

Acétate de sodium   Acide sulfurique   Sulfate de sodium   Acide acétique.

Les deux produits sont mis dans une cornue, puis chauffés. L'acide acétique se dégage en vapeurs que l'on conduit dans un ballon refroidi (v. fig. 29) pour les faire condenser.

L'acide acétique existe à l'état d'acétate dans tous les végétaux. Il se forme dans la distillation du bois et surtout par l'oxydation de l'alcool. Trois procédés différents sont en usage dans l'industrie pour le préparer à l'état de dissolution plus ou moins étendue : le *procédé d'Orléans*, le *procédé allemand* et le *procédé de la distillation du bois*.

1°. ***Procédé d'Orléans.*** — Le procédé d'Orléans consiste à oxyder l'alcool du vin en présence de l'air. Pour cela, on introduit dans un tonneau 100 litres de bon vinaigre et 10 litres de vin. On laisse le tonneau ouvert et on le place dans un appartement dont la température est de 30°. Peu à peu, le liquide se couvre d'un végétal microscopique, le *mycoderma aceti* ou *fleur de vinaigre*. Ce végétal a la propriété d'absorber l'oxygène de l'air

et de le fixer sur l'alcool de vin, pour le convertir en acide acétique.
Au bout de quelques jours, tout le vin du tonneau est transformé
en vinaigre. On tire alors **10** litres de ce liquide que l'on remplace
par **10** litres de vin. Cette opération peut se continuer indéfiniment. Dans l'économie domestique, on prépare le vinaigre d'une
manière analogue.

2° *Procédé allemand.* — En Allemagne, on prépare le vinaigre,
en faisant passer à travers un tonneau plein de copeaux de hêtre,
un mélange de *cinq parties* d'eau et d'*une partie* d'alcool. Les
copeaux de hêtre ont pour but de diviser le liquide alcoolique, de
favoriser son contact avec l'air et par conséquent d'activer son
oxydation. Ce procédé est plus rapide que celui d'Orléans, mais
il donne un vinaigre de qualité inférieure.

3° *Procédé de la distillation du bois.* — En distillant le bois
en vase clos et en faisant passer dans un réfrigérant les vapeurs

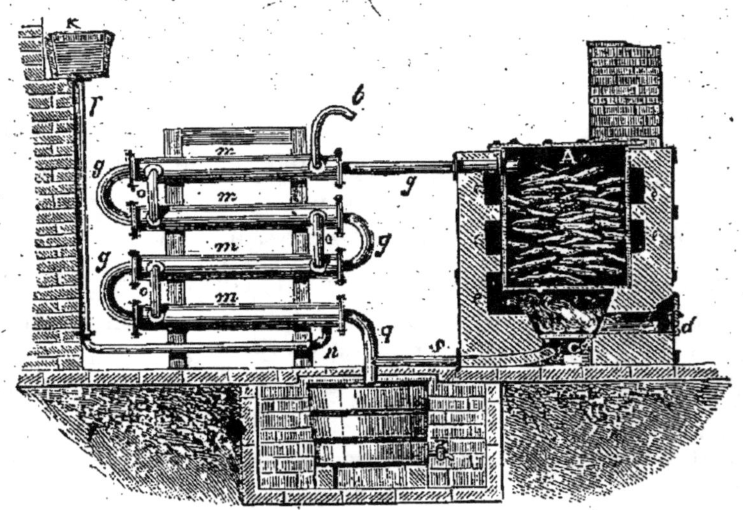

FIG. 67. — *Distillation du bois.*

qui s'en dégagent, on obtient un liquide formé par un mélange
d'huiles diverses, de goudron, d'alcool méthylique et d'acide acétique. On abandonne ce liquide au repos ; il se forme deux couches :
la couche inférieure contient les goudrons, et la couche supérieure
l'acide acétique avec les autres produits de la distillation. On
sépare cette couche et on y ajoute un épais *lait de chaux ;* la chaux
se combine avec l'acide acétique et forme de l'*acétate de calcium*
qui reste dissous. On distille le liquide pour en éliminer l'alcool
méthylique, que l'on rectifie ensuite pour être livré au commerce,

et on traite le résidu par du *carbonate de sodium:* il se forme du
carbonate de calcium insoluble et de l'*acétate de sodium.*

$$CO^3Na^2 \; + \; (CH^3.COO)^2Ca \; = \; CO^3Ca \; + \; 2CH^2.COONa$$
Carbonate de sodium   Acétate de calcium   Carb. de calcium   Acétate de sodium

Il ne reste plus, après cela, qu'à concentrer le liquide après en
avoir séparé le carbonate de calcium, puis à chauffer le sel dans
un appareil distillatoire avec de l'acide sulfurique, pour obtenir
l'acide acétique, comme nous venons de le voir.

L'acide acétique étendu d'eau est employé, sous le nom de *vinaigre*, pour assaisonner nos aliments.

197. Acétates. — Les *acétates* sont les sels résultant de
la substitution de l'hydrogène basique de l'acide acétique
par un métal. Ils sont généralement solubles dans l'eau,
et facilement décomposables par la chaleur. Lorsqu'on
les chauffe avec de l'acide sulfurique, ils dégagent de l'acide
acétique.

Les acétates les plus remarquables sont :

L'*acétate de sodium*, $CH^2.COONa$, employé dans la préparation du *méthane* et de l'*acide acétique* ;

L'*acétate de potassium*, $CH^3.COOK$, qui existe dans la sève
des plantes ;

L'*acétate ferreux* $(CH^3.COO)^2Fe$, et l'*acétate d'aluminium* $(CH^3.COO)^3Al$, employés comme mordants en teinture ;

L'*acétate de plomb* $(CH^3COO)^2Pb$, que l'on transforme
en *sous-acétate de plomb* $(CH^3.COO)^2Pb, 2PbO$, pour la
fabrication de la céruse ;

Divers *acétates de cuivre* qui forment le *vert-de-gris*,
employé comme base de diverses couleurs vertes, en particulier du *vert de Schweinfurth.*

198. Acide lactique, $CH^3.CHOH.COOH$. — Ce corps
est une fois alcool (CHOH) et une fois acide (COOH); sa
fonction est donc mixte. Il provient de la fermentation
de l'amidon, des gommes et de certains sucres, notamment

le sucre de lait ou *lactose*, par l'action du *Bacillus lactitus*. C'est un liquide épais, très avide d'humidité, jaunâtre, soluble dans l'alcool et dans l'éther. C'est cet acide qui communique au petit-lait la saveur aigre que nous lui connaissons. Il joue un rôle important dans la digestion stomacale.

199. Série d'acides. — L'acide acétique est le deuxième terme d'une série d'acides dérivés des hydrocarbures saturés, et présentant des propriétés chimiques semblables. On les appelle les *acides gras*, parce que la plupart de ces acides entrent dans la constitution des corps gras. Les principaux sont :

L'acide formique.	$H.COOH$
L'acide acétique	$CH^3.COOH$
L'acide propionique	$C^2H^5.COOH$
L'acide butyrique	$C^3H^7.COOH$
L'acide valérianique	$C^4H^9.COOH$
....	
L'acide margarique.	$C^{16}H^{33}.COOH$
L'acide stéarique (1).	$C^{17}H^{35}.COOH$

A cette série, nous ajouterons l'*acide oléique*, $C^{17}H^{33}.COOH$, dérivé de la deuxième série d'hydrocarbures. Cet acide, ainsi que l'acide margarique et l'acide stéarique, ont une grande importance, car, unis à la glycérine ils forment les éthers-sels appelés *oléine*, *margarine* et *stéarine* qui, plus ou moins mélangées, constituent la plupart des corps gras, tels que les huiles, le suif, la graisse, etc. L'oléine est liquide et entre principalement dans les huiles ; mais on en trouve aussi dans les graisses ; les taches transparentes que celles-ci produisent sur le papier sont dues à l'oléine qu'elles contiennent.

---

(1) Ces acides se désignent aussi par le nom de l'hydrocarbure dont ils dérivent terminé en *oïque* ; par exemple, l'acide *méthanoïque* (a. formique), l'acide *éthanoïque* (a. acétique), l'acide *propanoïque*, etc. Les sels correspondants s'appelleront en ce cas des *méthanoates* (formiates), des *éthanoates* (acétates), etc.

200. Saponification. — Un éther-sel chauffé en présence d'une base énergique se décompose : l'alcool est mis en liberté, et l'acide s'unit à la base pour former un sel. Exemple :

$$C^2H^5.Cl \quad + \quad KOH \quad = \quad C^2H^5.OH \quad + \quad KCl$$

Chlorure d'éthyle	Potasse caustique		Alcool	Chlorure de potassium
(Éther-sel)	(Base)			(Sel)

Cette décomposition est appelée *saponification*, parce qu'elle sert de base à la fabrication du savon. On l'applique aussi à la fabrication des bougies.

Remarque. — Nous avons vu qu'en partant d'un hydrocarbure quelconque, on peut obtenir successivement plusieurs dérivés. Il est intéressant et utile de comparer les formules de ces composés avec celle de l'hydrocarbure dont ils dérivent, ainsi que les noms, qu'on est convenu de leur donner. Voici, par exemple, une série de composés dérivés de l'éthane, avec leurs noms, d'après les conventions du congrès de Genève de 1892 :

Éthane..........................	$CH^3.CH^3$
Éthanol (alcool éthylique).........	$CH^3.CH^2OH$
Éthanal (aldéhyde acétique).......	$CH^3.CHO$
Acide éthanoïque (a.acétique)......	$CH^3.COOH$
Éthanoate de potassium (acétate de p.)	$CH^3.COOK$
Éthanoate d'éthyle (acétate d'éthyle)	$CH^3.COO.C^2H^5$
Éthane-oxy-éthane (éther ordinaire) .	$C^2H^5.O.C^2H^5$

FABRICATION DES SAVONS ET DES BOUGIES

201. Fabrication des savons. — On désigne sous le nom général de *savons* toutes les combinaisons des acides gras avec les bases minérales. Il n'y a que les savons à base de potasse, de soude ou d'ammoniaque qui soient solubles dans l'eau. Les savons à base de potasse sont *mous*, les savons à base de soude sont *durs* ; un savon est d'autant plus dur que le corps gras qui l'a formé est moins fusible.

Pour fabriquer le savon ordinaire, appelé *savon de Marseille*, on commence par porter à l'ébullition une dissolution de soude très étendue ; puis on y ajoute une certaine quantité de sel marin et les matières grasses à saponifier ; ces matières sont ordinairement du *suif*, de la *graisse*, de l'*huile de palme* ou de l'*huile d'olive* de qualité inférieure. La combinaison des acides gras avec la soude se fait presque aussitôt. Il en résulte de la glycérine qui surnage à la surface du liquide, et du savon, qui, étant insoluble dans l'eau salée, se précipite à l'état de grumeaux au fond de la dissolution. On enlève ce savon pour le couler dans les moules, où il se prend en masse.

En supposant que l'on n'eût employé que de l'huile, constituée principalement par de l'*oléine*, on pourrait représenter la réaction par :

$$(C^{17}H^{33}.COO)^3C^3H^5 + 3NaOH = 3C^{17}H^{33}.COONa + C^3H^5(OH)$$

Oléine   Soude caustique   Oléate de sodium   Glycérine
(Huile)   (Savon)

Le *savon marbré* doit ses veines colorées à des composés d'alumine et de fer qui se trouvent mélangés avec la soude. On l'obtient en refroidissant rapidement les grumeaux de manière que le savon qui se forme avec l'alumine et l'oxyde de fer n'ait pas le temps de se séparer du savon à base de soude. Le savon marbré est plus estimé que le savon blanc parce qu'il ne contient guère que **25 à 30** pour cent d'eau ; le savon blanc peut en contenir jusqu'à **50** pour cent.

Les *savons mousseux* se fabriquent en saponifiant de l'huile de palme. En dissolvant du savon blanc dans de l'alcool bouillant, on obtient, après l'évaporation de ce liquide, un savon complètement *transparent*.

202. Fabrication des bougies. — Les *bougies* sont formées par de l'acide stéarique et de l'acide margarique fondus ensemble et coulés dans des moules. Dans l'axe de ces moules se trouve une mèche de coton tressée et imprégnée d'acide borique. Le tressage de la mèche a pour but de la faire recourber à mesure que la bougie brûle ; cette propriété lui permet de se consumer entièrement au contact de l'air, ce qui évite l'inconvénient de la moucher ; l'acide borique transforme les cendres de la mèche en un verre fusible.

On fabrique les bougies principalement avec du suif de bœuf ou de mouton ou avec des graisses de qualité

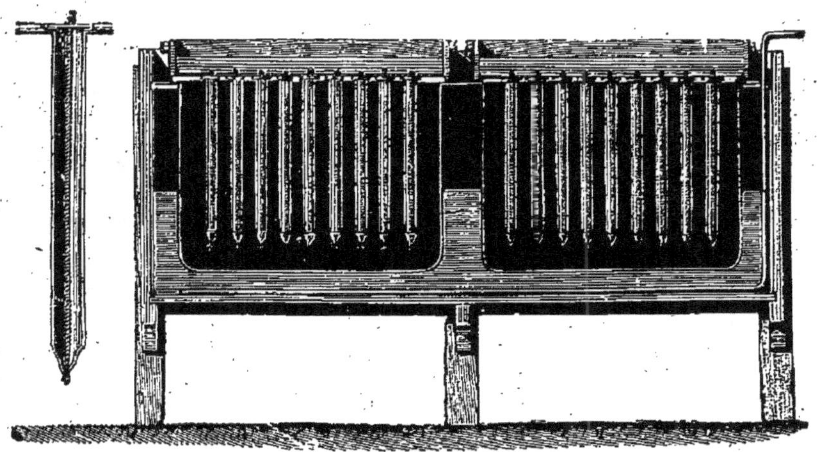

FIG. 68. — *Moules à bougies.*

inférieure. Les matières grasses sont d'abord chauffées à l'aide de la vapeur dans de grandes cuves en bois doublées de plomb. Lorsque leur fusion est complète, on y ajoute de la chaux en poudre. Sous l'influence de cette chaux, la stéarine, la margarine et l'oléine des matières grasses se décomposent. Il se forme de la glycérine, qui se sépare, de l'acide margarique, de l'acide stéarique et de l'acide oléique, qui se combinent avec la chaux pour former un savon calcaire insoluble.

La réaction, avec la stéarine par exemple, est :

$$2(C^{17}H^{35}.COO)^3C^3H^5 + 3Ca(OH)^2 = 3(C^{17}H^{35}.COO)^2Ca + 2C^3H^5(OH)^3$$

Stéarine   Chaux   Stéarate de calcium   Glycérine

On laisse déposer ce savon calcaire ; la partie liquide est décantée ; la partie solide est lavée, pulvérisée et soumise à l'action de l'acide sulfurique étendu et légèrement chauffé. L'acide sulfurique s'empare de la base du savon calcaire et produit, en se combinant avec elle, du sulfate de calcium qui se dépose au fond de la cuve.

$$(C^{17}H^{35}.COO)^2Ca \quad + \quad SO^4H^2 \quad = \quad 2C^{17}H^{35}.COOH \quad + \quad SO^4Ca$$

Stéarate de calcium · · · · · Acide sulfurique · · · · · Acide stéarique · · · · · Sulfate de calcium

Les acides gras devenus libres, viennent alors former une couche huileuse à la surface du liquide. On décante les acides, on les lave avec de l'eau acidulée pour enlever les dernières traces de chaux, puis, lorsqu'ils sont refroidis, on les soumet à l'action d'une presse hydraulique, afin d'en extraire l'acide oléique qui est liquide. On obtient ainsi des tourteaux d'acide stéarique et d'acide margarique, que l'on fond de nouveau pour les couler dans les moules à bougies.

203. Glycérine, $CH^2OH.CHOH.CH^2OH$ ou simplement $C^3H^5(OH)^3$. — La glycérine est, comme nous l'indique sa formule développée, trois fois alcool : deux fois alcool primaire et une fois alcool secondaire. C'est un liquide incolore, d'une consistance assez épaisse et qui brûle avec une flamme éclairante. On la trouve en grande abondance dans le commerce, car elle est un des produits accessoires de la fabrication des bougies et des savons. On l'emploie en médecine pour le pansement des plaies et des gerçures de la peau ; dans l'industrie, elle sert à fabriquer la *nitroglycérine* et la *dynamite*.

La *nitroglycérine* $C^3H^5(NO^3)^3$, est un liquide huileux, jaunâtre, que l'on obtient en faisant tomber goutte à goutte de la glycérine dans un mélange à volumes égaux d'acide azotique et d'acide sulfurique. Le mélange étant versé dans une grande quantité d'eau froide, laisse déposer une couche de nitroglycérine, que l'on isole en décantant le liquide qui surnage. Cette préparation est des plus dangereuses ; elle demande des manipulateurs habiles et exercés, car la nitroglycérine est un corps très explosif, qui détone sous l'influence du moindre choc et quelquefois même sans cause apparente.

La *dynamite* est formée par le mélange de 75 parties de nitroglycérine et de 25 parties d'une matière poreuse et inerte, telles que le sable ou la brique pilée. Elle ne détone que par un choc violent ou par l'explosion d'une capsule de fulminate de mercure. Elle fait explosion sous l'eau et produit des effets bien plus puissants que ceux de la poudre ; aussi l'emploie-t-on de préférence à celle-ci dans tous les travaux de mine.

ACIDES MULTIPLES

Un composé peut présenter plusieurs fois la fonction acide ; c'est alors un acide multiple. Nous ne parlerons ici que de l'acide *oxalique*, de l'acide *tartrique* et de l'acide *citrique*.

204. Acide oxalique, $COOH.COOH$ ou $(COOH)^2$. — L'*acide oxalique* est un corps solide qui cristallise avec deux molécules d'eau. C'est un biacide, comme le montre sa formule. Il se dissout facilement dans l'eau. Il possède une saveur aigre et piquante ; il devient vénéneux lorsqu'il est pris en quantité un peu considérable, **10** grammes par exemple. Lorsqu'il est chauffé avec de l'acide sulfurique, il se décompose en *anhydride carbonique, oxyde de carbone et eau* ; c'est par ce moyen que l'on se procure souvent de l'oxyde de carbone.

L'acide oxalique se trouve à l'état naturel sous forme de sel ; l'oseille contient de l'oxalate de potassium, et c'est de cette plante qu'on l'extrait quelquefois. Mais il est facile de l'obtenir par l'oxydation de nombreuses substances organiques, telles que le sucre, l'amidon, etc. Dans l'industrie on le prépare en chauffant vers **200°** de la sciure de bois avec une solution concentrée de soude. Il se forme de l'*oxalate de sodium* $(COONa)^2$ que l'on dissout dans l'eau et que l'on transforme en oxalate de calcium insoluble $(COO)^2Ca$, au moyen d'un lait de chaux. L'oxalate de calcium traité par l'acide sulfurique étendu donne du *sulfate de calcium* qui se dépose et une solution d'*acide oxalique* que l'on décante et que l'on fait cristalliser par évaporation et refroidissement.

L'acide oxalique est très employé en teinture. Sa dissolution, connue sous le nom d'*eau de cuivre*, sert pour écurer le cuivre et pour effacer sur le linge les taches d'encre et de rouille.

205. Acide tartrique, $COOH.CHOH.CHOH.COOH$ ou $C_2H_4O_2(COOH)_2$. — Ce produit est deux fois acide et deux fois alcool primaire. On connaît quatre acides tartriques ayant les mêmes propriétés chimiques mais des propriétés physiques différentes. Nous ne parlerons que de l'*acide tartrique ordinaire*, qui est le plus important.

L'*acide tartrique* est un corps qui se présente sous la forme de gros cristaux ayant une saveur acide assez agréable. Il existe à l'état de combinaison dans un grand nombre de végétaux ; le jus de raisin contient beaucoup de *bitartrate* ou *tartrate acide de potassium*, $C_2H_4O_2.COOH.COOK$. C'est ce sel, qui, sous le nom de *crème de tartre*, forme les dépôts que l'on trouve sur les parois des tonneaux ayant contenu du vin. La crème de tartre est le plus important de tous les composés de l'acide tartrique ; elle est souvent employée pour la teinture de la laine.

On fait un usage fréquent de l'acide tartrique pour préparer des boissons rafraîchissantes et pour améliorer les vins.

206. Acide citrique. — La formule développée de cet acide est :

$$COOH—CH_2—COH—CH_2—COOH$$
$$|$$
$$COOH$$

Il est par conséquent trois fois acide et une fois alcool primaire (groupement COH). On le trouve dans le jus du citron ; on l'en extrait en comprimant le fruit puis en traitant le liquide par de la craie ; il se forme du *citrate de calcium* insoluble que l'on lave à l'eau chaude et que l'on décompose par l'*acide sulfurique*.

L'acide citrique cristallise sous la forme de gros prismes droits ; sa saveur est très acide, mais agréable. On l'emploie en pharmacie comme rafraîchissant. Les *citrates de magnésie* effervescents que l'on trouve dans les pharmacies sont des composés de citrate de magnésium, de bicarbonate de sodium (CO^3HNa), d'acide citrique et de sucre. On emploie aussi en médecine le *citrate ferrique* et le *citrate ferro-ammoniacal*, qui n'ont pas la saveur styptique des autres sels de fer.

RÉSUMÉ

L'*acide acétique* est le principe acide du vinaigre. Lorsqu'il est pur, il reste solide jusqu'à la température de 17°. A cette température, il fond et donne un liquide incolore d'une saveur très acide, qui produit des ampoules lorsqu'il est en contact avec la peau. On le prépare à l'état de dissolution par trois procédés différents, savoir : le *procédé d'Orléans*, le *procédé allemand* et le *procédé de la distillation du bois*. Ses usages sont assez nombreux dans l'économie domestique et dans l'industrie.

Les *acétates* sont les sels résultant de la substitution de l'hydrogène basique de l'acide acétique par un métal.

L'*acide lactique* est un liquide épais jaunâtre, très avide d'humidité, soluble dans l'alcool et dans l'éther, et que l'on trouve dans le petit-lait, comme produit de la fermentation du *lactose* ou sucre de lait. Il joue un rôle important dans la digestion stomacale.

L'acide acétique est le deuxième terme d'une série d'acides dérivés des hydrocarbures saturés, et que l'on désigne sous le nom d'*acides gras*.

Les principaux acides gras sont : l'*acide stéarique*, l'*acide margarique* et l'*acide oléique*. Les deux premiers sont solides et le troisième est liquide. On les extrait des corps gras qui sont formés par le mélange, en proportions très variables, de trois substances appelées *stéarine*, *margarine* et *oléine*. Au contact des bases énergiques, ces substances se dédoublent en acides gras, qui se combinent avec les bases, et en une matière huileuse, qui a reçu le nom de *glycérine*.

L'action des bases sur les corps gras prend le nom de *saponification*. C'est sur la saponification que repose la fabrication des *savons* et des *bougies*.

On désigne sous le nom général de *savons* toutes les combinaisons des acides gras avec les bases minérales. On distingue les *savons mous* et les *savons durs*. Les premiers sont à base de potasse, et les seconds à base de soude. Les savons mousseux se fabriquent avec de l'*huile de palme*.

Les bougies sont formées par de l'acide stéarique et de l'acide margarique fondus ensemble et coulés dans des moules contenant une mèche de colon tressée et imprégnée d'acide borique. L'acide stéarique et l'acide margarique qui doivent servir à la fabrication des bougies, sont préparés en traitant les matières grasses d'abord par la *chaux*, puis par l'*acide sulfurique*.

La *glycérine* est un liquide incolore, d'une consistance assez épaisse et qui brûle avec une flamme fuligineuse. Elle a quelques usages en médecine ; dans l'industrie, elle sert à préparer la *nitroglycérine* et la *dynamite*.

La *nitroglycérine* est un liquide huileux très explosif, elle détone sous l'influence du moindre choc et quelquefois même, sans cause apparente. Mélangée avec le *tiers* de son poids de sable ou de brique *pilée*, elle constitue la *dynamite*, qui est moins explosible.

On donne le nom d'*acides multiples* à des composés possédant plusieurs fois la fonction acide. Les principaux sont l'acide *oxalique*, l'*acide tartrique* et l'*acide citrique*.

L'*acide oxalique* est un corps solide et cristallisé qui possède une saveur aigre et piquante. On le trouve dans l'oseille. On peut l'obtenir par l'oxydation de nombreuses substances organiques. Il est très employé en teinture, et sa dissolution, connue sous le nom d'*eau de cuivre*, sert pour écurer le cuivre et pour effacer sur le linge les taches d'encre ou de rouille.

L'*acide tartrique* se présente sous la forme de gros cristaux ayant une saveur agréable. Il existe à l'état de combinaison dans beaucoup de végétaux. On l'extrait principalement du jus de raisin. Le bitartrate de potasse, ou *crème de tartre*, est le plus important des sels de l'acide tartrique : il est employé en teinture ; on s'en sert aussi pour préparer des boissons rafraîchissantes et pour améliorer les vins.

L'*acide citrique* s'extrait des citrons. Le jus de ces fruits est traité d'abord par la craie qui transforme l'acide citrique en *citrate de calcium* ; puis par l'acide sulfurique qui met en liberté l'acide citrique. L'acide citrique possède une saveur agréable. On l'emploie en pharmacie, ainsi que ses composés, le *citrate de magnésie*, le *citrate ferreux* et le *citrate ferro-ammoniacal*.

CHAPITRE IV

SUCRES — AMIDON — CELLULOSE

Ces substances se composent de carbone, d'hydrogène et d'oxygène. Ces deux derniers éléments entrent toujours dans les mêmes proportions que dans l'eau, ce qui leur a fait donner le nom impropre d'*hydrates de carbone*.

On peut les classifier en trois groupes :

1º Groupe de formule $C^6H^{12}O^6$: le *glucose* (sucre de raisin) et le *lévulose* (sucre de fruits).

2º Groupe de formule $C^{12}H^{22}O^{11}$: le *saccharose* (sucre de canne ou de betterave), le *lactose* (sucre de lait), etc.

3º Groupe de formule $C^6H^{10}O^5$ ou un multiple de cette formule et que l'on représente par $(C^6H^{10}O^5)^n$: l'*amidon* et la *fécule*, la *dextrine* et la *cellulose*.

SUCRES

Les *sucres* sont des substances douées d'une saveur douce, et *qui sont susceptibles de se transformer en alcool et en anhydride carbonique par l'action de la levure de bière ou d'un autre ferment.* Nous les diviserons en sucres *difficilement cristallisables* et en sucres *facilement cristallisables*.

207. Sucres difficilement cristallisables. — Les sucres difficilement cristallisables sont le *glucose* et le *lévulose*.

Glucose, $C^6H^{12}O^6.H^2O$. — Le *glucose, sucre de raisins* ou *sucre d'amidon*, est une substance jaunâtre, molle, soluble dans l'eau et dans l'alcool, ayant une saveur bien moins sucrée que celle du sucre ordinaire. On prépare habituellement le glucose du commerce en faisant agir de l'acide sulfurique bouillant très étendu sur de l'amidon ou sur de la fécule. Ces substances se transforment d'abord en dextrine, puis en glucose.

Le glucose sert à la fabrication de la bière, des liqueurs et de l'eau-de-vie dite *eau-de-vie de fécule*; on l'utilise aussi pour améliorer les vins trop peu sucrés ou trop peu alcooliques. Sous le nom de *sucre de fécule*, le glucose est employé en quantité considérable dans la pâtisserie et dans la confiserie.

Lévulose, $C^6H^{12}O^6$. — Le *lévulose* ou *sucre de fruits* se trouve à l'état liquide dans un grand nombre de végétaux et principalement dans les fruits, tels que les raisins, les prunes, les groseilles, les framboises, etc. Lorsqu'il est exposé au contact de l'air, il se transforme peu à peu en glucose. Les petits grains blancs que l'on remarque à la surface des pruneaux et des raisins secs sont formés par du sucre de fruits qui s'est converti en glucose par l'action prolongée de l'air atmosphérique.

Sous l'influence des ferments, le sucre de fruits, comme tous les sucres, se transforme en alcool et en anhydride carbonique; c'est sur cette propriété que repose la fabrication du vin, comme nous l'avons vu.

208. Sucres facilement cristallisables, $C^{12}H^{22}O^{11}$. — Les sucres facilement cristallisables sont le *sucre de canne* et le *sucre de betteraves*, appelés *saccharoses*. Ces deux variétés ont une composition identique, ils jouissent des mêmes propriétés et forment le sucre ordinaire.

Le sucre ordinaire est un corps solide, blanc qui cristallise en gros prismes obliques; c'est ainsi qu'il se présente lorsqu'il est désigné sous le nom de *sucre candi*. Le sucre est soluble dans le tiers de son poids d'eau, mais il est complètement insoluble dans l'alcool pur. Sa densité est **1,525**. Il fond à **160°** et donne un liquide gluant et incolore qui, par le refroidissement, se prend en une masse transparente, appelée *sucre d'orge*. Lorsqu'il est chauffé à **220°**, le sucre se transforme en un corps brun, connu sous le nom de *caramel*. A une température élevée, il se décompose et laisse pour résidu un charbon boursouflé, nommé *charbon de sucre*.

209. Industrie du sucre. — Le sucre s'extrait de la betterave et de la canne à sucre. Sa production mondiale, atteint **10** millions de tonnes par an.

La betterave, découpée en petites lanières de deux millimètres d'épaisseur, appelée *cossettes*, est traitée par l'eau chaude qui dissout le sucre, les sels minéraux et aussi quel-

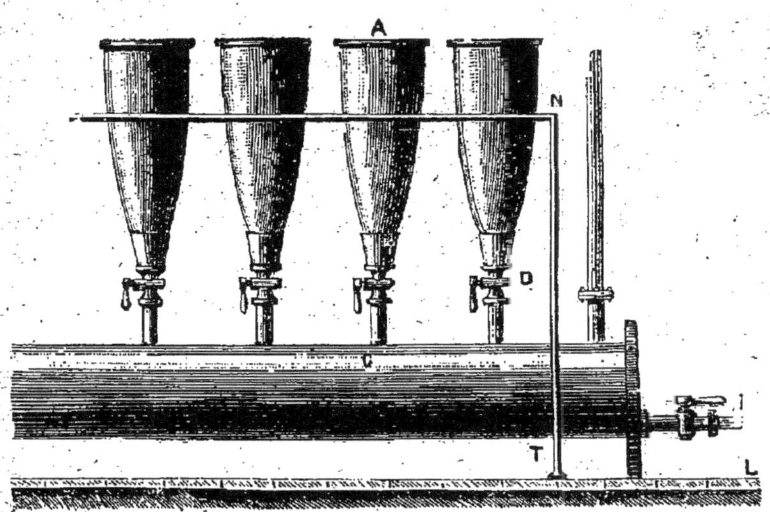

Fig. 69. — *Mise en forme du sucre raffiné.*

ques substances azotées. C'est le phénomène de la *diffusion*. Vient ensuite le phénomène de la *défécation*. Il consiste à porter à 90° le sirop obtenu par la diffusion et à le traiter par la chaux, qui coagule les matières azotées.

Puis, comme le sucre s'est combiné avec un peu de chaux, on décompose ce dernier sel en faisant passer dans le mélange un courant de gaz carbonique. C'est ce que l'on appelle la *carbonation*.

Après cette opération, on décante le produit, on le filtre et on le concentre par évaporation jusqu'à ce qu'il marque **22°** à l'aréomètre Baumé, puis on le filtre à nouveau et on procède à la *cuite en grains*, dans une grande chaudière chauffée à la vapeur et privée d'air. Le sirop, amené ainsi à **40°** Baumé, cristallise en partie par refroidissement.

La masse cristalline est ensuite placée dans une essoreuse tournant à **1.200** tours à la minute. Les parties du sirop non cristallisées sont chassées par la force centrifuge et sont recueillies.

On lave avec de l'eau sucrée les cristaux restés dans l'essoreuse et on essore à nouveau. On obtient ainsi un sucre cristallisé que l'on nomme sucre de *premier jet*.

Une nouvelle cuisson du sirop restant et un nouvel essorage donneront du sucre de 2e jet. On peut aussi obtenir du sucre de 3e jet. Ces deux derniers sucres sont roux tandis que le sucre de premier jet est blanc.

Il reste finalement des *mélasses*. On peut les soumettre à la fermentation alcoolique ; puis les distiller pour obtenir de l'alcool.

210. Raffinage du sucre. — Le sucre ainsi obtenu renferme encore des impuretés. Pour le purifier, on le dissout dans son poids d'eau chaude, et on y ajoute un peu de lait de chaux, de noir animal et de sang de bœuf. Ce dernier entraîne les impuretés en se coagulant.

On décante ensuite le sirop, on le filtre et on le décolore en le faisant passer à travers du noir animal ; puis on le cuit pour le concentrer, et on le coule dans des formes coniques, où il cristallise. On aspire par la pointe des formes le sirop non cristallisé et en même temps on procède au *clairçage*, opération qui consiste à faire passer à travers le sucre cristallisé, une dissolution de sucre pur très concentrée et qui a pour but de chasser tout ce qui peut rester de mélasse mélangée avec le sucre.

Le sucre de canne s'obtient d'une manière analogue.

AMIDON — DEXTRINE

211. Amidon $(C^6H^{10}O^5)^n$. — L'amidon est composé de carbone, d'hydrogène et d'oxygène. Il se présente sous la forme d'une matière blanche, constituée par des granules excessivement fins. Il est très abondant dans le règne végétal. On l'extrait principalement des céréales ; mais on le retire aussi des fruits du marronnier, du châtaignier, du chêne et de toutes les légumineuses, de la tige du palmier et des tubercules de la pomme de terre, du topinambour, du manioc, etc. L'amidon que l'on extrait de la pomme de terre et des autres tubercules, porte particulièrement le nom de *fécule*.

Pour extraire l'amidon des graines de céréales, on réduit ces graines en farine, et, avec cette farine, on fait une pâte que l'on soumet à un lavage continu, sur un tamis placé au-dessus d'une terrine ; l'amidon est entraîné par l'eau et se dépose au fond de la terrine. La matière qui reste après le lavage est nommé *gluten* ; c'est une substance grisâtre, molle et très élastique ; le gluten constitue la partie essentiellement nutritive des farines.

La fécule de la pomme de terre est obtenue par un procédé semblable. La pulpe de ce tubercule est malaxée sur un tamis en présence d'un courant d'eau, et la fécule est entraînée mécaniquement par le liquide.

L'amidon est insoluble dans l'eau froide. Au contact de l'eau chaude, il se convertit en une matière collante et mucilagineuse appelée *empois*. L'empois est le résultat du gonflement et non d'une dissolution de grains d'amidon. Sous l'influence des acides étendus, l'amidon devient soluble dans l'eau et se transforme d'abord en *dextrine* puis en *glucose* ou *sucre d'amidon*. La même transformation a encore lieu sous l'action de la *levure de bière*, de la *salive* et du *suc pancréatique* ; mais la matière qui la produit le plus promptement est la *maltase*, substance qui se trouve dans toutes les graines des céréales qui ont éprouvé un commencement de germination, et particulièrement dans l'orge. La maltase a pour fonction de rendre solubles, c'est-à-dire assimilables, les matières amylacées que contiennent les graines et qui doivent être les premiers aliments de la plante.

212. Usages de l'amidon et de la fécule. — L'amidon du blé sert à préparer l'*empois*, qui est employé pour donner de l'apprêt au linge blanchi. La fécule entre dans le *collage du papier* et sert pour l'*épaississement de quelques couleurs* destinées à l'impression des tissus. Converti en glucose, l'amidon est employé pour la fabrication de la *bière* et de l'*alcool* ainsi que pour la préparation de certains *sirops*. Beaucoup de fécules servent à notre alimentation : les plus importantes, après la fécule de pomme de terre, sont l'*arrow-root*, que l'on extrait des racines de certaines plantes de la famille des marantacées ; le *tapioca*, qui provient d'une plante vénéneuse nommée manioc ou cassave ; le *sagou*, que l'on retire de la moelle de certains palmiers, et enfin le *salep*, que l'on extrait des tubercules de quelques orchis.

213. Dextrine $(C^6H^{10}O^5)^n$. — La *dextrine* a la même composition chimique que l'amidon, mais elle possède des propriétés bien différentes. Elle ressemble beaucoup à la gomme arabique ; comme cette dernière, elle est incolore, transparente et soluble dans l'eau. On la prépare ordinairement en traitant l'amidon par de l'acide azotique très étendu et porté à la température de 120°.

La dextrine est employée pour *apprêter les tissus*. Elle entre aussi dans la fabrication des *étiquettes*, des *timbres-poste*, des *enveloppes* et de tous les autres papiers gommés.

CELLULOSE — FABRICATION DU PAPIER

214. Cellulose $(C^6H^{10}O^5)^n$. — La cellulose est très abondante dans le règne végétal ; c'est elle qui constitue les parois des cellules, des fibres et des vaisseaux de toutes les plantes. La papier, les fibres de chanvre, de lin et de coton, qui ont subi de nombreux lavages, sont de la cellulose à peu près pure.

La cellulose est blanche, diaphane, insoluble dans l'eau et dans l'alcool. Sa composition est identique à celle de l'amidon et, comme ce dernier corps, elle est transformée d'abord en *dextrine*, puis en *glucose*, par l'action de l'acide sulfurique. L'acide azotique monohydraté, additionné de la moitié de son poids d'acide sulfurique, convertit la cellulose en un produit très explosif nommé *coton-poudre ou fulmicoton*. En faisant dissoudre du fulmicoton dans de l'éther on obtient du *collodion*, qui est très employé en chirurgie, on en faisait aussi grand usage autrefois en photographie.

Le collodion entre aujourd'hui dans la préparation de la *soie artificielle de Chardonnet*; trituré avec du camphre, il donne, après qu'on a chassé l'alcool, le *celluloïd*. A froid, le *celluloïd* peut être tourné et poli; mais vers **50°** il se ramollit; on peut alors lui incorporer des matières colorantes ou des poudres lourdes telles que le sulfate de baryum et imiter les tissus, l'ambre, la corne, l'écaille, l'ivoire, etc.

Une feuille de papier non collé, trempée un instant dans de l'acide sulfurique étendu de la moitié de son volume d'eau, puis lavée à grande eau et séchée, donne le *papier parchemin* ou *parchemin végétal*. Si on laissait l'action se prolonger, on n'aurait plus qu'une colle soluble et finalement la cellulose donnerait du glucose. On obtient ainsi le *sucre de chiffons*.

215. Fabrication du papier. — Le papier se fabrique avec toutes les matières végétales riches en cellulose. Les meilleurs papiers se font avec les chiffons de lin ou de chanvre; ceux de coton donnent un papier mou et sans corps. Les chiffons, après avoir été lavés, d'abord dans une lessive de soude, puis dans de l'eau pure, sont *effilochés*, c'est-à-dire

réduits en pâte au moyen d'un cylindre armé de lames.
Cette pâte est ensuite blanchie par du chlore gazeux ou par
du chlorure de chaux. Après le blanchiment, la pâte est
soumise de nouveau à l'action des cylindres, et lorsqu'elle
est parfaitement homogène, on la met en feuilles, soit à la
main, soit à la mécanique ; de là, deux espèces de papier :
le *papier à la main* et le *papier à la mécanique.*

Papier à la main. — La pâte à papier, après avoir subi
les opérations ci-dessus est mise dans une cuve où on la

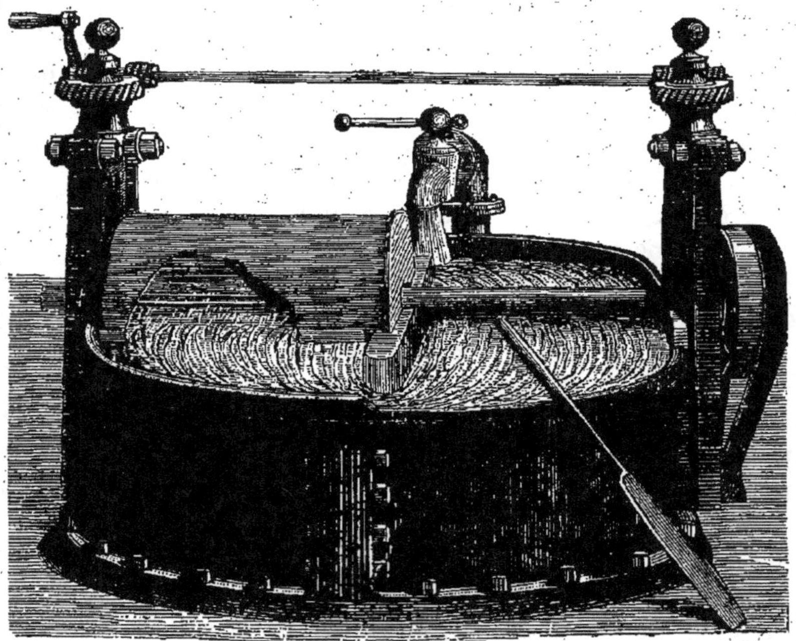

FIG. 70. — *Machine pour effilocher les chiffons.*

réduit en une bouillie claire. On plonge dans cette cuve un
châssis, portant une toile métallique très fine, soutenue par
des traverses nommées *vergeures.* Lorsqu'on retire le
châssis de la cuve, il reste sur la toile une mince couche de
pâte ; cette pâte, en s'égouttant, prend une certaine consistance et forme une feuille de papier, que l'on dessèche

entre des pièces de feutre. Le papier, qui est destiné à recevoir de l'écriture, doit être collé ; pour cela, on trempe chaque feuille dans une dissolution d'alun et de gélatine. On ne fabrique plus guère à la main que le papier à dessin et le papier timbré.

Papier à la mécanique. — La plus grande partie du papier que l'on emploie aujourd'hui s'obtient du bois réduit en pâte. Pour le fabriquer, on se sert d'une machine au moyen de laquelle on l'obtient en rouleaux, que l'on découpe en feuilles de la dimension voulue. La pâte est d'abord encollée dans toute sa masse par un mélange d'amidon, de savon résineux et d'alun ; puis, elle est versée à l'état de bouillie claire sur une toile métallique mise en mouvement, et s'égoutte pendant son trajet. Lorsqu'elle a acquis une certaine consistance, elle passe entre deux cylindres garnis de feutre, qui lui enlèvent une grande partie de son eau, puis, entre une série de cylindres métalliques chauds et polis, qui la dessèchent complètement et égalisent sa surface. *Deux minutes* après que la pâte a été versée sur la toile métallique, le papier sort de la machine entièrement fabriqué.

RÉSUMÉ

Les *sucres* sont des substances douées d'une saveur douce et *qui sont susceptibles de se transformer en alcool et en anhydride carbonique sous l'influence de la levure de bière ou d'un autre ferment.*

On distingue deux sortes de sucres : les sucres *difficilement cristallisables* et les sucres *facilement cristallisables.* Les sucres difficilement cristallisables sont le *glucose* et le *lévulose.* Les sucres facilement cristallisables sont le *sucre de canne* et le *sucre de betterave.* Ces deux sucres ont une composition identique ; les deux sont du *saccharose ;* ils jouissent des mêmes propriétés et forment le *sucre ordinaire.*

Le sucre ordinaire, lorsqu'il est sous la forme de gros cristaux, est appelé *sucre candi.* Il fond à 160° et, en se refroidissant, il produit le *sucre d'orge ;* lorsqu'il est chauffé à 220°, il se convertit en *caramel ;* à une température plus élevée, il se décompose et donne pour résidu du *charbon de sucre.*

On extrait le sucre ordinaire du jus de betterave ou des cannes à sucre, par une série d'opérations qui portent successivement les noms de *diffusion*, de *défécation*, de *carbonation*, de *cuite en grains* et de *raffinage*.

L'*amidon* se présente sous la forme d'une matière blanche, constituée par des granules excessivement fins. Il est très abondant dans la nature. On l'extrait principalement des céréales et des tubercules de la pomme de terre. L'amidon que l'on extrait des pommes de terre porte plus particulièrement le nom de *fécule*.

L'amidon est insoluble dans l'eau froide. Au contact de l'eau chaude, il se convertit en *empois*. Sous l'influence des acides étendus, il se transforme d'abord en *dextrine*, puis en *glucose*.

Les usages de l'amidon sont assez nombreux. Il sert à préparer l'empois, la dextrine et le glucose. Beaucoup de fécules entrent dans notre alimentation, principalement la fécule de la pomme de terre, l'*arrow-root*, le *tapioca*, le *sagou* et le *salep*.

La *dextrine* a beaucoup de ressemblance avec la gomme arabique. On s'en sert pour apprêter les tissus ; elle entre aussi dans la fabrication de la plupart des papiers gommés.

La *cellulose* est très abondante dans le règne végétal ; elle constitue les parois des cellules, des fibres et des vaisseaux de toutes les plantes. La cellulose a la même composition que l'amidon, et, comme lui, elle peut se transformer en *dextrine* et en *glucose*. Par l'action de l'acide azotique monohydraté, elle se convertit en *coton-poudre* ou *fulmi-coton*, qui, en se dissolvant dans l'éther, donne le *collodion*.

On fabrique ordinairement le papier avec du bois ou avec de vieux chiffons de lin, de chanvre ou de coton, que l'on réduit en pâte. Cette pâte, après avoir été blanchie par le chlore ou par le chlorure de chaux, est mise en feuilles soit *à la main*, soit *à la mécanique*.

CHAPITRE V

BENZINE — PRINCIPAUX DÉRIVÉS

BENZINE OU BENZÈNE — SÉRIE D'HYDROCARBURES BENZÉNIQUES OU AROMATIQUES

216. Benzine ou Benzène, C^6H^6. — *Propriétés*. — Lorsqu'elle est pure, la *benzine* se présente sous la forme d'un liquide incolore, ayant une odeur assez agréable. Elle se solidifie à 4°, bout à 81° et brûle avec une flamme fuligineuse, mais brillante. Elle est très inflammable et brûle à l'air en produisant de l'anhydride carbonique et de l'eau :

$$2C^6H^6 + 15O^2 = 12CO^2 + 6H^2O$$

On voit, par cette équation, que deux volumes de benzine en vapeur, ont besoin de **15** volumes d'oxygène ou environ **75** volumes d'air pour brûler complètement.

La vapeur de benzine forme, avec l'air, un mélange détonant, aussi, ne doit-on pas manier la benzine sans précautions.

La benzine dissout le soufre, le phosphore, les résines et surtout les corps gras. Cette dernière propriété est souvent utilisée pour enlever les taches de graisse sur les étoffes. On extrait la benzine des goudrons de houille.

Formule développée. — Dans la formule de la benzine, le nombre d'atomes d'hydrogène est égal à celui d'atomes de carbone. Or, l'hydrogène étant toujours considéré comme monovalent et le carbone comme tétravalent, on a supposé que trois des valences de ceux-ci se saturent réciproquement et on a été conduit à attribuer à la molécule de benzine la formule développée suivante :

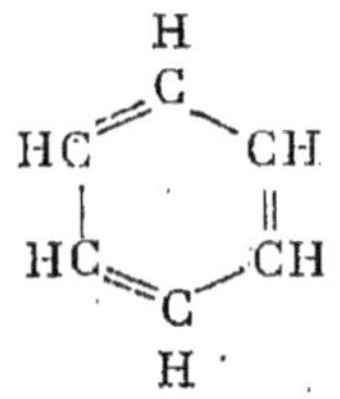

$$\begin{array}{ccc} & \overset{\displaystyle H}{\underset{\displaystyle C}{|}} & \\ HC & & CH \\ \| & & \| \\ HC & & CH \\ & \underset{\displaystyle H}{\overset{\displaystyle C}{|}} & \end{array}$$

Combinaisons avec le chlore. — La benzine peut donner des produits d'*addition* et des produits de *substitution*. Ainsi, lorsqu'on agite quelques gouttes de benzine dans un flacon rempli de chlore et qu'on expose ensuite le mélange aux rayons du soleil, il se forme, sur les parois du flacon des dépôts de petits cristaux dont la composition correspond aux formules $C^6H^6Cl^2$, $C^6H^6Cl^4$ et $C^6H^6Cl^6$; ce sont donc des produits d'addition. D'autre part, si l'on fait passer un courant de chlore dans de la benzine, on obtient les produits de substitution C^6H^5Cl, $C^6H^4Cl^2$, $C^6H^3Cl^3$, etc.

La formule développée du benzène a permis, en outre, de prévoir l'existence de *trois* dérivés dichlorés, trichlorés ou tétrachlorés du benzène, suivant les positions que les atomes de chlore occupent entre eux dans le noyau benzénique ; dans le *dichlorobenzène* $C^6H^4Cl^2$, par exemple, les deux atomes de chlore peuvent remplacer 1° deux hydrogènes consécutifs ; 2° deux hydrogènes opposés ; 3° deux hydrogènes ni consécutifs, ni opposés, ce qui fait trois dérivés isomères. L'expérience a démontré que ces isomères existent en réalité et on distingue leurs noms au moyen des préfixes *ortho, para* et *méta*, ou encore par des chiffres indiquant les positions relatives des atomes de chlore : 1-2, 1-4, 1-3. On dira, par exemple, *orthodichlorobenzène* ou *dichlorobenzène 1-2*.

Nitrobenzine. — La benzine, traitée par l'acide azotique, forme la *nitrobenzine*, $C^6H^5.NO^2$, liquide jaunâtre, d'une saveur agréable, qui rappelle celle des amandes amères.

On l'obtient en faisant réagir par petites portions de la benzine sur de l'acide azotique concentré, maintenu dans un mélange réfrigérant. Cette précaution est nécessaire, car la réaction étant très vive, elle pourrait devenir dangereuse.

$$C^6H^6 \quad + \quad NO^3H \quad = \quad C^6H^5.NO^2 \quad + \quad H^2O$$

Benzine	Acide azotique	Nitrobenzine	Eau

La nitrobenzine est employée, sous le nom d'*essence de Mirbane*, pour parfumer les savons, mais elle sert surtout à fabriquer l'*aniline*.

Aniline. — La nitrobenzine, traitée par l'hydrogène naissant, c'est-à-dire de l'hydrogène utilisé à l'instant même où il se produit, se transforme en *aniline*, substance qui sert à préparer un grand nombre de couleurs artificielles, telles que les différentes *fuchsines*, les *bleus*, les *verts*, les *noirs*, les *jaunes* d'aniline.

On prépare l'aniline en chauffant, dans un appareil distillatoire, de la nitrobenzine à laquelle on a ajouté de l'acide acétique et de la limaille de fer qui produisent de l'hydrogène. On a la réaction :

$$C^6H^5.NO^2 \quad + \quad 6H \quad = \quad C^6H^5.NH^2 \quad + \quad 2H^2O$$

Nitrobenzine	Hydrogène	Aniline	Eau

217. Série d'hydrocarbures benzéniques. — Le benzène est le premier terme d'une série d'hydrocarbures homologues, qui se forment par la substitution de 1, 2, 3... atomes du benzène par 1, 2, 3... méthyles CH^3. Ils diffèrent donc de l'un à l'autre, comme les carbures étudiés précédemment, par un atome de carbone et deux d'hydrogène :

Benzène. . . . . C^6H^6
Toluène . . . . $C^6H^5.CH^3$
Xylène . . . . $C^6H^4(CH^3)^2$
    etc.

Ces hydrocarbures présentent des propriétés chimiques analogues. On les retire des goudrons, mais on peut les obtenir par synthèse. Ainsi en chauffant en vase clos de l'acétylène, il se forme du benzène :

$$3C^2H^2 \quad = \quad C^6H^6$$
$$\text{Acétylène} \qquad \text{Benzène}$$

Du benzène on peut obtenir un dérivé monochloré, le *chlorure de phényle*, C^6H^5Cl, lequel, chauffé avec du chlorure de méthyle et du sodium, donne le *toluène* :

$$C^6H^5.Cl \quad + \quad CH^3.Cl \quad + \quad 2Na \quad = \quad C^6H^5.CH^3 \quad + \quad 2NaCl$$
$$\text{Chlorure de phényle} \quad \text{Chl. de méthyle} \quad \text{Sodium} \qquad \text{Toluène} \qquad \text{Chl. de sodium}$$

En partant des trois dérivés dichlorés, on obtiendrait trois *xylènes*, et ainsi de suite.

Ces substitutions pourraient être faites en remplaçant le chlorure de méthyle par le chlorure d'*éthyle*, de *propyle* ou de n'importe quel autre carbure, ce qui donne une idée du nombre de dérivés du benzène que l'on peut obtenir.

HYDROCARBURES ET ACIDES DIVERS

218. Toluène, $C^6H^5.CH^3$. — Le *toluène* est l'homologue supérieur du benzène, avec lequel il a beaucoup de ressemblance ; il est liquide, bout à **110°** et brûle en donnant de l'anhydride carbonique et de l'eau ; son odeur rappelle celle de la benzine. Avec le chlore, il donne des produits d'addition et des produits de substitution. Avec l'acide azotique il peut donner *trois dérivés mononitrés isomères*, $C^6H^4.CH^3.NO^2$, qui traités par l'hydrogène naissant, se convertissent en *toluidines*, composés analogues à l'aniline, que l'on emploie, comme celle-ci, dans la fabrication des matières colorantes. Ainsi, c'est en oxydant un mélange d'aniline et de toluidines au moyen de l'acide arsénique que l'on obtient la *fuchsine*, substance qui forme de jolis cristaux verts, et dont une parcelle suffit pour colorier fortement en rouge l'eau ou l'alcool dans lesquels on la dissout.

219. Essence de térébenthine — $C^{10} H^{16}$. La formule développée que l'on attribue à ce corps est :

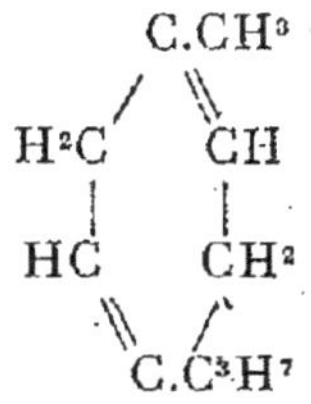

$$
\begin{array}{c}
\text{C.CH}^3 \\
\diagup \; \diagdown\!\!\diagdown \\
\text{H}^2\text{C} \qquad \text{CH} \\
\mid \qquad\quad \mid \\
\text{HC} \qquad \text{CH}^2 \\
\diagdown\!\!\diagdown \;\; \diagup \\
\text{C.C}^3\text{H}^7
\end{array}
$$

L'*essence de térébenthine* est un liquide incolore, très fluide d'une odeur caractéristique. Sa densité est de **0,86** et son point d'ébullition à **156°**. Elle brûle avec une flamme fuligineuse. Elle s'oxyde au contact de l'air et se transforme en résine.

L'essence de térébenthine se prépare par la distillation de la *térébenthine*, liqueur visqueuse qui s'écoule des incisions faites à la tige de certains végétaux de la famille des conifères, tels que les pins, les sapins, les mélèzes, etc. La térébenthine est formée par la dissolution d'une résine nommée *colophane*, dans l'essence de térébenthine.

L'essence de térébenthine dissout le soufre, le phosphore, le caoutchouc, les corps gras et les matières résineuses. Elle est employée pour enlever les taches de graisse sur les habits et surtout pour fabriquer les *vernis*.

Les *vernis* sont des dissolutions de diverses résines dans l'essence de térébenthine, dans l'alcool ou dans l'huile de lin ; de là, trois espèces de vernis : les vernis à l'*essence*, les vernis à l'*alcool* et les vernis à l'*huile*. Appliqués en couches minces sur les objets, les vernis durcissent et préservent les objets de l'action de l'humidité et des autres causes qui pourraient les détériorer.

Beaucoup d'essences végétales sont des isomères de la térébenthine ; telles sont les essences de *lavande*, de *thym*, de *genièvre*, etc. Elles possèdent en général, une odeur vive et pénétrante. Lorsqu'on les expose à l'air elles s'oxydent, comme la térébenthine, pour se transformer en résines. Cette oxydation s'effectue souvent dans la plante elle-même ; c'est ce qui explique l'existence d'une foule de résines toutes formées, comme la *colophane*, le *sandaraque*, l'*ambre*, etc. Certaines résines se trouvent mélangées à d'autres substances, par exemple, des matières albuminoïdes, des matières analogues aux hydrates de carbone, appelées *gommes* ; les plus remarquables sont l'*assa-fœtida*, la *gomme-gutte*, l'*encens* et la *myrrhe*.

220. Naphtaline, $C^{10}H^8$. — On admet pour ce corps, la formule développée suivante, où deux noyaux benzéniques sont fixés directement l'un à l'autre.

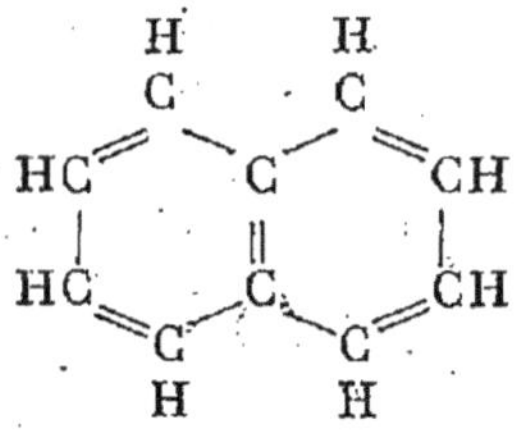

$$
\begin{array}{ccc}
& H & \quad H \\
& C & \quad C \\
HC & C & CH \\
HC & C & CH \\
& C & \quad C \\
& H & \quad H
\end{array}
$$

On y voit que les quatre valences de chaque carbone sont satisfaites par leurs liaisons avec les carbones voisins, et pour la plupart, en outre, avec un atome d'hydrogène.

La naphtaline est un hydrocarbure solide blanc, fusible à 80°, que l'on extrait du goudron. Il se sublime à la température ordinaire et produit une forte odeur de goudron. On en livre au commerce sous forme de boulettes que l'on emploie pour la conservation du linge, car c'est un antiseptique puissant. Elle constitue la base de diverses industries ; on l'emploie notamment dans la fabrication de plusieurs matières colorantes très belles.

221. Acide phénique, $C^6H^5.OH$. — L'*acide phénique* ou *phénol* est un corps solide qui, lorsqu'il est pur, cristallise en aiguilles incolores, d'une odeur caractéristique et d'une saveur brûlante. Il fond à **35°**, bout à **186°** et brûle avec une flamme fuligineuse.

Le phénol dérive du benzène par la substitution d'un atome d'hydrogène par un oxhydrile. Il ressemble en cela aux alcools. Il peut, en effet, comme ceux-ci, se combiner avec les acides pour donner des éthers-sels, par exemple :

$$C^6H^5.OH \quad + \quad CH^3.COOH \quad = \quad CH^3.COO.C^6H^5 \quad + \quad H^2O$$

Phénol   Acide acétique   Acétate de phényle   Eau

Il peut aussi se combiner avec les bases pour produire des phénates :

$$C^6H^5.OH \quad + \quad NaOH \quad = \quad C^6H^5.ONa \quad + \quad H^2O$$

Phénol   Soude   Phénate de sodium   Eau

C'est cette propriété qui lui a fait donner le nom d'acide phénique, nom impropre, car il ne peut ni changer la couleur du tournesol, ni décomposer les carbonates.

Le phénol peut, comme la benzine, donner des produits nitrés ; ainsi, lorsqu'il est traité par l'acide azotique, il se change en *acide picrique*, $C^6H^2.OH.(NO^2)^3$, qui est très employé en teinture et comme explosif sous le nom de *mélinite*. Son composé, le *picrate de potassium*, $C^6H^2.OK.(NO^2)^3$, est aussi un explosif puissant.

L'acide picrique, chauffé en vase clos avec de l'ammoniaque, produit de *l'aniline*.

L'acide phénique est un désinfectant très énergique. Il sert à assainir les salles des hôpitaux, les salles de dissection, les casernes, les cales des navires, les abattoirs, les écuries, etc. On l'extrait des goudrons fournis par la distillation de la houille.

Il peut exister des phénols doubles et triples ; tels sont *l'hydroquinone*, $C^6H^4(OH)^2$, et le *pyrogallol* ou acide pyrogallique, $C^6H^3(OH)^3$ réducteurs énergiques, employés comme révélateurs en photographie.

222. Acide benzoïque, $C^6H^5.COOH$. — *L'acide benzoïque* existe dans certaines résines auxquelles il communique une odeur aromatique ; ainsi, on le trouve dans le *baume du Pérou*, le *baume de Tolu*, le *benjoin*, le *styrax*, etc. On l'obtient en sublimant le benjoin, que l'on chauffe dans un têt de terre surmonté d'un cône de papier, où l'acide forme des aiguilles brillantes.

L'acide benzoïque est peu soluble dans l'eau, mais très soluble dans l'alcool. Lorsqu'on le chauffe, il brûle avec une flamme très éclairante. Uni aux métaux, il forme des *benzoates*, par exemple, le benzoate de sodium, $C^6H^5.COONa$, employé en médecine pour combattre la goutte.

223. Acide tannique, $C^{14}H^{10}O^9$. — *L'acide tannique* ou *tanin* est un corps solide que l'on trouve dans le commerce sous la forme d'une masse spongieuse jaunâtre et incristallisable. Il est très soluble dans l'eau et possède une saveur astringente.

On trouve l'acide tannique dans beaucoup de végétaux, et principalement dans l'écorce du chêne et dans la *noix de galle*, excroissance qui se développe sur les feuilles de chêne par suite de la piqûre d'un insecte, le *Cynips*.

On peut le considérer comme un anhydride de l'*acide gallique*, $C^7H^6O^5$ ou $C^6H^2(OH)^3COOH$, composé qui est trois fois phénol et une fois acide et que l'on trouve dans la feuille de sumac, l'écorce de pommier, etc. :

$$2C^7H^6O^5 \quad - \quad H^2O \quad = \quad C^{14}H^{10}O^9$$

Acide gallique　　　　Eau　　　　Acide tannique

On prépare, en effet, l'acide gallique en faisant bouillir de l'acide tannique dans l'eau.

L'acide tannique a la propriété de se combiner avec la peau animale et de former avec elle un composé imputrescible insoluble et imperméable, que l'on désigne sous le nom de *cuir*.

Pour préparer le cuir, on commence par débarrasser les peaux de leurs poils et des graisses qui peuvent y être adhérentes ; pour cela, on les fait tremper pendant quelques jours dans un lait de chaux, puis on les râcle avec un couteau et on les lave à grande eau. Après cette opération, les peaux sont placées dans de grandes fosses en maçonnerie, où on les dispose en couches alternatives avec du *tan*, c'est-à-dire avec de l'écorce de chêne réduite en fragments plus ou moins fins. On fait arriver de l'eau dans ces fosses de manière à maintenir les peaux ainsi que l'écorce de chêne constamment mouillées. Ce liquide dissout le tanin et en détermine la combinaison avec les peaux. Il faut près d'une année pour que cette opération soit terminée.

L'acide tannique précipite les sels ferriques en noir bleuâtre ; on utilise cette propriété pour la fabrication de l'*encre ordinaire*.

Pour obtenir de la bonne encre, on fait bouillir pendant quelques heures, dans 15 litres d'eau, 1 kilogr. de noix de galle concassées ; on décante le liquide, puis on y ajoute 500 gr. de gomme arabique et 500 gr. de sulfate ferreux, que l'on a fait dissoudre auparavant dans 2 litres d'eau ; si l'on veut donner à l'encre un beau brillant, on y ajoute encore un peu de *sucre* et un peu de *sulfate de cuivre*. Pour que l'encre noircisse, il faut la laisser pendant quelques jours au contact de l'air en ayant soin de la remuer de temps en temps ; cette précaution est nécessaire pour transformer le sulfate ferreux en sulfate ferrique qui seul donne une couleur noire en se combinant avec le tanin.

RÉSUMÉ

La *benzine* est un liquide incolore, ayant une odeur assez agréable. Elle est très inflammable et brûle avec une flamme fuligineuse. La benzine dissout le soufre, le phosphore, les résines et surtout les corps gras. Elle sert pour enlever les taches graisseuses des habits et pour préparer la *nitrobenzine* et l'*aniline*. On l'extrait des goudrons de houille. On l'appelle aussi *benzène*.

La benzine est le premier terme d'une série de carbures dont les propriétés chimiques sont semblables.

Le *toluène* est l'homologue supérieur du benzène et présente des propriétés très semblables à ce corps. Ses composés les *toluidines* s'emploient, comme l'aniline, dans la fabrication des matières colorantes.

L'*essence de térébenthine* est un liquide incolore, très fluide, ayant une odeur caractéristique et brûlant avec une flamme très fuligineuse. Elle dissout aussi le soufre, le phosphore, les résines et les corps gras. L'essence de térébenthine sert pour dégraisser les habits et surtout pour fabriquer les vernis. On l'extrait de la *térébenthine*, liquide sirupeux qui s'écoule des incisions faites à certains arbres de la famille des conifères.

Les *vernis* sont des dissolutions de diverses résines dans l'*essence de térébenthine*, dans l'*alcool* ou dans l'*huile de lin*.

La *naphtaline* est un hydrocarbure blanc, solide, fusible à 80°, et que l'on extrait du goudron. Elle se sublime à la température ordinaire et répand une forte odeur de goudron. On l'emploie pour la conservation du linge et dans diverses industries, notamment dans la fabrication de matières colorantes.

L'*acide phénique* ou *phénol*, lorsqu'il est pur, est un corps solide, d'une odeur caractéristique et d'une saveur brûlante. On s'en sert comme désinfectant. Quelques-uns de ses dérivés, tels que l'*acide picrique*, l'*aniline* et les différentes *fuchsines*, sont des composés très employés en teinture. On extrait l'acide phénique des goudrons fournis par la distillation de la houille.

L'*acide benzoïque* existe dans le baume du Pérou, le baume de Tolu, le benjoin, etc. Il cristallise en aiguilles fines, brillantes. Il est soluble dans l'alcool. Il brûle avec une flamme très éclairante.

L'*acide tannique* est un corps solide, spongieux, jaunâtre et incristallisable. Il est très soluble dans l'eau et possède une saveur astringente. On le trouve dans beaucoup de végétaux et principalement dans l'écorce du chêne et dans la noix de galle. En se combinant avec la peau animale, l'acide tannique forme un composé imputrescible insoluble et imperméable, que l'on désigne sous le nom de *cuir*. L'acide tannique précipite les sels ferriques en noir bleuâtre. On utilise cette propriété pour la fabrication de l'*encre ordinaire*.

CHAPITRE VI

SUBSTANCES ALBUMINOÏDES — SUBSTANCES ALIMENTAIRES

SUBSTANCES ALBUMINOÏDES

224. On désigne sous le nom de substances *albuminoïdes* un grand nombre de matières azotées qui existent dans les organes des animaux et des plantes. Elles se composent généralement de carbone, d'hydrogène, d'oxygène, d'azote et de soufre dans des proportions variables :

Carbone, de 50 à 55 %.
Hydrogène, environ 7 %.
Oxygène, de 20 à 25 %.
Azote, de 15 à 20 %.
Soufre, de 0,3 à 2,5 %.

Il n'est pas possible d'assigner aux matières albuminoïdes des molécules bien déterminées ; mais on admet que celles-ci sont excessivement compliquées et qu'elles comprennent un nombre d'atomes pouvant arriver à plusieurs centaines. Les principales sont l'*albumine*, la *caséine*, le *gluten*, la *fibrine* et la *gélatine*.

L'*albumine* forme la presque totalité du blanc d'œuf ; elle se trouve aussi dans le sang, dans quelques autres liquides de l'organisme et dans certains végétaux. C'est une matière visqueuse, blanche, d'une saveur un peu salée, qui se distingue par la propriété qu'elle possède de se coaguler par l'action de la chaleur et par celle de l'alcool et des acides énergiques.

La propriété qu'a l'albumine de se coaguler est utilisée dans l'industrie pour coller les vins, pour clarifier les sucres et divers liquides. On se sert aussi de l'albumine pour recoller la porcelaine cassée. La médecine l'emploie dans les cas d'empoisonnement par les sels de cuivre et de plomb ; mélangée avec de l'huile d'olive, elle fait cicatriser les brûlures.

La *caséine* forme, avec le beurre la partie principale du lait ; on l'en extrait pour faire le *fromage*.

Le *gluten* uni à l'amidon en diverses proportions forme les farines. On l'en sépare facilement par des moyens mécaniques ; on obtient ainsi une pâte grisâtre, très élastique.

La *fibrine* est une matière blanche, filamenteuse qui emprisonne les globules rouges du sang lorsque celui-ci se coagule.

La *gélatine*, appelée aussi *colle forte* est une substance blanche, translucide, cassante ; elle constitue l'osséine qui existe dans les os, la peau et les cartilages.

225. Fermentation putride. — Les matières albuminoïdes, par l'action des *ferments putrides*, produisent des *ptomaïnes* (pyridine, cadavérine, muscarine, etc.), composés vénéneux qui, non seulement se forment dans l'organisme dans certains états pathologiques, mais que l'on trouve aussi dans les substances en état de décomposition, les viandes, par exemple. De là la nécessité de rejeter tout aliment qui aurait commencé à subir la fermentation putride ou provenant d'animaux malades, car le poison que contiennent ces aliments ne disparaît pas par la cuisson. Certaines indispositions, comme des vomissements, des diarrhées et même des maladies mortelles sont causées par des aliments avariés.

SUBSTANCES ALIMENTAIRES

226. Les substances alimentaires forment deux groupes principaux : les aliments *plastiques* et les aliments *respiratoires*.

Les **aliments plastiques** s'assimilent à notre corps pour le faire croître et pour réparer les pertes qu'il subit par le travail. Ils sont constitués par les substances *azotées*.

Les **aliments respiratoires** servent en quelque sorte de combustibles pour entretenir la chaleur de notre corps ; il sont brûlés dans la respiration qui les transforme en anhydride carbonique et en eau. Ces aliments comprennent les substances *non azotées*, comme les sucres, les graisses, l'amidon, la fécule, l'alcool, etc.

Un aliment complet comprend des matières plastiques et des matières respiratoires. Le pain et le lait sont des aliments complets ; le premier se compose de *gluten*, aliment plastique, et d'*amidon*, aliment respiratoire. La partie plastique du lait est la *caséine* ; la partie respiratoire est le *beurre*.

PAIN

227. Fabrication du pain. — La *panification* a pour objet de transformer la farine en *pain*. Un pain est d'autant plus léger et d'autant plus nourrissant que la farine avec laquelle il a été fait contient plus de *gluten*. Pour cette cause, le meilleur pain est celui qui provient de la farine de *froment*. La farine de froment renferme 10 à 20 pour cent de gluten et de 60 à 70 pour cent d'amidon ; elle contient en outre du glucose, de la dextrine, de l'eau et des matières minérales.

On fait aussi du pain avec la farine de seigle, d'avoine, de maïs, d'orge, de riz, etc., mais ce pain est de qualité inférieure. Le *pain blanc* est fait avec la fleur de farine de froment, c'est-à-dire avec une farine dont le son a été entièrement enlevé par le blutage ; le *pain bis* doit sa couleur grise au son dont on n'a pas suffisamment débarrassé la farine.

La panification comprend quatre opérations distinctes : la *mise du levain*, le *pétrissage*, la *fermentation* et la *cuisson*.

Mise du levain. — La *mise du levain* consiste à pétrir avec une certaine quantité de farine et de l'eau, de la pâte fermentée provenant d'un pétrissage antérieur. Sous l'influence de cette pâte, le levain entre lui-même en fermentation, et lorsqu'on juge celle-ci suffisante, on procède au pétrissage.

Pétrissage. — Le *pétrissage* a pour but de répartir le levain dans toute la pâte et d'y introduire l'air qui est nécessaire à la fermentation. Pour cela, on ajoute au levain une quantité de farine et d'eau en rapport avec la quantité de pain que l'on veut obtenir, puis on pétrit le tout, soit avec ses mains, soit à la mécanique, jusqu'à ce que la pâte soit bien homogène et bien liante.

Fermentation. — Quand la pâte est bien pétrie, on la laisse quelque temps dans le pétrin où elle commence à

fermenter, puis, on la divise en *pâtons* plus ou moins gros
que l'on place dans des corbeilles d'osier dont le fond est
garni d'une toile saupoudrée de farine. Sous l'action du
levain, une partie de la dextrine que renferme la farine est

Fig. 71. — *Pétrin Balland.*

transformée en glucose. Ce glucose, ainsi que celui que
contient déjà la pâte, se convertit en alcool et en anhydride carbonique. Le gaz carbonique qui se forme reste
emprisonné dans la pâte, la soulève de toutes parts et la
rend spongieuse. Dès qu'on expose cette pâte à la température du four, la fermentation s'arrête, mais les petites
bulles de gaz carbonique se dilatent et forment ce qu'on
appelle les *trous du pain*. Quand un pain est bien fait, les
trous sont également répartis et presque égaux ; de petits
trous alternant avec de plus grands indiquent un pain mal
pétri.

Cuisson. — La cuisson se fait dans des fours en briques
réfractaires que l'on a chauffés en brûlant du bois. Depuis
quelques années, cependant, on fait usage, surtout dans les
villes, de fours chauffés à la houille ou au coke. Si le four
n'est pas trop chaud et si la pâte ne renferme pas trop
d'eau, la croûte du pain acquiert par la cuisson une couleur
jaune doré et une odeur très agréable ; mais, lorsque la
pâte est très aqueuse ou la température du four trop élevée,

la croûte du pain se fonce en couleur, devient épaisse et empêche l'évaporation de l'eau que contient la mie. On a alors un pain trop cuit à l'extérieur et peu cuit à l'intérieur ; il est lourd, indigeste, exposé à se moisir et même, dans quelques cas, à se putréfier.

228. Pâtes alimentaires. — Les *pâtes d'Italie*, telles que les *macaronis*, le *vermicelle*, la *semoule*, etc., se préparent avec de la farine de froment très riche en gluten. On pétrit d'abord cette farine avec le quart de son poids d'eau chaude, puis on place la pâte obtenue dans une caisse où une presse l'oblige à sortir par des ouvertures qui lui donnent des formes très variées.

ALIMENTS D'ORIGINE ANIMALE

Les principaux aliments d'origine animale sont les *œufs*, le *beurre*, le *fromage* et la *chair des animaux*.

229. Œufs. — La plus grande partie des œufs pondus par les oiseaux de basse-cour servent à la nourriture de l'homme. Les œufs de poule sont ceux dont la consommation est la plus considérable.

L'œuf est composé de quatre parties distinctes, savoir : d'une *coquille*, formée principalement de carbonate de calcium ; d'une *pellicule*, nommée *chorion*, membrane collée à l'intérieur de la coquille ; du *blanc*, composé presque en totalité par de l'eau et de l'*albumine* ; du *jaune*, matière de consistance épaisse contenant de l'eau, des corps gras, des matières colorantes et une matière azotée nommée *vitelline*.

230. Lait. — Le *lait* est formé par de l'eau tenant en dissolution ou à l'état d'émulsion du *beurre*, de la *caséine*, une matière sucrée nommée *lactose* ou *sucre de lait*, et divers *sels* minéraux, notamment du *phosphate de calcium*.

Abandonné au repos et au contact de l'air, dans un lieu

frais, le lait se couvre d'une couche jaunâtre, onctueuse et épaisse, qu'on nomme *crème*. Le crème se forme par l'ascension des globules butyreux, qui, moins denses que le lait où ils se trouvent en suspension, gagnent peu à peu sa surface. Si au lait écrémé on ajoute de la *présure*, liquide que l'on extrait de l'estomac des jeunes veaux, ou si on le laisse en repos pendant un certain temps, il se coagule ; il forme alors une matière solide, nommée *caséum* ou *caillé*, et un liquide jaunâtre, appelé *sérum* ou *petit-lait*. Le caséum est formé presque en totalité par la *caséine* ; il constitue la partie essentielle du fromage.

La matière sucrée du lait ou la *lactose* se trouve dans le sérum. Cette substance peut éprouver la fermentation alcoolique sous l'action prolongée de l'air ; c'est ainsi que les Kalmoucks préparent, avec le lait de leurs juments, une boisson nommée *koumiss*, dont ils retirent, par la distillation, une sorte d'eau-de-vie appelée *rack* ou *arac*.

231. Beurre. — Le *beurre* est une substance grasse de couleur citrine, plus légère que l'eau, très fusible, qui se

FIG. 72. — *Baratte normande.*

trouve en suspension dans le lait, sous la forme de globules microscopiques. Ces globules, en se rassemblant à la surface du lait, forment la crème. Par le battage de la crème, on brise l'enveloppe des globules butyreux et la matière grasse qu'ils renferment se réunit en une masse qui constitue le beurre. Le battage de la crème se fait au moyen d'instruments appelés *barattes*.

Lorsque le beurre est fait, on le rassemble et on en forme des pains plus ou moins gros ; on fait ensuite subir à ces pains des lavages réitérés dans de l'eau fraîche, afin de débarrasser le beurre de tout le lait qu'il peut contenir ; car ce liquide favorise le développement de certains ferments qui contribuent beaucoup à le faire rancir.

232. Fromage. — Le *fromage* est le produit solide obtenu par la coagulation du lait sous l'action de la présure. Quand on fait coaguler le lait avant qu'il ne soit écrémé, on obtient des *fromages gras*, formés par un mélange de caséine et de beurre. Les fromages qui sont produits par la coagulation du lait écrémé sont appelés *fromages maigres* ; ils ne contiennent presque que de la caséine. La plupart des fromages sont préparés à froid ; ceux qui sont préparés à chaud portent le nom de *fromages cuits*, tels sont le *gruyère* et le *parmesan*.

On fait le fromage avec du lait de vache, du lait de chèvre ou du lait de brebis, seul ou mélangé. Le fromage du *Mont-d'Or* est fabriqué avec du lait de chèvre et le fromage de *Sassenage*, avec un mélange de lait de vache, de lait de chèvre et de lait de brebis. Le fromage de *Roquefort*, préparé avec du lait de chèvre et du lait de brebis, doit sa qualité supérieure à la grande fraîcheur des caves où on le conserve.

233. Chair des animaux. — La partie rouge des muscles des animaux, que l'on désigne sous le nom de *chair* ou de *viande*, est formée presque en totalité par une matière azotée nommée *musculine* ou *fibrine*.

La musculine est très nutritive ; le suc gastrique la dissout facilement et la transforme en un produit assimilable. Les *chairs rouges*, telles que celles du bœuf, du mouton, etc., et les *chairs noires*, comme celles du lièvre, du chevreuil, sont beaucoup plus riches en musculine que les *chairs blanches* des jeunes animaux et des poissons.

Lorsque la viande est mise en contact avec l'eau froide elle lui cède une partie de son albumine et de ses autres principes solubles. En cuisant dans l'eau, elle perd une grande partie de la saveur et des principes nutritifs, qui passent dans le bouillon où on la fait cuire. Quand on met la viande crue dans de l'eau bouillante, l'albumine et le sang qu'elle renferme, se coagulent presque aussitôt dans son intérieur et s'opposent à l'action dissolvante de l'eau : on obtient un bouilli meilleur, mais le bouillon est de qualité inférieure. La viande rôtie est plus nutritive que la viande bouillie, parce que sa composition n'est pas sensiblement altérée par la cuisson.

ALIMENTS D'ORIGINE VÉGÉTALE

234. Les *aliments d'origine végétale*, comprennent les aliments *amylacés*, les aliments *huileux* et les aliments *mucilagineux*.

Les meilleurs *aliments amylacés* proviennent des graines des céréales, et la farine qu'on en retire constitue un aliment complet. Les pommes de terre, les châtaignes et les fruits des légumineuses, tels que les pois et les haricots, sont de bons aliments amylacés.

Les *aliments huileux* sont essentiellement respiratoires. Les principaux de ces aliments sont les noix, les olives et les différentes huiles comestibles.

Les *aliments mucilagineux* sont caractérisés par un principe particulier nommé *pectose*. La plupart d'entre eux renferment aussi des matières sucrées, acides, albuminoïdes ou aromatiques. Les principaux aliments mucilagineux sont les fruits, les épinards, les bettes, les carottes, les raves, les betteraves, etc. La plupart sont plastiques et respiratoires ; outre la pectose, ils contiennent des principes azotés auxquels on a donné les noms d'*albumine*, de *caséine* et de *fibrine végétales*.

CONSERVATION DES MATIÈRES ALIMENTAIRES

235. — Plusieurs procédés sont employés pour conserver les matières alimentaires ; les principaux sont la *dessication*, le *froid*, le *procédé Appert* et les *antiseptiques*.

Dessication. — La *dessication* est un des plus anciens procédés de conservation. Les viandes et les légumes desséchés par l'action de l'air et de la chaleur se conservent très bien, mais ils perdent un peu de leur saveur première. C'est par la dessication que l'on conserve la plupart des fruits.

Le froid. — Le *froid* est aussi un bon moyen de conservation, car les ferments de la putréfaction ne peuvent se développer qu'à une certaine température. On n'emploie guère ce procédé que pour la viande de boucherie et le poisson. Il suffit de mettre ces substances en contact avec de la glace pour les conserver pendant très longtemps.

Procédé Appert. — Le *procédé Appert* a pour but la conservation des matières alimentaires par la cuisson et par la privation d'air. Il est de beaucoup le plus employé, surtout depuis qu'il a été perfectionné par *Fastier*. Par ce procédé, on enferme d'abord les substances à conserver dans des boîtes de fer-blanc, on soude le couvercle, en lui laissant une petite ouverture, puis on plonge ces boîtes dans de l'eau bouillante, afin de faire subir aux matières alimentaires un commencement de cuisson et de chasser l'air qu'elles contiennent. Lorsque les vapeurs qui se dégagent ont expulsé tout l'air de l'intérieur des boîtes, on ferme l'ouverture de leur couvercle avec une goutte de soudure, puis on les soumet de nouveau à l'action de l'eau bouillante d'un bain-marie, pendant un temps plus ou moins long selon la nature des substances qu'elles renferment. Par la première cuisson tous les germes de putréfaction qui pouvaient exister dans les matières à préserver sont détruits ; par la seconde, on fait disparaître ceux qui auraient pu s'introduire au moment de la fermeture des boîtes.

Si les substances à conserver sont des viandes, elles doivent être apprêtées d'après les recettes de l'art culinaire avant d'être mises dans les boîtes ; si ce sont des légumes frais, on les introduit dans les boîtes avec un peu d'eau, on place pendant quelque temps ces boîtes dans l'eau bouillante puis on les ferme hermétiquement.

Antiseptiques. — Au lieu de détruire les germes par la cuisson, on peut les faire périr par les antiseptiques. Les principaux antiseptiques employés pour la conservation des substances alimentaires sont le *sel marin*, la *fumée*, l'*alcool* et le *vinaigre*.

La salaison des viandes, du poisson et même des légumes, constitue une industrie très importante. La *fumée* agit par la *créosote* qu'elle renferme ; on l'emploie surtout pour la conservation des jambons, de la viande de bœuf et des poissons. L'*alcool* est aussi un excellent antiseptique, surtout pour les fruits. Le *vinaigre* sert pour conserver les cornichons et les poivrons.

236. Conservation des œufs. — Les œufs, abandonnés à l'air, laissent évaporer peu à peu l'eau qu'ils contiennent, et cette eau est remplacée par de l'air qui apporte avec lui des germes de putréfaction. Pour conserver les œufs, il suffit donc d'empêcher l'évaporation de leur liquide en bouchant les pores que renferme la coque. A cet effet, on les enduit d'une couche d'huile de lin, qui, en séchant, forme un vernis imperméable à l'air, et on les place dans la sciure de bois, dans du son ou de la cendre.

On conserve aussi un très grand nombre d'œufs en les maintenant dans de l'eau de chaux. La chaux, en pénétrant à travers les pores de la coque, forme, avec l'albumine un composé qui s'oppose à l'évaporation du liquide et à l'arrivée de l'air.

237. Conservation du lait. — Il existe deux procédés principaux pour conserver le lait, le procédé de *Lignac* et le procédé de *Grimwade*.

Procédé de Lignac. — Le *procédé de Lignac* consiste à faire évaporer lentement, au moyen d'appareils spéciaux, le lait préalablement additionné de 10 pour cent de sucre. Quand il a pris la consistance du miel, on en remplit des boîtes de fer-blanc, que l'on chauffe au bain-marie et que l'on ferme ensuite hermétiquement. Ce produit se conserve très longtemps, et lorsqu'il est dissous dans trois fois son poids d'eau, il donne un liquide très difficile à distinguer du lait sucré ordinaire.

Procédé de Grimwade. — Le *procédé de Grimwade* est appliqué surtout en Angleterre. Il consiste à faire évaporer rapidement le lait, additionné d'un peu de sucre et de carbonate de sodium, dans des bassines où on le remue pendant tout le temps de l'opération. Lorsque le lait a pris la consistance du miel, on le porte à la température de 160°, dans des vases émaillés, et l'on l'y maintient jusqu'à ce que sa consistance soit celle d'une pâte ferme. Alors, on le fait passer entre des cylindres de granit qui le transforment en minces rubans. Ces rubans, pulvérisés à l'aide d'une meule donnent une poudre qui, enfermée dans des flacons bien bouchés, se conserve très bien et produit d'excellent lait quand on la fait chauffer avec *huit fois* son poids d'eau.

238. Conservation du beurre. — On peut conserver le beurre en le faisant fondre ; mais il est bien préférable de le conserver par la salaison. Pour cela, après avoir étendu le beurre sur une table, on le saupoudre de sel finement pulvérisé ; on le malaxe ensuite avec un rouleau de manière à incorporer le sel dans toute sa masse, puis on l'enferme dans des pots de grès. La quantité de sel à employer est de 1 kilogramme pour 15 kilogrammes de beurre.

RÉSUMÉ

Les *substances albuminoïdes* sont généralement des composés de carbone, d'hydrogène, d'oxygène, d'azote et de soufre dans des proportions variables. Les principales sont : l'*albumine*, qui existe dans le blanc d'œuf ; la *caséine* qui constitue la partie azotée du lait ; le *gluten* qui uni à l'amidon forme le pain ; la *fibrine* qui existe dans le sang coagulé ; la *gélatine* que l'on trouve dans les os, la peau, les cartilages, etc.

La *fermentation putride* est causée par les *ferments putrides*, qui transforment les matières albuminoïdes en ptomaïnes, composés vénéneux que l'on trouve dans certaines matières en état de décomposition, les viandes, par exemple.

Les *substances alimentaires* forment deux groupes : 1° les *aliments plastiques* qui contiennent de l'azote et qui s'assimilent à notre corps ; 2° les *aliments respiratoires* qui sont brûlés dans la respiration et qui servent à maintenir la chaleur vitale.

Le pain et le lait sont des aliments complets, car ils contiennent des matières plastiques et des matières respiratoires.

La *panification* a pour objet de transformer la farine en *pain*. Le meilleur pain est celui qui provient de la farine de froment, parce que cette farine contient beaucoup plus de gluten que les autres. La panification comprend quatre opérations distinctes : la *mise du levain*, le *pétrissage*, la *fermentation* et la *cuisson*.

La *mise du levain* consiste à pétrir avec une certaine quantité de farine et d'eau de la pâte ayant déjà fermenté. Le *pétrissage* a pour but de répartir le levain dans toute la masse de la pâte et de rendre celle-ci bien homogène. Pendant la *fermentation*, une partie de la dextrine de la farine se convertit en glucose et ce glucose, ainsi que celui que contient déjà la pâte, se transforme en alcool et en anhydride carbonique.

Les principaux aliments d'origine animale sont les *œufs*, le *lait*, le *beurre*, le *fromage* et la *chair des animaux*.

L'*œuf* est composé de quatre parties distinctes, savoir : la *coquille*, le *chorion*, le *blanc* ou *albumine* et le *jaune*.

Le *lait* est formé par de l'eau tenant en dissolution ou à l'état d'émulsion, du *beurre*, de la *caséine*, de la *lactose* et des *sels minéraux*. Lorsqu'il est en repos, le lait se couvre d'une couche de *crème*, et, sous l'action de la *présure*, il se coagule ; il forme alors une matière solide nommée *caséum* ou *caillé*, et un liquide appelé *sérum* ou *petit-lait*.

Le *beurre* est une substance grasse qui se trouve en suspension dans le lait sous la forme de globules microscopiques. Ces globules constituent la crème. En soumettant la crème au battage, on brise les enveloppes des globules, et le beurre qu'ils renferment se prend en masses plus ou moins volumineuses.

On donne le nom de *fromage* au produit solide que l'on obtient par la coagulation du lait sous l'action de la présure. On distingue les *fromages gras*, les *fromages maigres* et les *fromages cuits*.

La *chair* ou la *viande* des animaux, est formée presque en totalité par une matière azotée nommée *musculine* ou *fibrine*. La musculine est très nutritive ; elle est plus abondante dans les chairs rouges et dans les chairs noires que dans les chairs blanches.

Les aliments d'origine végétale comprennent les aliments *amylacés*, les aliments *huileux* et les aliments *mucilagineux*.

Plusieurs procédés sont employés pour conserver les matières alimentaires ; les principaux sont la *dessication*, le *froid*, le *procédé Appert* et les *antiseptiques*.

On conserve ordinairement les œufs en les recouvrant d'abord d'une couche d'huile de lin, puis en les plaçant dans la sciure de bois, dans du son ou dans de la cendre.

Le *lait* se conserve soit par le procédé de *Lignac* soit par le procédé de *Grimwade*. On conserve le *beurre* en le faisant fondre ou en le salant.

TABLE DES MATIÈRES

NOTIONS PRÉLIMINAIRES

PREMIÈRE PARTIE

Métalloïdes.

DEUXIÈME PARTIE

Métaux.

TROISIÈME PARTIE

Notions de chimie organique.

Lyon. — Imp. Emmanuel VITTE, 18, rue de la Quarantaine.